哈佛情商课

元金萍◎主编

团结出版社
UNITY PRESS

图书在版编目（CIP）数据

哈佛情商课 / 元金萍主编 . —北京：团结出版社，
2018.1

ISBN 978-7-5126-5942-1

Ⅰ．①哈… Ⅱ．①元… Ⅲ．①情商－通俗读物 Ⅳ.
①B842.6－49

中国版本图书馆 CIP 数据核字（2017）第 310923 号

出　　版：团结出版社
　　　　　（北京市东城区东皇根南街 84 号　　邮编：100006）
电　　话：（010）65228880　　65244790（出版社）
　　　　　（010）65238766　　85113874　　65133603（发行部）
　　　　　（010）65133603　　　（邮购）
网　　址：http://www.tipress.com
E－mail：65244790@163.com（出版社）
　　　　　fx65133603@163.com（发行部邮购）
经　　销：全国新华书店
印　　刷：北京中振源印务有限公司
开　　本：165 毫米×235 毫米　　16 开
印　　张：20
印　　数：5000 册
字　　数：280 千
版　　次：2018 年 1 月第 1 版
印　　次：2018 年 6 月第 2 次印刷
书　　号：978-7-5126-5942-1
定　　价：59.00 元

前　言

　　哈佛大学是一座拥有三百多年历史的著名学府，是世界各国学子们梦想的殿堂，哈佛在人们心中已经成为成功的标志。数百年来，这所万人景仰的学府培养出了各个领域的高情商名人，共出过 8 位美国总统、40 名诺贝尔奖获得者和 30 名普利策奖获得者。此外，还有一大批知名的学术创始人、世界级的学术带头人、文学家、思想家，皆来自哈佛。哈佛大学之所以能在文学、思想、政治、科研、商业等方面都造就出灿若群星的杰出人才，得归功于它在培养和提高学生的情商方面有着一套独特有效的方法。一张哈佛的文凭，之所以成为地位与金钱的保证，也是与哈佛独特的情商教育分不开的。考入哈佛大学，亲自去学习这些方法，是多少学子梦寐以求的事情；将自己的孩子送进哈佛大学深造，又是多少父母望子成龙的殷切希望。然而，能真正走进哈佛大学的人毕竟是极少数，大多数人难以如愿以偿。为了帮助莘莘学子及广大渴望有所成就、有所作为的读者不进哈佛也一样能聆听到它在培养学生情商方面的精彩课程，学到百年哈佛的成功智慧，我们编写了这部《哈佛情商课》。

　　1983 年哈佛大学心理学家霍华德·加德纳在《精神状态》一书中提出人有"多元智慧"，开启了情商学说的先河。1991 年耶鲁大学心理学家彼得·塞拉维和新罕布什尔大学的琼·梅耶首创 EQ（情商）一词。1995 年美国哈佛大学教授、著名心理学家丹尼尔·戈尔曼出版《情绪智力》一书，将情商推向高潮。EQ 在美国掀起轩然大波，并逐渐风靡全世界。丹尼尔·戈尔曼曾说："使一个人成功的要素中，智商作用只占 20％，而情商作用却占 80％。"大量的事实证明，情商是一个人获得成功的关键，而高情商者可以充分发挥潜能、有效调节情绪，可以与周围的人和环境保持良好的亲近度，因此会获得更多的机遇，从而提前实现自己的梦想。

　　情商不仅仅是开启心智大门的钥匙，更是影响个人命运的关键因素。一个人成功与否，受很多因素的影响，如教育程度、智商、人生观、价值观等等。要作出明智的决定、采取最合理的行动、正确应对变化并最终取得成功，情商不但是必要的，而且是至关重要的。在风靡全球的电影《阿甘正传》中，阿甘只是一位智商只有 75 的傻小子，但带有传奇色彩的是，无论在体坛、战场、商界，还是爱情上，成功总伴随着他。这个故事在一般人眼里只是个"虚构的传奇"，也称得上是对"傻人有傻福"的经典诠释。可是，我们从他做人的原则看来，阿甘的成功，有其终极原因，那就是他常说的一句话："妈妈告诉我，人生就像一盒巧克力，你不知道下一个会尝到什么味道。"这其实就是情商的巨大力量。

可见，"情商"是个体最重要的生存能力，是一种发掘情感潜能、运用情感能力影响生活的各个层面和人生未来的品质要素。"情商"是一种洞察人生价值、揭示人生目标的悟性，是一种克服内心矛盾冲突、协调人际关系的技巧，是一种生活智慧。所以，我们有理由说：高情商的人比高智商的人更容易获得成功。

然而，不同于智商，情商不是与生俱来的，高情商可以通过后天努力创造出来。提高情商的过程，其实就是一种自我丰富、自我认知的过程。本书就是一部有关如何发掘情感潜能和如何运用情感能力来影响生活的书，它以哈佛大学在情商方面的成功理念、培养方法和教学案例为基础，从发现情商、了解自我、管理自我、激励自我、培养成功的习惯、挖掘自身的潜能、情商教育、情商影响力、情商与人们社会生活关系等方面，通过哈佛及国外的大量经典实例，鞭辟入里地阐释了哈佛的情商教育精髓，系统而深入地阐述了情商的相关理论，提出了很多可以帮助读者提高情商的具体措施，让读者在轻松的阅读中，犹如徜徉在哈佛大学的文化殿堂，切身感受到情商带给自己的深刻体悟与巨大能量，走出对幸福和成功的迷思，获得完美的人生指导，从而更好地驾驭自己的情绪，把握自己的命运，成就美好的未来。

目 录

第一篇 情商——成功人生的核心实力

第三篇　管理自我——成就人生的关键

第四篇　激励自我——创造完美人生

第五篇　了解他人——多渠道沟通减少误解

第一篇　情商
——成功人生的核心实力

智力对于科学发现并没有什么用。

——阿尔伯特·爱因斯坦

第一章　踏上情商之旅

哈佛最重要的一课：情商

1990 年，一个新的心理学概念的提出，在世界范围内掀起了一场人类智能的革命，并引起了人们旷日持久的讨论，这就是美国心理学家彼得·萨洛维和约翰·梅耶提出的情商概念。1995 年 10 月，哈佛大学心理学博士、美国《纽约时报》的专栏作家丹尼尔·戈尔曼出版了《情感智商》一书，把情感智商这一研究成果介绍给大众，该书也迅速成为世界范围内的畅销书。

丹尼尔·戈尔曼说："成功是一个自我实现的过程，如果你控制了情绪，便控制了人生；认识了自我，就成功了一半。"这句话影响着一代又一代的哈佛人，如果你拥有了高情商，那么你就可以让心中时时充满绿意。

随着人类对自身能力认识的深入，越来越多的人开始认识到在激烈的现代竞争中，情商的高低已经成为了人生成败的关键。作为掌握情商知识的受益者，美国总统布什说："你能调动情绪，就能调动一切！"

不知大家有没有注意到：有些人物质生活虽然不富有，但是看起来幸福满足，生活中充满了欢笑和友谊；而那些相对富有的人却经常在抱怨生活的不公，总在花大把的时间跟每个人倾诉：为什么他们的处境这样不好。

学术、事业和物质生活的成功一定是幸福所必需的吗？一个人有多成功和一个人到底有多幸福，二者之间的矛盾我们应该怎么来解释？答案就是情商——一种了解和控制自身和他人情绪能力。有了它你就可以把握说话做事的分寸，去促成想看到的结果。那么什么是情商呢？

"情商"是"Emotional Quotient"的缩写，翻译过来就是情绪智慧。但这样的答案显然过于简略，要想更深入地认识情商，就有必要了解情商与智商的关系，因为在某种程度上，情商概念是作为智商的对立面提出的。戈尔曼在他的书中明确指出，情商不同于智商，它不是天生注定的，而是由下列 5 种可以学习的能力组成的：

★了解自己情绪的能力——能立刻察觉自己的情绪，了解情绪产生的原因。

★控制自己情绪的能力——能够安抚自己，摆脱强烈的焦虑、忧郁以及控制负面情绪的根源。

★激励自己的能力——能够整顿情绪，让自己朝着一定的目标努力，增强注意力与创造力。

★了解别人情绪的能力——理解别人的感觉，察觉别人的真正需要，具有同情心。

★维系融洽人际关系的能力——能够理解并适应别人的情绪。

心理学家认为，这些对情绪的把握能力是生活的动力，可以让我们的智商发挥更大的效应。所以，情商是影响个人健康、情感、人生成功及人际关系的重要因素。

情商的培养有利于你作出正确的选择，主导生活的各个领域。简单说，情商就是与自我，与他人和谐相处的能力，它更需要人们学会如何处理情绪：

★辨认情绪：情绪携带着数据信息，向我们暗示了身边正在发生的重要事件。我们需要准确地辨认自己和他人的情绪，来更好地传达自我的情绪，从而有效地与他人交流。

★运用情绪：感受的方式影响着思考的方式和内容。遇到重要的事情，情商确保我们在必要的时候及时采取行动，合理地运用思维来解决问题。

★理解情绪：情绪不是随意性的。它们有潜在的诱发因素，一旦理解了这些情绪，就能更好地了解周围正在发生和即将发生的事情。

★管理情绪：情绪传达着信息，影响着思维，所以我们需要巧妙地把理智与情感结合，才能更好地解决问题。不管它们受不受欢迎，我们都要张开双臂去选择、去接受积极情绪所促成的策略。

下面就用一个案例来说明一下，人们如何对情绪进行处理。

超市等着结账的队伍排得越来越长。玛格丽特排在队伍的第十位，因此她看不太清楚前面发生了什么事。只听到有人叫来主管，在开收款机进行检查，看来还得等很长时间。

玛格丽特等得有些不耐烦了，但是理智告诉她不能发火，因为她认为出现事故也不是收银员的错。时间过去了 10 分钟，收款机还没有修好，这时队伍远处有喊叫声。队伍前面有个男子在骂收银员和主管："你们是什么专业素质啊！这么大的超市怎么会犯这种低级的错误呢？你不会修好收款机啊？没看见队伍有多长吗？我还有事，太可恶了。"

收银员和主管只好道歉，说他们已经在尽力维修了，建议男子换个收款台。"为什么我要换啊？是你们的错，又不是我的错，浪费我的时间，我要给你们领导写信。"男子丢下满是物品的购物车，愤愤地离开了超市。

男子离开后一两分钟，又发生了三件事。为了不耽误这支队伍的顾客交款，超市在旁边又专门开了一个收款台；刚才坏了的收款机也修好了；为了表示道歉，主管给玛格丽特及这个队伍中的其他顾客每人5英镑的优惠券。

玛格丽特挺高兴的，买了东西还得了优惠。而那个愤怒的男子不但没购成物，没得到优惠券，还惹了一肚子的气。

在这个故事中，谁处理好了情绪？显然是玛格丽特，她虽然也生气了，但她没有发火，只是耐心地等待，她站在别人的角度分析了情况，而她前面那个愤怒的男子完全没有控制自己的情绪，也没有任何的社交技能。

《牛津英语词典》上说："情绪是心灵、感觉、情感的激动或骚动，泛指任何激动或兴奋的心理状态。"简单来说，情绪是一个人对所接触到的世界和人的态度以及相应的行为反应，也就是快乐、生气、悲伤等心情，它不只会影响我们的想法和决定，更会激起一连串的生理反应。

情商是一种能力，是一种准确觉察、评价和表达情绪的能力；一种接近并产生感情，以促进思维的能力；一种调节情绪，以帮助情绪和智力发展的能力。这种能力的运用其实是一门艺术。

人的情绪体验是无时无处不在进行的，相信我们每个人都有过莫名其妙被某种情绪侵袭的经历。这些情绪体验既包括积极的情绪体验，也包括消极的情绪体验。并不是所有的情绪都是对人的行为有利的，所以，认识情绪，进而管理情绪，成为我们必须正视的课题，也是哈佛最重要的一课。

情商是"命运的使者"

情商是人在进化中发展出来的技能。正是因为有了情商，人才能够在进化中逐步胜出，最终成为地球上的统治者。无数事例证实：情商就是一种情绪管理的能力。情商高，代表着情绪管理的能力强，人际关系和社会适应力也比较好。反过来说，情商低，就代表一个人常常会陷入大悲大喜的情况，并且因为这种巨大的情绪起伏而最终一事无成。情商低的人相对地人际关系很容易紧张，社会适应力也较差。

美国一位来自伊利诺伊州的议员康农在初上任时就受到了另一位代表的嘲笑："这位从伊利诺伊州来的先生口袋里恐怕还装着燕麦呢！"

这句话的意思是讽刺他身上还有着农夫的气息。虽然这种嘲笑使他非常难堪，但他自己也确实如此。这时康农并没有让自己的情绪失控，而是从容不迫地答道："我不仅在口袋里装有燕麦，而且头发里还藏着草屑。我是西部人，难免有些乡村气，可是我们的燕麦和草屑，能生长出最好的苗来。"

康农没有恼羞成怒，而是很好地控制了自己的情绪，并且就对方的话"顺水推舟"，做了绝妙的回答，不仅自身没有受到损失，反而闻名于全国，被人们恭敬地称为"伊利诺伊州最好的草屑议员"。

这位议员无疑是一个高情商者：对于讽刺和攻击他的语言，他没有愤怒，而是及时控制住自己的情绪，用高情商化解了矛盾与尴尬。情商不仅仅是管理自我情绪，也管理他人情绪。

哈佛学者一直认为，情商是一种管理情绪的艺术，如果你要快乐幸福地生活，你就要学会了解和管理自己的情绪，这也是提高你情商的方法。掌握并认真利用好这门艺术，将会令你受益一生。

海斯是一位学问高深的学者，曾获得世界一流学府斯坦福大学的博士学位。他有过这样一段令他深思的往事：

我从前在部队服役的时候，做过一个智商测试，测试的结果是我获得了160分，是基地里得分最高的。按照测试标准，我的智商已经到了天才的水平。

我认识一位汽车修理工，我估计他如果参加智商测试，分数大概仅仅是人类智力的平均分——90分而已，所以我理所当然地认为我远比他聪明。然而，每当我的汽车出毛病，我又不得不去找这个低智商的人来解决问题，对他的结论洗耳恭听，奉若神旨，而他每次都能让我的汽车变得完好如初。

有一次，他从引擎上抬起头来，笑嘻嘻地对我说："博士，有一个聋哑人到五金店买钉子，他把左手食指和拇指并拢放在柜台上，右手做了几次敲打的动作，店员拿了一把锤子给他，他摇摇头。店员注意到了他左手并拢的拇指和食指，于是给他拿来了钉子，这回聋哑人满意了。那么，博士，我来考考你，接着又来了一个瞎子，他想买剪刀，你说他该怎么表示呢？"我伸出食指和中指，做了几次剪的动作。修理工哈哈大笑："你这个笨蛋！他当然是用嘴说啦！"接着，他得意地说："今天我用这个问题考了很多人。"我问他："上当的人多吗？""不少。但我知道你肯定会上当的。""为什么？"我大吃一惊。"因为你受的教育太多了，我知道你有学问，但不会太聪明。"

海斯无疑是一个高智商的人，但就是一个这么简单的问题，他都没有回答上来，这是为什么呢？这就是情商在作怪，最起码他的情商不像他的智商那么出色。

丹尼尔·戈尔曼宣称："婚姻、家庭关系，尤其是职业生涯，凡此种种人生大事的成功与否，均取决于情商的高低。"一份有关调查报告披露，在贝尔实验室，顶尖人物并非是那些智商超群的名牌大学毕业生。相反，一些智商平平但情商甚高的研究员往往凭借其丰硕的科研业绩成为明星。其中的奥妙在于，情商高的人更能适应激烈的社会竞争。

与社会交往能力差、性格孤僻的高智商者相比，那些能够敏锐了解他人情绪、善于控制自己情绪的高情商者，更可能找到自己想要的工作，也更可能取得成功。情商为人们开辟了一条事业成功的新途径，它使人们改变了过去只讲智商所造成的无可奈何的宿命论态度。

美国前总统比尔·克林顿小时候智商很高，小学的时候就一直品学兼优，但是他并没有注意培养自己的情商。有一次学校把成绩单发了下来，克林顿各项成绩都是 A，也就是优秀，但是有一项成绩不是 A，而是 D，哪一科呢？行为。为什么行为是 D，老师是这样解释的：每次老师提问，比尔都会抢着回答，他智商高嘛，但是这样抢着回答，没给其他同学机会。给他打 D 这个分，就是要提醒他一下，今后要注意改进。而"给别人机会"，这已经超出了智商的范畴，只有情商高的人才懂得。

克林顿吸取了教训，当总统后，他提出，给一个人最高的奖赏是给"一把钥匙"——一把开启未来成功大门的钥匙，这把钥匙是什么呢？它不是奖学金，而是懂得给别人一个机会。

多年以来，人们一直以为高智商就意味着高成就，其实，人一生的成就至多只有 20％归功于智商，另外 80％则受情商的影响。所谓 20％与 80％并不是一个绝对的比例，它只是表明情商在人生成就中起着决定性的作用。尽管智商的作用不可或缺，但过去我们把它的作用估量得太高了。

为此，心理学家霍华德·加嘉纳说："一个人最后在社会上占据什么位置，绝大部分取决于非智力因素。"许多资料显示，情商较高的人在人生各个领域都占尽优势，无论是谈恋爱、人际关系，还是在主宰个人命运等方面，其成功的几率都比较大。

哈佛学者都深知一个道理，那就是情商在引领他们走向卓越，超越平庸。智商对于绝大多数人来说是差不多的，而后天的情商教育与情商培养则可以改变我们的生命轨迹。当你相信情商的力量时，情商就会带给你意想不到的奇迹。

决定感觉的 6 秒钟

情绪是我们大脑中的边缘系统产生的一种化学物质。虽然情绪的产生不能被我们掌控，但情绪所具有的信息及其价值可以成为我们辅助思考和行动的得力助手，只是，这需要我们在情绪产生的那一刻耐住性子等待约 6 秒钟——因为，只有在经过大约 6 秒钟之后，边缘系统才能完成传递情绪信息的过程——将它产生的情绪信息传递给脑皮质，这时，大脑的这两个重要部分才真正有了联系。

6 秒钟——这个时间点是由我们人类的生理系统所决定的。6 秒钟之前，我们的情绪不能被"理智"影响，这时如果做出了行动，就是出于人类的本能，即纯"情绪化"的反应。而 6 秒钟之后，我们的情绪与思考就可以彼此沟通且综合信息完成"高情商"的决策与行动。

情商可以说自人类有智慧之始就已被运用，而情商领域真正被发现，且作为专项独立的科学课题研究则始于 20 世纪 60 年代——现任 6 秒钟国际情商研究组织主席的凯伦·麦科恩从 1967 年起最早开始研究并教授人们的情绪管理技巧。

6 秒钟国际情商研究组织是目前全球最大的情商研究发展组织，这里汇集了来自世界各地的顶级心理学专家。情商大师安纳贝·金森博士在这里担任执行总监 14 年，情商理论的两位创始人萨洛维与梅耶也是该机构的研究专家。这个组织中来自全球各国的情商科学家、教育家及企业领袖每年召集一次全球性的情商论坛——耐克斯情商论坛，以期通过定期交流各国精英的研究精华，为推动人类更为进步的决策和实现人生幸福贡献力量。

6 秒钟——决定我们能否运用"暗藏冰山"下情绪巨大的力量。6 秒钟情商——决定我们是否能享受情绪自由的人生。

哈佛心理研究所，常常通过下列心理测试题来测试人们的情商。

1. 你不擅长说笑话，讲趣事。

A. 是的　　　　　　B. 介于是与不是之间　　　　C. 不是的

2. 多数人认为你是一个说话风趣的人。

A. 是的　　　　　　B. 不一定　　　　　　　　　C. 不是的

3. 喜欢看电影或参加其他娱乐活动。

A. 超过一般人　　　B. 和一般人相仿　　　　　　C. 比一般人少。

4. 和一般人相比，你的朋友的确太少。

A. 是的　　　　　　B. 介于是与不是之间　　　　C. 不是的。

5. 不到万不得已，你总是避免参加应酬活动。

A. 是的　　　　　　　　B. 不一定　　　　　　　　C. 不是的。

6. 单独跟异性谈话时，总显得不太自然。

A. 是的　　　　　　　　B. 介于是与不是之间　　　C. 不是的。

7. 在待人接物方面一直不太成功。

A. 是的　　　　　　　　B. 不完全这样　　　　　　C. 不是的。

8. 你宁愿做一个：

A. 演员　　　　　　　　B. 不确定　　　　　　　　C. 建筑师。

9. 喜欢向朋友讲述一些你个人有趣的经历。

A. 是的　　　　　　　　B. 介于是与不是之间　　　C. 不是的。

10. 你爱穿朴素的衣服，不欣赏华丽的服装。

A. 是的　　　　　　　　B. 不太确定　　　　　　　C. 不是的。

11. 你认为安静的自娱远远胜过热闹的宴会。

A. 是的　　　　　　　　B. 不太确定　　　　　　　C. 不是的。

12. 通常人们认为你是一个活跃热情的人。

A. 是的　　　　　　　　B. 介于是与不是之间　　　C. 不是的。

13. 喜欢借出差机会多做一些工作。

A. 是的　　　　　　　　B. 介于是与不是之间　　　C. 不是的。

测试结果：

选 A 为 1 分，B 为 2 分，C 为 3 分，计总分。

0～8 分，评价：你严肃、审慎且寡言。通常行动比较拘谨，内省而不轻易发言，表现较消沉、抑郁。有时可能过分深思熟虑，而近乎骄傲自满，是一位认真可靠的工作人员。但你的这种个性像无形的障碍，使别人不免与你保持距离，对你有敬畏感。

9～12 分，评价：你兴奋适中。你既不沉默寡言，也不夸夸其谈，做事稳健可靠。

13～26 分，评价：你轻松、兴奋。你自在、随遇而安。通常活泼、愉快、健谈，对人对事热心而富于感情；但有时可能过分激动，以致行为波动多变化。记住：遇事要冷静。

1，2，3，4，5，6……我们平静的心情可能已掀起波澜，我们蓄势待发的愤怒可能已被镇静的微笑替代，紧绷的神经可能已寻找到解决方案。

想象一座冰山，一座在水面上耸立的冰山，它是如此的巨大、奇特、壮观，然而，你所看到的仅仅是很少很少的一部分，只占冰山整体的 15%，水面下的冰山是神秘的，它暗藏支撑整座冰山的力量，这就好比你在日常工作、生活中所看到的行为。你有没有想过导致不同行为的源头是什么呢？是什么在背后影响和驱动这些行为？这些"暗藏驱动力"就好比隐藏在水面下的那85％的冰山。也就是说，你所看见的自己的日常行为仅仅占15％，而那些影响以至最终促成你行为表现的"暗藏驱动力"却占了85％，它就是情商。所以，在我们生活与工作中，情商具有重要的作用，它决定着我们的人生，决定着我们的成败。

情商让你不抱怨

抱怨是低情商的表现，人在面临困境的时候，不要抱怨命运。因为抱怨不但会让自己内心痛苦不堪，而且在怨天尤人的愤怒情绪中，只会把事情搞得越来越糟，再次错过解决问题的机会。抱怨除了使自己对待他人的态度很恶劣以外，还会令自己一事无成。

哈佛学者说："有所作为是生活中的最高境界。而抱怨则是无所作为，是逃避责任，是放弃义务，是自甘沉沦。"不管我们遇到了什么境况，喋喋不休地抱怨注定于事无补，甚至还会把事情弄得更糟。所以，不妨用实际的行动来打破正在桎梏你的藩篱，用行动为你的抱怨画上一个完美的休止符。

艾丽和密娜达都是通用公司内勤部办公室的职员，有一天她们被通知一个月之后必须离岗，这对两个年轻姑娘来说，是一个沉重的打击。

第二天上班时，艾丽的情绪依旧很消沉，委屈让她难以平静下来。她不敢去和上司理论，只能不住地向同事抱怨："为什么要把我裁掉呢？我一直在尽最大的努力工作。这对我来说太不公平了！我也没做错什么。我真是倒霉啊！"同事们都很同情她，不住地安慰她。当第三天、第四天，艾丽依然不停地抱怨时，同事们开始感到厌烦了。

而密娜达在裁员名单公布后，虽然哭了一晚上，但第二天一上班，她就和以往一样开始了一天的工作。当关系比较好的同事悄悄安慰她时，她除了表达感谢，还在诚恳地进行自我反省："一定是我某些地方做得还不够，所以，这最后的一个月里，我一定要更加努力地工作，这是一个很好的让自己反思的机会。"所以，在离职之前的一个月中，她仍然每天非常勤快地坚守在她的岗位上。

一个月后，艾丽如期下岗，而密娜达却被从裁员名单中删除，留了下来。内勤部的主任当众传达了老总的话："密娜达的岗位，谁也无可替代，像密娜达这样的员工，公司永远不会嫌多！"

密娜达无疑是一个高情商的人，她拒绝抱怨，而是用行动保住了工作。没有人喜欢抱怨者，正如没有人喜欢自大狂。经常抱怨的人，不但会招致他人的反感和厌恶，而且极易使自己沦为负面情绪的奴隶，进而遮住人生灿烂的阳光，阻断事业辉煌的道路。

也许贫困的生活像枷锁一样困扰着我们，没有亲朋好友，无依无靠地生活在异国他乡。我们急切地希望减轻自己身上沉重的负担。然而，仿佛陷入黑暗的深渊之中，我们无法找到出路，于是，我们开始不停地抱怨，感叹命运对自己的不公，抱怨自己的父母、自己的老板，抱怨上苍为何如此不公，让我们遭受贫困和痛苦，却赐予他人富足和安逸。

停止你的抱怨吧！让烦躁的心情平静下来。你所埋怨的并不是导致你贫困和痛苦的根源，根本原因就在你自身。你抱怨的行为本身，正说明你倒霉的处境是咎由自取。喜欢抱怨的人在世上是没有立足之地的，而烦恼忧愁更是心灵的杀手。缺少良好的心态，就如同收紧了身上的锁链，将自己紧紧束缚在黑暗之中，只有把抱怨赶走的人，才有获得成功的机会。

古希腊有一位国王，他拥有至高无上的权势、享用不尽的荣华富贵，但他并不快乐。他可以主宰自己的臣民，却难以操控自己的情绪，他常常发火，莫名其妙的焦虑和忧郁不时地让他闷闷不乐、寝食难安，他不明白这是什么原因，这样的情绪让他痛苦不堪。

于是，他召来了当时最负盛名的智者苏菲，要求他找出一句人间最有哲理的箴言，而且这句浓缩了人生智慧的话必须有一语惊心之效，能让人胜不骄、败不馁，得意而不忘形、失意而不伤神，始终保持一颗平常心。苏菲答应了国王，条件是国王要将佩戴的一枚宝石戒指交给他。几天后，苏菲将戒指还给了国王，并再三劝告他：不到万不得已，别轻易取出戒指上镶嵌的宝石。没过多久，邻国大举入侵，整个城邦陷于敌手，于是，国王四处逃命。

有一天，为逃避敌兵的搜捕，他藏身在河边的茅草丛中，当他掬水解渴，猛然看到自己的倒影时，不禁伤心欲绝——谁能相信如今这个蓬头垢面、衣衫褴褛的人，就是那个曾经气宇轩昂、威风凛凛的国王呢？

就在他双手掩面，欲投河轻生之际，他想到了戒指。他急切地抠下了上面的宝石，只见宝石里面镌刻着一句话——一切都会过去。顿时，国王的心头重新燃起希望的火花。从此，他忍辱负重、卧薪尝胆，重招旧部并东山再起，最终赶走了外敌，夺回了王国。

当他再一次返回王宫后，所做的第一件事便是将"一切都会过去"这句箴言，镌刻在象征王位的宝座上。后来，他被誉为"最有智慧的国王"而名垂青史。

这个国王一开始是情绪的奴隶，当他是一国之君的时候，不时地抱怨、郁闷。然而当他一无所有的时候，他却战胜了自己，成为情绪的主人，最终成为最有智慧的国王。

如果我们不知道自己要什么，就别抱怨老板不给你机会，不要抱怨上天的不公，那些喜欢大声抱怨自己缺乏机遇的人，往往是在为自己的失败找借口。成功者不善于也不需要寻找借口，因为他们能为自己的行为和目标负责，能享受自己努力的成果，更能理智地接受失败。

有一点我们必须要知道：抱怨于事无补，并且只会让自己的情绪变得更糟。那些终日抱怨的人，是没有办法获得成功的。

威尔·鲍温曾经接受一家电台晨间节目的采访，采访结束后与工作人员聊天时，一位播音员对他说："我是靠抱怨维生的，而且我靠抱怨获得了非常高的薪水。"

鲍温问他："如果把快乐分成从一到十这十个等级，你在哪个等级呢？"

很明显，他愣了一下，几秒钟之后他伤感地问鲍温："有负数可以算吗？"

那一刻，鲍温感受到了这位"高薪"播音员内心的不安。

其实，曾经有一段时间，鲍温也像那位播音员一样，内心充满忐忑。所以他总是想用自己的大嗓门、抱怨和对他人的指责来压抑心里的不安。当鲍温的第一任妻子离开时，她告诉鲍温在他的身边从来没有安全感，这令她身心交瘁。

从那天开始，鲍温进行了认真的反省。多年以来，他一直试图改变身边的一切以变成一个有安全感的人，但是长时间的思考之后，他才豁然明白：有安全感代表接受事物的原貌，而不是试图改变它。

对于一个常常抱怨的人来说，不安的情绪是他们在每天的生活中必然要承受的，以至于渐渐成为不可言说的习惯。

那些内心踏实的人，往往能够认同自己的长处，接受自己的缺点，悠然自得，从来不会透过他人的目光来肯定自己。而没有安全感，内心充满不安的人，常常质疑自己的重要性，他们或者将自己的成就昭告天下，以博得赞赏，或者反复诉说不幸的遭遇，以换取同情，久而久之，他们习惯了用各种方式掩饰自己的不安，而终于成为一个爱抱怨的人。

所以，真正有安全感的人能够诚实面对自己的情绪，安于自己的不安，他们不会压抑自己内心的种种情绪，而是会自然而然地接受所有痛苦的情绪带来的不适，一旦内心真正接受了，自然不需要再通过其他的途径来发泄。

幸福书？幸福课？幸福的密码在哪里

幸福就是让你在一个幸福的基准线上上下游走。而我们可以通过一些改变，来让自己变得"更幸福"，或者是"比过去幸福"。

有一位银行家，在51岁的时候财富高达数百万美元，而到52岁的时候，他失去了所有的财富，而且背上了一大堆债务。面临巨大的打击，他没有颓废也没有悲观失望，而是决定要东山再起。不久，他又积累了巨额的财富。当他还清最后300个债务人的欠款后，这位金融家实现了他的承诺。有人问他的第二笔财富是怎样积累起来的。他回答说："这很简单，因为我从来没有改变从父母身上继承下来的个性，那就是积极乐观。从我早期谋生开始，我就认为要以充满希望的一面来看待万事万物，从来不要在阴影的笼罩下生活。我总是有理由让自己相信，实际的情况比一般人设想和尖刻批评的情况要好得多。我相信，我们的社会到处都是财富，只要去工作就一定会发现财富、获得财富。这就是我生活成功的秘密，记住总是要看到事物阳光灿烂的一面。"

困难对于这个银行家来说是幸福的，虽然过程痛苦，但这是上天给他最好的礼物。面对困难，他没有抱怨，没有愤怒，他用自己的力量创造了又一个奇迹，他是一个高情商者。

我们都有这样的感受：幸福开心的人在我们的记忆里会留存很长的时间，因为我们更愿意留下快乐的而不是悲伤的记忆。每当我们回想起那些勇敢且快乐的人时，我们总能感受到一种由衷的亲切感。

幸福的秘诀似乎藏在一种完美的平衡里：既不轻言放弃，又能真正坚持，善于在细微之处学会感悟，又不沉湎于过度的喜悦。世上没有绝对不幸福的人，只有不肯快乐的心，顺其自然地享受快乐其实每个人都能做到，因为这一切都由你自己的想法来决定。

想要获得幸福，我们可以学习幸福课，这门幸福课有如下一些内容：

★幸福课以"改变"为基础，这也是成为"理想的现实主义者"的基础。

现在我们的问题不在于改变是否可能，而在于如何才能发生改变。改变是困难的，但不是不可能的。我们对幸福的满足水平线，我们对爱的维护方式，我们对自己的理解等等，这些都可以慢慢去改变。

★把内心世界的情况视为快乐与否的主导因素。

我们所处的外部环境也会对快乐与否起到重要的作用，但是，积极心理学认为，内部环境，也就是人对自己的理解、人的世界观等等，更能决定一个人的幸福程度。在对物质的基本要求得到满足的情况下，金钱几乎不会增加人的幸福感，而在相同的物质条件下，内心越积极、越向上的人越快乐。

★快乐是我们一切追求的最高目标，没有其他追求能凌驾在它之上。

这一个内容很重要，这意味着我们不能拿幸福当成"成功人生"的一种手段，也不能进入幸福存在与否这种问题的怪圈中。我们无论做什么，都是为了得到快乐和幸福。而且我们只能更快乐、更幸福，而不能把"幸福"当成人生的一个终点。

当我们选择听"幸福"课的时候，我们一方面希望能够真正从那里学到一些让自己能够更幸福的方法；另一方面我们也知道，其实靠别人的力量是很难彻底改变自己的，所以我们只是怀着积极参与的态度来听课。如果有人希望能够通过这门课达到令自己从地狱迈向天堂的效果，那么，他是注定要失望的。任何时候，我们都不应该将自己的幸福寄托到别人身上，而且别人也没有让你变得更加幸福的义务。

一项调查表明，如果你太看重结果的话，那么你达到目标后得到的幸福只能维持短暂的一段时间，然后你又会回到原有的幸福水平上。同样，如果你失望一段时间后，你也会回到原来的幸福水平上的。

这个世上只有两种人是永远幸福快乐的，一种是精神病人，一种是死人。这门课并不是教给你永远幸福快乐的方法，因为人类所有的负面情绪、痛苦、失望等都是正常的，只有认识到了这一点，才算是你认识到了自己作为"人类"的权利。如果你不能允许自己有沮丧、发怒、失望的这些负面情绪，那么你就是一个完美主义者。

而且，从幸福的角度来讲，不得病或者从不遇到困难并不算是完整的幸福，甚至是一个人生的不幸——有人说人生最大的不幸就是不敢尝试。只要你还在经历起起伏伏，你还面对很多的未知数，面对很多的挑战，你就是一个幸福的人。

想象中的幸福生活，的确能带给我们愉悦的感觉。如果你是一个想象力足够丰富的人，你甚至可以身临其境地感受到被幸福包围的美好。当然，如果你想象的是王子和公主遭遇了更多的坎坷，丑恶的巫婆玩弄伎俩从中作梗，你的感觉可能就不那么美好了。你的情绪总是受自己的选择的影响，这一点是无可置疑的。

以上的种种都是在讲幸福和幸福课，那么幸福在哪里？其实我们想要获得真正的幸福，就需要运用情商，也就是学会控制情绪，这样我们所想象的幸福就会降临在自己的身上。

哈佛的幸福课教导学生：如果想要获得幸福，就请时刻看看自己的内心，它是否在对你微笑？如果能保持良好的心态，那么你离幸福也就不远了。

幸福是一种心态。开心就是短暂的幸福，而幸福就是总能够保持良好的心态。即使每天锦衣玉食的人也会愁眉苦脸、食不甘味。有的人嘲笑他们身在福中不知福，事实上，物质上的富足和真正的幸福是两个概念。虽然物质的满足可以为人享受人生提供很好的条件，但是这和幸福本身并没有直接的联系，它不是决定幸福的唯一条件。

幸福并不是说生活得一帆风顺，而是就算遇到不顺心的事，依然能积极乐观地看到好的那面。常常怡然自得，即使偶尔有波澜也能够从容面对，这才是幸福的真谛。

情商是一种"综合软技能"

我们把情商理解为一种"软技能"。与软技能相对应的硬技能通常是可以衡量的，如学习能力。在任何一个领域，衡量专业技能的标准就是证书和学位，而这些往往都具有很大的商业价值。大多数工作都是靠这些硬东西来评判能力，不论是在学术著作还是实践操作中，这些都表示我们达到了某个行业（如银行业、烹饪业、IT行业、图书馆业等）所需的专业要求。学习这些技能大多数都需要付出很大的努力，目标也都很直接。你有固定的线路去选择学习那些技能。从初学者到专家，都有测试能力的等级考试。拿到学位和答辩过关就表示你已经达到目标、具有竞争力了。

21世纪的生活竞争力越来越大，硬技能已经开始不够用了，雇主会要求雇员有高等级的"软技能"，如：

——与他人融洽相处的能力

——有效地领导团队（靠软硬兼施管理的日子已经过去）

——促进他人的进步和管理他人的知识

——自我成长

——人际交往能力强

——尽可能有效地运用认知（思考）能力

——面对困难时，依然保持活力

——积极处理批评和困境的能力

——在危机中保持冷静的能力

——作决定时，有理解和接受他人有效观点的能力

这些软技能统统可以归于情商。雇主之所以对雇员的情商感兴趣，原因很简单——你的高情商对他们的生意有好处。

我们知道情商有五大内容，均属于软技能，下面来详细分析一下这五大内容。

★自我认知的能力

古希腊德尔斐城的帕提农神庙里，镌刻着苏格拉底的一句名言：认识你自己。它是这座神庙里唯一的碑铭。然而，认识自己并非易事，所谓"不识庐山真面目，只缘身在此山中"，讲的就是这个道理。

我是谁？我从哪里来？又要到哪里去？我为什么要这么做？我为什么不高兴……这些问题从古希腊开始，人们就不断地问自己，然而至今都没有得出令人满意的答案。即便如此，人们从来没有停止过对自我的追寻。

正因为如此，人常常迷失在自我当中，很容易受到周围信息的暗示，并把他人的言行作为自己行动的参照。认识自己，心理学上叫自我知觉，是一个人了解自己的过程。在这个过程中，人更容易受到来自外界信息的暗示，从而出现自我知觉的偏差。

认识自我包括的内容如下：我的身体外形——有什么优势，有哪些缺陷；我的情绪个性——是易冲动还是沉着；我的气质类型——胆汁质、多血质、黏液质、抑郁质；我有什么长处，什么短处……一些人会因为自己的高矮胖瘦而不能坦然面对自我，那么他的自我认知就出现了障碍。也有一些人对自己所扮演的角色、所处的位置认识不清，导致命运的悲剧发生。

★控制自我情绪的能力

情商的一个重要内容是控制自我，没有自制力的人终将一无所成，因为哪怕是一点的小刺激或小诱惑他都会抵制不了，进而深陷其中。控制自我情绪是一种重要的能力，是人区别于动物的重要标志。人是有理性的，而非依赖感情行事。托马斯·曼告诫人们："抵制感情的冲动，而不是屈从于它，人才有可能得到心灵上的安宁。"

自制，顾名思义就是克制自己。看似不自由，殊不知，为了获得真正的自由，必须有意识地克制自己。没有自制力的人是可怕的，不但他的思想会肆意泛滥，行为更会如此。有人喝酒成瘾、上网成瘾，这些无一不是缺乏自制力的表现。一个失去自制能力的人是不会得到命运的眷顾与垂青的。

★自我激励的能力

自我激励就是给自己打气，鼓励自己要争气，在逆境中要奋起。而支持崛

起的信念则来自于自我激励。许多不成功的人不是没有成功的能力与潜质，而是他们思想上就不想成功。他们在受到羞辱时除了暗自神伤，嗟叹命运不济时，从不给自己打气，他们会习惯"劣势"，久而久之就真的只有失败与之为伍。

也有一些人并不是不给自己一点激励，而是很快就把对自己的承诺抛在脑后，没有认真地执行过当时的目标。一个有成功意识的人，都是允许自己失败，却不会允许自己倒下的人。因为失败是一时的，可以激励自己往上走，但倒下就是永久的失败。

★识别他人情绪的能力

日常生活中时常有人抱怨某人"不会察言观色"，或者是"没有眼力价"，无论是哪种表达，都是关于情商中识别他人情绪的表现。一个不懂得识别他人内心的人，是无论如何达不到想要的成就的。

哈佛人认为，识别他人的情绪是与人沟通方面必不可少的能力，这种能力不仅能影响他人，更能影响自己。

★人际交往的能力

美国有一个叫泰德·卡因斯基的人，他16岁进哈佛，20岁毕业，而后在密歇安大学获数学硕士、博士学位，接着，又到世界第一流的加州大学伯克利分校数学系任教。然而，卡因斯基虽然智力超群，却从未培养过自己的社会交际技能。整个中学时期同学几乎见不到他的影子，他从不同任何人交往，更不能与人建立长久的关系。在大学里，他也如此，人们送他一个"哈佛隐士"的绰号。

卡因斯基在制造炸弹方面有特殊才智，但他在社交方面却是低能儿，因长期压抑而导致心理异常。他不但没有对社会作出贡献，最后却是用自己研制的炸弹杀死了3人，伤了22人。

这就是缺乏人际交往能力的后果，著名成功学家卡耐基先生说，一个人的成功取决于20%的专业能力和80%的人际关系，足见人际交往能力的重要。而他所说"20%的专业技能"主要靠智商来获取，"80%的人际关系"却是靠情商获得。

高情商的人能管理他人的情绪

哈佛学者说："能够管理他人情绪的人是高情商之人。"所谓管理他人情绪，是指在准确识别他人情绪的基础上，用自己的情商影响他人的能力。这当中识别他人情绪是管理他人情绪的首要环节，不能正确认识别人的真正意图就不能很好地对他人施加影响力。

★高情商的人能管理他人的情绪，哪怕是对手。

美国总统林肯因在南北战争中实现了国家的统一和黑人奴隶的解放，而一直备受美国人的尊崇。甚至，他在各方面的言行都成为后人的楷模。但即便是伟大的林肯，也有因忍无可忍而失态的时候。

有一次，他与另一位政治人物因政见不合而反目，林肯当时气得大骂："这个混蛋！他就是我的死敌！我要干掉他！"但令人惊讶的是，几天后人们发现那个让林肯恨得咬牙切齿的政治家，居然与林肯谈笑风生，俨然如好友一般！

于是有人就问林肯："他不是你的政敌吗？你不是要干掉他吗？"林肯泰然道："不错，我是要干掉这个敌人。现在把他变成我的朋友，那个'敌人'不等于被我'干掉'了吗？"

由"政敌"到"朋友"的转变，就是林肯管理对方情绪的过程。情商的高低直接影响这种管理他人的能力，情商高的人，万事操之在我；情商低的人，处处受制于人。

★高情商的人能影响他人，因此更受欢迎。

绝大多数的人会认为人际关系是令他们头痛的麻烦事儿，奇怪的是你越觉得它讨厌，你就越不容易搞好它。于是，我们会羡慕一些总受人们喜欢的人，不知他们的成功秘诀在哪儿。其实，差别就在于你是否能管理他人的情绪并影响他人。高情商者不仅会受到他人的喜爱，更易得到别人的帮助，因为他们很受众人的欢迎。

斯巴达克斯是个奴隶，因为不堪忍受奴隶主惨无人道的压迫，率领奴隶起义，得到成千上万奴隶的响应。

后来，起义失败，许多奴隶被俘虏。一位以胜利者自居的将军指着背后的十字架，趾高气扬地说："谁指认出斯巴达克斯，我就可以免除他一死。"奴隶们沉默了良久，一位奴隶站了出来，说："我就是斯巴达克斯！"

在这位将军还没有反应过来的时候，又有一个奴隶站了起来说："我是斯巴达克斯！"紧接着，一大片奴隶都站了起来，大声说道："我就是斯巴达克斯！"洪亮的响声回响在大地和白云之间。

是什么力量让奴隶宁肯去死，也不愿意说出谁是真正的斯巴达克斯？是因为斯巴达克斯受到他们的欢迎、热爱与敬重，斯巴达克斯能管理他们的情绪并有效地影响他们，使他们心中形成一个伟大的友谊，他们愿意为了这份友谊奉献自己的生命。

美国总统富兰克林年轻的时候把所有的积蓄都投资在一家小印刷厂里。他很想获得为议会印文件的工作，可是议会中有一个极有钱又能干的议员，非常不喜欢富兰克林，并公开斥骂他。这种情形对富兰克林的经营非常不利，因此，他决心使对方喜欢他。

富兰克林听说这个议员的图书馆里有一本非常稀奇而特殊的书，于是他就写一封信给这位议员，表示自己想一睹为快，请求他把那本书借给自己几天，好让他仔细阅读。这位议员马上叫人把那本书送来。过了大约一星期的时间，富兰克林把书还给那位议员，并还附上一封信，强烈表达了自己的谢意。

于是，当他们再次在议会里相遇时，那位议员居然主动跟富兰克林打招呼，并且极为有礼。自此以后，这位议员对富兰克林的事非常乐于帮忙，他们变成了很好的朋友，这段友谊维持了一生。

富兰克林的故事在向我们展现一个高情商者的魅力，他能够发现他人的情绪，并利用他人的情绪，让对方成为自己的朋友。

那么，什么方法才能更好地处理他人情绪呢？

★正确处理他人情绪的方法共有三个步骤：接受、分享、肯定。

——接受。接受是注意到对方有情绪、接受有这份情绪并如实告诉他。接受不是批判，不是否定，不是表示不耐烦，也不是忽视，接受就是"我愿意接受你这个样子，我愿意和你沟通"的意思。这种接受往往能让你更好地与他人沟通。

——分享。永远先分享情绪感受，后分享事情的内容。就算对方反复或坚持先说事情的内容，也需要巧妙地把话题先带到情绪感受的分享，情绪感受未处理，谈事情细节不会有效果，往往只会使对方的情绪更大。帮助对方描述他的情绪，并告诉他那是应该有的感觉。

——肯定。应该对不适当的行为设立规范，就是说，勾画出一个明确的框架。里面是可以理解或接受的部分，并就这些可以接受的部分给对方以肯定。给予肯定使对方保留了他们的尊严和自信，他们会更愿意听从你的意见。框架外面则是不能接受或者没有效果的东西，应该明确向对方提出。所有的感觉及所有的期望都是可以被接受的，但并非所有的行为都可被接受。

综上所述，情商的高低决定一个人是否能影响到他人，并利用他人的情绪，而这一切都将决定你在人群当中的地位及受欢迎程度。

第二章 智商决定录用，情商决定提升

智商的"成名史"

智商，是一种表示人的智力高低的数量指标。智商＝智龄÷实足年龄×100。这是美国心理学家在20世纪中叶提出来的，几十年来这一概念极大地推动了人类智力的发展。

智商反映了一个人的观察力、记忆力、思维力、想象力、创造力等，是人们运用大脑进行分析、运算以及逻辑推理，从而解决问题的能力。智商高低有先天的因素，但更重要的是后天的开发和训练。美国心理学家威廉·詹姆斯认为："一个健康的人终其一生只利用了他固有能力的10%。"还有人认为只利用了4%或6%，甚至更低。

美国《使用你的大脑》一书的作者拉尼·布赞教授说："你的大脑就像一个沉睡的巨人。"人才开发有家庭开发、社会开发和自我开发这几个部分，而关键是自我开发，就是要有自我开发的意愿、热情、方法，并形成自我开发的习惯，这是造就人才成长重大差异的根本原因。不断地学习积累，提高智商，这是成功的基本条件。

据心理学研究表明，一个正常发育的大脑都有如下能力：

★语文能力：包括说话、阅读、书写的能力。

★空间能力：包括认识环境、辨别空间的能力。

★音乐能力：包括声音的辨识及韵律表达的能力。

★运动能力：包括支配肢体以完成精密作业的能力。

★社交能力：包括与人交往且和睦相处的能力。

★自知能力：包括认识自己并选择生活方向的能力。

以上几种能力是每个大脑发育正常的人都应具备的，但为什么每个人的各种能力表现不同呢？这是由每个人的心理状况和生理状况决定的，心理状况是功能性因素，生理状况是基础性因素，二者相互促进，相互制约。

以往，脑科专家们总认为智商是与生俱来的，根本不可能提升。但是这种说法已经过时了，近年来的研究显示，人类的智商是可以获得提升的，通过以下几种方法可以让你的智商有一定的提升。

★改变饮食习惯。多吃有益增强记忆力的食物。如：蛋黄、大豆、瘦肉、牛奶、鱼、动物内脏及胡萝卜、谷类等。人的身体有充足的营养，大脑获得更多的动力，就有利于大脑的开发，从而提高智商。

★为自己营造一个具启发性和刺激感官的环境。在我们周围，天赋极佳者当然还是少数，大多数人的智力属于中间型。智力发展虽有遗传基础，但同时还受环境因素的强烈影响。遗传基础只规定了智力发展的可能性，如：小李虽有比小王更高的智力发展潜力，但由于某种环境条件的存在，使小王的潜力能够得到充分发挥，其智商则比小李更接近于其潜力的上限，而小李的智力的实际表现可能落在小王的后面。因此，后天教育与环境对人们的智力发展是极为重要的。

★适当培养音乐细胞，激发灵感。形容一个人聪明，有很多词语：机敏、鬼主意多、分析能力强、有第六感等，仔细研究这些词汇，你会发现一个通性：聪明人总是想得更多、更全面、眼光更准确，用一句话概括，就是"灵感强"。

让你的大脑更活跃，迸发更多灵感这就是音乐的功能。沐浴在音乐声中，感受每一个音符对心灵的激荡，每一个细胞都随着音乐有节奏地跳动，长此以往，产生灵感并不是一件困难的事情。

★运动——发挥天赋，弥补短处。运动有很多种，有纯体力运动，如长跑、短跑；还有纯脑力运动，如下棋、打游戏；还有智力、体力相合运动，比如足球、排球、篮球、羽毛球。

以上方法都可以提高我们的智商。美国作家爱默生说过，智慧的可靠标志就是能够在平凡中发现奇迹，所以，我们应该善于让每一片智慧之叶都折射出灵悟的光芒，这样我们离成功就越来越近了。

一个善于开启智慧头脑的人，一定是个善于发现机会和勇于开拓的人，成功会离他更近。善于运用智慧的人，比只会埋头苦干、不善思考的人更受欢迎。这就是智慧的作用。正是这种智慧的光芒，使我们能够致力于发展完美的生活状态。因此，寻求智慧的源泉，探求智慧的培养方式，提高智商的指数，也就成为我们追求完美人生的重要组成部分。

真正带给我们快乐的是智慧，不是知识

古希腊哲学家苏格拉底曾说：真正带给我们快乐的是智慧，而不是知识。什么是知识？知识是那些没有经过自己的思索和感悟而获得的认识和经

验。我们从学校、父母、长辈那里学到的一切，从书本杂志、电影电视、朋友闲谈等等地方获得的一切信息都是知识。

什么是智慧？智慧是经过自己大脑的思考、心灵感受而获得的能力。智慧无法通过视觉、听觉、味觉、嗅觉、触觉而获得，智慧是思维的"孩子"，不经思考的人无法获得智慧。

★有知识不等于有智慧

一个人可能学富五车，但他不一定是智慧之人，因为他完全可能只是千万次地重复人家的思想，自己却不善思考，不去探究，更不会发明创造。相反，逢人便说自己一无所知的人，倒可能最富智慧。

★掌握很多实用技能也不等于有智慧

一个人学会驾车，学会电脑，但他不一定富有智慧，因为他很可能是被迫去做，内心却对这些技能毫无兴趣，更谈不上从中悟出智慧。真正的智慧之人，都会对自己所从事的活动深感兴趣，他不是被迫去做，而是自愿去做。还有什么比品尝生活的愉快和乐趣更接近智慧呢？

维特根斯坦是一个最天才的哲学家，是一个传奇人物。有很多人不明白，他为什么在不同的领域都能获得成功。

他10岁就自己做了一台缝纫机，当时就已经了不起了，因为很多科学家都没有这样的成绩；22岁就获得了飞机发动机的一些专利；一战的时候他照样和普通子弟一样应征入伍，一边打仗，一边却写了本关于哲学的书。完书的时候，才29岁，这本书被后世誉为哲学界自柏拉图以来最重要的一本专著。

维特根斯坦的父亲是个亿万富翁，维特根斯坦把他所继承的遗产全部送给别人，跑到小乡村当小学教师，他发现那里没字典，于是又一个人编了一本有影响力的工具书。后来他又做了建筑师，成为一个后现代建筑流派的主要设计师。

他的经历让人们目瞪口呆，这当然是和他的智商分不开的，有一次维特根斯坦让罗素判断他是天才还是傻帽："如果是傻帽，我就去开飞艇；如果是天才，我就会成为哲学家。"结果罗素告诉他无论如何不用去开飞艇。

维特根斯坦的事例告诉我们，他是一个高智商的人，但如果他从来不开发自己的智商，那么他也会跟一般人一样。最重要的是，他知道怎么把高智商变成自己的财富，成就自己，也造福人类，所以他不仅是一个智商方面的天才，更是一个高情商的人。

哲学家马可·奥勒留对自己说："不要分心，不要虚有学问的外表而丧失自己的思想，也不要成为喋喋不休或忙忙碌碌的人。"可见，他是一个懂得区分知识和智慧的人，他追求的是智慧，而非知识。

知识是人类对有限认识的理解与掌握，而智慧是一种悟，是对无限和永恒的理解和推论。因此，博学家与智者是两种不同类型的人，智者掌握的知识不一定胜过博学家，但智者对世界的理解一定深刻得多。

知识是有限的，再多的知识在无限面前也会黯然失色。智慧是富于创造性的，其不被有限所困，面对无限反而显得生机勃勃。

学习知识是智育的首要目标，但不应该是最终的目标。学校的目的不在于为学习知识而学习知识，知识应该为人的发展奠定基础。

在澳大利亚的一个牧场中，人们看到有三个大学生在那里打工。这三个人都是名牌大学的毕业生。人们都非常惊异：居然让大学生来看管家畜！他们在学校接受的教育是要做领导众人的领袖，而现在却在这里"领导"羊群。牧场主人雇用的这些学生，虽然满腹经纶，能说好几门外语，可以讨论深奥的政治经济学理论，可是，要说挣钱却不能和一个没有上过学的人相比。

牧场主整天谈论的只是他的牛羊、他的牧场，眼界十分狭隘，但他能够赚大钱，而那些大学生连谋生都很困难。这其实是一场"有文化和没文化、大学和牧场的较量"，而后者总是能够占上风。

大学生在这场"较量"中失利就是因为他们只是拥有知识而牧场主却懂得赚钱的智慧。

我们都听说过"买椟还珠"的寓言故事，一个过分雕饰的盒子和一颗光彩照人的珠宝，哪一个更有价值，不言而喻。

而在人生中，追求虚有其表的学问，而没有自己独到判断和见解的人又何尝不是在舍本逐末，在珍贵的人生旅途中"买椟还珠"？

其实，大部分人之所以拥有强烈的获取知识的欲望，是因为对无知的恐惧、对人生的不安。那些见多识广的人，在危机的关头往往能沉着应对，拥有智慧的人生才是踏实的。但虚有学问外表的人，终究是为了取悦他人而活着。

让我们的一切行为符合生命本质，摒弃外表让人眼花缭乱的光荣和浮华，追求心灵的提升，寻找真正的智慧，才是我们要做的事。

情商与智商：人生的左臂右膀

有人说成功者是"80％情商＋20％智商"，失败者是"20％情商＋80％智商"。对于人类来说，情商与智商都很重要，如同人生的左臂右膀，缺一不可。

以往认为，一个人能否在一生中取得成就，智力水平是第一重要的，即智商越高，取得成就的可能性就越大。但现在心理学家们普遍认为，情商水平的高低对一个人能否取得成功也有着重大的影响作用，有时其作用甚至超过智力水平。

情商的水平不像智力水平那样可用测验分数较准确地表示出来，它只能根据个人的综合表现进行判断。心理学家们还认为，情商水平高的人具有如下的特点：社交能力强，外向而愉快，不易陷入恐惧或伤感，对事业较投入，为人正直，富有同情心，情感生活较丰富但不逾矩，无论是独处还是与许多人在一起时都能怡然自得。专家们还认为，一个人是否具有较高的情商，和童年时期的教育培养有着密切的关系。因此，培养情商应从小开始。

凯文·米勒小时候学习成绩不好，高中毕业时靠着体育方面的才能，才勉强进入芝加哥大学学习。许多年后，在他公开的日记中有这样的记述："老师和父亲都认为我是一个笨拙的儿童，我自己也认为其他孩子在智力方面比我强。"可是，凯文·米勒经过多年的努力，却成为美国著名的洛兹集团的总裁。

那么，究竟是什么让他从平凡走向卓越的呢？是情商。达尔文在他的日记中说："教师、家长都认为我是平庸无奇的儿童，智力也比一般人低下。"但他却成了伟大的科学家。爱因斯坦在 1955 年的一封信中写道："我的弱点是智力不好，特别苦于记单词和课文。"但他成了世界级的科学大师。洪堡上学时的成绩也不好，一次演讲中他说道："我曾经相信，我的家庭教师再怎样让我努力学习，我也达不到一般人的智力水平。"可是，20 多年后他却成为杰出的植物学家、地理学家和政治家。

丹尼尔·戈尔曼用了两年时间，对全球近 500 家企业、政府机构和非营利性组织进行分析，发现成功者除具备极高的智商以外，其卓越的表现亦与情商有着密切的关系。在一个以 15 家全球企业，如 IBM、百事可乐及富豪汽车等数百名高层主管为对象的研究中发现，平凡领导人和顶尖领导人的差异，主要是来自情绪智商。

卓越的领导者在一系列的情绪智商，如影响力、团队领导、政治意识、自信和成就动机上，均有较优异的表现。情商对领导者特别重要，是因为领导者的精髓在于使他人更有效地做好工作。一个领导者是否卓越，在很大程度上表现于他的情商。

智商和情商，都是人的重要的心理品质，都是事业成功的重要基础。它们的关系如何，是智商和情商研究中提出的一个重要的理论问题。正确认识这两种心理品质之间的差异和联系，有利于更好地认识人自身，有利于克服"智力第一"和"智力唯一"的错误倾向，有利于培养更健康、更优秀的人才。

★智商和情商反映着两种性质不同的心理品质

智商主要反映人的认知能力、思维能力、语言能力等。它主要表现人理性的能力。而情商主要反映一个人感受、理解、运用、表达、控制和调节自己情绪的能力，以及处理自己与他人之间的情感关系的能力，它是非理性的。它们是相对理性与相对感性的集合，是不同类型的比较。

★智商和情商的形成基础有所不同

智商和情商虽然都与遗传因素、环境因素有关，但是，它们与遗传、环境因素的关系是有所区别的。智商与遗传因素的关系远大于社会环境因素。而情商与环境因素的关系大于遗传因素。

★智商和情商的作用不同

智商的作用主要在于更好地认识事物。智商高的人，思维品质优良，学习能力强，认识深度深，容易在某个专业领域作出杰出的贡献，成为某个领域的专家。情商主要与非理性因素有关，它影响着人类认识和实践活动的动力。它通过影响人的兴趣、意志、毅力，加强或弱化认识事物的驱动力。智商不高而情商较高的人，学习效率虽然不如高智商者，但是，有时能比高智商者学得更好，成就更大。因为他们锲而不舍的精神使得勤能补拙。

实力是成功的通行证

成功，就是设定有意义的目标，并把这样的目标加以实现。一切工作，都是一条通向自身成功的道路，都是对自我潜力的检测和挑战。所有成功都来自于你的努力，你的实力。倘若有谁期望成为超群之人，能够力挽狂澜于既倒，能够捍卫职责、忍受重负，那么他就不会抱怨，他会努力拼搏，用实力打开成功的大门。

一个人降生以来，不知道要经过多少次人生的角逐才有可能成功，如果没有与众不同的实力是不可能成功的，按照现代人力科学的理论来说，成功的实力有两种，既"硬实力"和"软实力"。

所谓硬实力无非是财力、背景等那些外界给予的东西，而软实力则是你内心与生俱来的，同时又经过后天磨炼打造的内在的东西。而在人的一生中，软实力更加重要，因为它不能被剥夺。想要成功光靠运气是下下策，没有实力而成功的几率如同中彩票一样低。

百富勤曾经是香港金融市场里叱咤风云的明星级证券行，但是在亚洲金融风暴中宣告清盘，存活的时间仅仅 10 年。

1987 年的股灾之后，香港的股票市场一片狼藉，百富勤国际公司就是在这个时候成立的。在天时、地利、人和的配合下，抓住了每一个可以实现丰厚利润回报的机会，勇于开拓。所以，在短短的 10 年间，百富勤就由一间 3 亿港元的小经纪行发展到总资产 240 亿港元的跨国集团公司，被认为是股市的神话。表面上百富勤一帆风顺，其实投资风险一直伴随在它身边，它忘记了投资的要诀——分散风险，导致它的投资金额过于集中，而且忽略了亚洲市场的风险，孤注一掷地把资金投入到亚洲市场。

由于百富勤的投机心理太强，越高风险的业务就越投入得多，所以在印度尼西亚和韩国的投资过大，投资金额将近 6 亿美元，相当于总投资的 25%～30%。很快，因为印尼盾和韩元大幅贬值，百富勤的投资产生了巨额的亏损。在沉重的打击下，百富勤终于支撑不住，宣告清盘。

百富勤忽略了自身的承受能力，在实力还不充沛的情况下想碰运气捞一把，这样的决策显然是错误的。机遇没有降临，风险却不期而至，所以只得以失败告终。

很多人在现实生活中也有赌博心理，就像百富勤一样，最终一无所有。人不能靠赌博和投机来奢求成功，无论什么时候，你一定要谨记，能让你获得最终成功的必定是你的实力而非运气。实力并非知识，而是能力。一个人拥有多少知识，并不能证明拥有多少能力，也就是说，知识与能力并不是成正比的。

有一天，一名大学教授到一个落后的乡村游山玩水。他雇了一艘小船游江，当船开动后教授问船夫："你会数学吗？"船夫回答："先生，我不会。"教授又问船夫："你会物理吗？"船夫回答："物理？我不会。"教授又问船夫："那你会用计算机吗？"船夫回答："对不起。我不会。"教授听后摇摇头说道：

"你不会数学，人生已失去 2/6；不会物理，人生又失去 1/6；不会用计算机，人生又失去 1/6……"

说到这儿，天空忽然飘来大片黑云，随后吹来强风，眼看暴风雨就要来到。船夫问教授："先生，你会游泳吗？"教授一愣答道："不会。没学过。"船夫摇摇头说道："那你人生快要失去 6/6 了……"

这个故事给人们很大的教育意义，有渊博的知识固然是件好事。但人生最需要的并不是渊博的知识，而是生存的能力。如果人们连基本的生存能力都没有，那么又何谈才高八斗呢？人们通过学习，掌握一种能力，并让这种能力适应千变万化的社会需求，这样人们才能更好地生存和发展。有人说，真正的"铁饭碗"，不是在一个地方总有饭吃，而是走到哪里都有饭吃，也就是到哪里都有生存的能力。

上天每天都给人们机遇，但是却没有几个人能抓住它，所以光有机遇是不行的，还需要看你是不是一个有实力的人。实力是抓住机遇的双手，抓住机遇必须依靠实力。有很多人，他们的身边并不缺少机遇，但是他们没有成功，究其原因，是因为他们在实力上不如别人。当他们自身实力累积到一定程度的时候，机遇就会自动登门拜访。

身处竞争的年代，一切都靠实力，靠实力说话，靠实力办事，影响别人靠的也是实力。只有实力增强，别人才能信服，才能心甘情愿地接受你、追随你。

聪明人≠成功者

智商曾一度统治成功学的领域，人们在感慨谁智商高谁就能成功的同时，不禁有些迷茫，原因在于发生在我们身边的一个个高智商神话的破灭。

人们应该还能够回忆起清华大学高才生刘海洋泼熊事件，不绝于耳的国内高等学府的学生因不堪各种压力跳楼自杀，因一点小事而愤然用刀砍死同学的事情……太多的天之骄子的言行让我们震惊，我们不禁要问：难道是这些学生不够聪明？

这是一个不言而喻的结论，因为我们都明白问题的根源不在于他们的智商，而是他们不懂控制自己的情绪，以致情绪失控；不知道调整自己的心理状态，于是在面对人生逆境时选择了结束自己的生命。或者这些伤害他人的高智商人物的悲剧，本来可以避免，或者他们将来可能会取得更加卓越的成就，但因为情商不高，最终做出了令人扼腕叹息的事情。

年轻时，莫奈还只是一个汽车修理工，当时的处境离他的理想还差得很远。一次，他在报纸上看到一则招聘广告，休斯敦一家飞机制造公司正向全国广纳贤才。他决定前去一试，希望幸运会降临到自己的头上。他到达休斯敦时已是晚上，面试就在第二天进行。

吃过晚饭，莫奈独自坐在旅馆的房中陷入了沉思。他想了很多，自己多年的经历历历在目，一种莫名的惆怅涌上心头：我并不是一个低智商的人，为什么我老是这么没有出息？看看自己身边的人。论聪明才智，他们实在不比自己强。最后，他发现，和这些人相比，自己缺少一个特别的成功条件，那就是情绪经常对自己产生不良影响。

他第一次发现了自己过去很多时候不能控制的情绪，比如爱冲动、遇事从不冷静，甚至有些自卑，不能与更多的人交往等。整个晚上他就坐在那儿检讨，他总认为自己无法成功，却从不想办法去改变性格上的弱点。

于是，莫奈痛定思痛，作出一个令自己都很吃惊的决定：从今往后，绝不允许自己再有不如别人的想法，一定要控制自己的情绪，全面改善自己的性格，塑造一个全新的自我。

第二天早晨，莫奈一身轻松，像换了一个人似的，满怀自信前去面试，很快，他便被录用了。两年后，莫奈在所属的公司和行业内建立起了很好的名声。几年后，公司重组，分给了莫奈可观的股份。

莫奈也许是个聪明人，但在没有认清自己的缺点之前，他是一个低情商的人。当认清自己的时候，他离高情商已经不远了，所以他成功了，可见，一个聪明人不一定成功，但高情商的人成功的几率却会很大。

事实已经证明，情商对人的成功有着至关重要的作用。在许多领域卓有成就的人当中，有相当一部分人在学校里被认为智商并不高，但他们充分发挥了他们的情商，最终获得了成功。

有这样一个笑话，问：一个笨蛋15年后变成什么？

答案：老板。

从某种意义上说，这个答案再正确不过了。即使是笨蛋，如果情商比别人高明，职场上的表现也可能胜出一筹，他的境况自然会大为改观。许多证据显示，情商较高的人在人生各个领域都占尽优势，无论是人际关系，还是事业等方面，其成功的几率均比较大。

此外，情商高的人生活更有效率，更易获得满足，更能运用自己的智能获取丰硕的成果。反之，不能驾驭自己情绪的人，自身内心激烈的冲突，削弱了他们本应集中于工作的实际能力和思考能力。也就是说，情商的高低可决定一个人其他能力（包括智力）能否发挥到极致，从而决定他有多大的成就。

可见，许多人一直生活在底层苦苦跋涉，并不是因为他们的智商有问题，而是因为他们没有意识到情商在一个人成功路上的重要性。智商的后天可塑性是较小的，而情商的后天可塑性是很高的，个人完全可以通过自身的努力成为一个情商高手，到达成功的彼岸。

请记住，哈佛人告诉我们："聪明人不等于成功者。"

实力与学历比高低

在人们越来越相信"智商决定你能否被录用，而情商则决定你能否被提升"的时候，情商已然成为我们生命的主宰。

有许多人满怀雄心壮志，认为"实力胜于学历"，所谓实力胜于学历，事实上是指做人处世而言。有些时候，高学历者的自尊心会排斥与别人的交往，因此，不受人欢迎，也不容易成功。所以一些学校里的优秀人才，踏入社会就显得不那么优秀了。

哈佛告诉学生：不要把你的学历作为"通行证"。学历并不能代表能力，它只是你曾经学习过的证明。

当我们怀着美好的理想走入社会，却时常会碰上一个又一个的难题。首先就是学历问题，学历太低成了通向成功路途上的羁绊。播下种子，却没有开花，不必灰心失望，我们注重的不是妖艳的花朵，而是沉甸甸的果实。

一天午后，一位老妇人走进费城的一家百货公司，大多数的柜台人员都不理她。有一位年轻人却问是否能为她做些什么。当她回答说只是在等雨停时，这位年轻人并没有推销给她不需要的东西，也没有转身离去，反而给她拿了一把椅子。雨停之后，老妇人向年轻人说了声谢谢，并向他要了一张名片。

几个月之后这家店主收到一封信，信中要求派这位年轻人去苏格兰收取装潢一整座城堡的订单！这封信就是那位老妇人写的，而她正是美国钢铁大王卡内基的母亲。

哈佛告诉学生：成绩和成就不一定成正比，你不能以学业的成败评估自己未来的成就。哈佛教授亨利·B. 雷林曾讲过，为了发现与学生未来成功相关的因素，哈佛商学院作了大量的调查研究。调查结果显示："一个学生在学校里的成绩与他将来的成就之间并无关系。短期内还有点关系，而长期看来根本没有什么关系。"作为一名学生，必须能够正确认识短期学业上的成败。生活之路是很漫长的，即使是哈佛大学最顶尖和最失败的学生也必须走完剩下的 2/3 的人生旅程。

与一个虽然没有机会上大学，却在残酷的生存竞争中熟知人情世故的人相比，涉世不深的的学生显然是要打败仗。一个大学毕业生常常会不知道自己的真实分量，他们往往生活在一个理想的王国里，而这个王国是没有那些人情世故的。所以，那些饱读诗书的人，常常会在这个王国里丧失自己，这是低情商的表现，究其原因就是他们没有认清实力与学历孰轻孰重。

哈佛人告诉我们，即使你知道得很多，但如果你不善于把你的知识用于你的需要，那再多的知识也没有用处。总之，能力往往比学历重要，它不仅仅是实力，更是一种高情商的表现，只要我们用好它，必然会事半功倍。

智商诚可贵，情商"价"更高

成功不仅取决于个人的谋略才智，在很大程度上还取决于正确处理个人的情绪与别人情绪之间关系的能力，也就是自我管理和调节人际关系的能力。

人类在关于怎样才能成功的问题上从来不曾停止过探索的脚步。爱看电影的人们一定都会记得《阿甘正传》，这是一部好莱坞大片，男主角汤姆·汉克斯更是凭借它而一举夺得奥斯卡"小金人"。

影片中的男主角名叫"Forrest Gump"，他从小就是一个有点行动不便的男孩，准确地说是有点残疾。然而不幸的事情不只这样，他的母亲到处为他找学校，却没有一所学校愿意接收他，原因在于他的智商只有 75。但是后来Forrest 的表现让每位观众都为之感动。他凭借执著、善良、守诺、勇敢的个性，一度成为美国人民心中的英雄。

故事也许是虚构的，而它却向我们揭示了这样一个道理：智商的高低与人生的成就不能直接画等号！阿甘的重情重义、执著乐观的个性，是他成功的重要因素，这便是来自于情商的魅力。

关于成功，有一个秘密：成功的人往往不是因为知识多么丰富，而是因为他们的心智那么的成熟。

事实上，高智商者不一定取得成功，情商在人生成就中起着不可忽视的作用。情商的高低，可以决定一个人的其他能力，包括智能能否发挥到极致。情商比智商更重要，如果说智商更多地被用来预测一个人的学业成绩的话，那么，情商则能被用于预测一个人能否取得事业上的成功。优异的学业成绩，并不意味着你在生活和事业中能获得成功。而且从我们的个人体验来说，我们也喜欢那些乐于帮助别人并且平易近人的人，而不是古怪的科学家。

1936 年 9 月 7 日，世界台球冠军争夺赛在纽约举行。路易斯·福克斯的得分一路遥遥领先，只要再得几分便可稳拿冠军了，就在这个时候，他发现一只苍蝇落在了主球上，他挥手将苍蝇赶走了。可是，当他俯身击球的时候，那只苍蝇又飞回到主球上，他在观众的笑声中再一次起身驱赶苍蝇。

这只讨厌的苍蝇破坏了他的情绪，而且更为糟糕的是，苍蝇好像是有意跟他作对，他一回到球台，它就又飞回到主球上来，引得周围的观众哈哈大笑。路易斯·福克斯的情绪恶劣到了极点，他终于失去了理智，愤怒地用球杆去击打苍蝇，球杆碰到了主球，裁判判他击球，他因此失去了一轮机会。路易斯·福克斯顿时方寸大乱，连连失利，而他的对手约翰·迪瑞则愈战愈勇，终于赶上并超过了他，最后拿走了桂冠。

第二天早上，人们在河里发现了路易斯·福克斯的尸体，他投河自杀了！

这个悲剧告诉我们，低情商者往往会做出很多不理智的事情，处于情绪低潮当中的人们，容易迁怒周遭所有的人、事、物。情绪的控制，有待智慧的提升，而这种智慧的提升则是情商的提升。

有些人在潜力、学历、机会各方面都相当，后来的际遇却大相径庭，这便很难用智商来解释。曾有人追踪 1940 年哈佛的 95 位学生中的成就（相对于今天，当时能够上哈佛的人比上不了哈佛的人，差异要大得多），发现以薪水、生产力、本行业位阶来说，在校考试成绩最高的不见得成就最高，对生活、人际关系、家庭、爱情的满意程度也不是最高的。

波士顿大学教育系教授凯伦·阿诺德曾参与上述研究，她指出："我想这些学生可归类为尽职的一群，他们知道如何在正规体制中有良好的表现，但也和其他人一样必须经历一番努力。所以当你碰到一个毕业致词代表，惟一能预测的是他的考试成绩很不错，但我们无从知道他适应生命顺逆的能力如何。"

另有人针对背景较差的 450 位男孩子作同样的追踪，他们多来自移民家庭，其中 2/3 的家庭仰赖社会救济，住的是有名的贫民窟，有 1/3 的智商低于 90。研究同样发现智商与其成就不成比例，譬如说智商低于 80 的人里，7% 失业 10 年以上，智商超过 100 的人同样有 7% 失业 10 年以上。就一个四十几岁的中年人来说，智商与其当时的社会经济地位有一定的关系，但影响更大的是儿童时期所培养的处理挫折、控制情绪、与人相处的能力。

总之，智商对于我们固然重要，但是如果少了情商，你将会失去人生中最重要的部分。

勤奋造就天才

★谁能不停止勤奋的脚步，谁就能够发展自己的强项，挖掘自己的潜能，成就自身的伟业。

★那些勤勤恳恳工作的人总是不怕找不到可以经营的强项，正如优秀的航海家总能驾驭大风大浪中的船一样。

★走得慢且坚持到底的人才是真正走得快的人。

★爱迪生说："天才是 99％的汗水加 1％的灵感。"一句话道出了天才之所以成为天才的真谛。

孩提时代的达·芬奇聪明伶俐，勤奋好学，兴趣广泛。达·芬奇从小就展现出了绘画天赋，他画的小动物惟妙惟肖。5 岁的时候，他就能凭记忆在沙滩上画出母亲的肖像。

可在达·芬奇刚开始跟老师佛罗基奥学习绘画的时候，老师佛罗基奥就只拿来一个鸡蛋让他画，一连好多天都是如此。达·芬奇终于不耐烦了，问老师原因，老师严肃地说："你以为画鸡蛋很容易？要知道，在一千个鸡蛋中，没有形状完全相同的，每个鸡蛋从不同的角度去看，形状也不一样。我让你画鸡蛋，就是要训练你的眼力和耐心，使你能看得准确，画得熟练。"

达·芬奇听从了老师的话，开始用心画鸡蛋。他发现，即使是同一个蛋，由于观察角度不同、光线不同，它的形状果然不一样。从此以后，达·芬奇在画室里静心地研究鸡蛋的明暗变化关系，他画了一张又一张的鸡蛋素描，练就了绘画的基本功，并发现了明暗渐进画法。他废寝忘食地训练，夜以继日地学习各类艺术与科学知识，为他以后在绘画和其他方面取得卓越的成绩打下了坚实的基础。

达·芬奇在他的老师佛罗基奥的工作室里度过了 6 个年头，成长为欧洲文艺复兴时期杰出的代表。

达·芬奇用他勤奋的一生书写了一个伟人的传奇，有人说他是天才，但是他的"天才"称号是他用勤奋争取来的。

卡耐基认为，对于想成大事的人来说，勤奋是最好的资本，只要你足够勤奋就能开发自己的潜能，发现自己的强项。任何一点点进步都是来之不易的，任何伟大的事业更不可能唾手可得。许多著名的科学家和艺术家的一生就是顽强拼搏、勤奋刻苦的一生。

贝多芬是德国著名的音乐家，然而他初学音乐的经历是痛苦的。由于母亲去世，父亲嗜酒如命，毫不顾家，两个弟弟年龄又小，照料家庭的重担落在了贝多芬的身上。他只得勤奋面对，一边挣钱养家，一边还要同嗜酒挥霍的父亲作斗争。

除此之外，强烈的求知欲又促使他多方面地求索。他设法到波恩大学旁听伦理哲学课，学习古典文学，阅读莎士比亚、歌德、席勒等人的作品，用多方面的知识丰富自己。

1824 年 5 月 7 日这一天，贝多芬带领他的乐队演奏着他自己创作的《第九交响曲》。演奏完毕，他们所在的演出地区——维也纳的晚会会场响起了震耳欲聋的掌声，而贝多芬却一点也没有感觉到全场热烈的气氛。这是怎么回事？原来当时贝多芬已经听不见声音了。

面对命运的严酷打击，贝多芬没有屈服，他从痛苦和折磨中站了起来，他的心又重新回到希望和坚强这边，他还发誓要更加勤奋："我要向命运挑战！我要扼住命运的咽喉，不让它毁灭！"从此，他便努力编写乐曲，奋发向上。就这样，贝多芬战胜了病痛，创作了大量令人称绝的交响乐，以及其他一些音乐作品，成为了举世闻名的大音乐家和作曲家。

勤奋成就梦想，再美好的愿望如果不付诸行动，不勤奋努力，也只是空想。贝多芬是天才，但更可贵的是他勤奋的品质。

任何一件事情的成功都来自勤奋和不懈的努力，"勤奋出天才"，只要我们不懈努力，认准一个"勤"字，生活和学习中的许多困难都会迎刃而解。早动手、勤动手，将自己的先天不足用勤补回来。如果不通过自己的努力与勤奋，再瑰丽的想法也只能是空想。

天道酬勤。对人类历史的研究结果表明，在成就一番伟业的过程中，一些最普通的品格，如公共意识、专心致志、持之以恒等，往往起很大的作用。即使是盖世天才也不能小觑这些品格的巨大作用，更别说普通人了。

约翰·弗斯特认为，天才就是点燃自己的智慧之火，激发自己的潜能。波思认为，"天才就是耐心。"强项是靠勤奋来获取的，而不是天才的产物。事实上，真正伟大的人物只相信常人的智慧与毅力的作用，而不相信什么天才，甚至有人把天才定义为潜能升华的结果。

　　道尔顿是英国物理学家及化学家，他不承认自己是什么天才，约翰·亨特曾评论他道："他的心灵就像一个蜂巢一样，从外表看来是一片混乱、杂乱无章，到处充满嗡嗡之声，实际上一切都整齐有序。每一点食物都是通过勤劳在大自然中精心采集的。"道尔顿认为他所取得的一切成就都是靠勤奋、靠点滴积累而成的。翻一翻一些大人物的传记，我们可以发现，大多杰出的发明家、艺术家、思想家和各种著名的工匠，他们之所以能成大事，在很大程度上都归功于非同一般的勤奋和持之以恒的毅力。

　　卡耐基认为，凡是做出事业的人，往往不是那些幸运之神的宠儿，反倒是那些"没有天生机遇"的苦孩子。失败者之所以失败，不是因为他们不具有和别人一样的能力，也不是没有人帮助他们，更不是没有人提拔他们，而是他们没有足够的勇气、敏锐的观察力、判断力，更没有苦干的精神。那些成功者则完全不同于失败者，他们只是迈步向前，他们依靠的是勤奋。现今世界需要但缺少的，正是那些能够脚踏实地，埋头苦干的人。所以，我们想成就自己的事业，想成为天才，那么，从现在开始每天多做一点点，勤奋起来，那么你会有意想不到的收获。

第三章　情绪智商激活无限潜能

告诉自己：你比想象中的更优秀

很多时候，我们面对困难往往不知所措，事实上，我们并不是输给了困难，而是输给了我们自己，因为我们常常会低估了自己的能力。哈佛告诉我们，其实我们比自己想象中的更优秀，只是，我们还没有发现而已。

常听很多人说："命运都由天注定，我再努力也没有用。"真是这样的吗？

美国知名学者奥图博士说："人脑好像是一个沉睡的巨人，我们只用了不到 1% 的脑力。"一个正常的大脑记忆容量有大约 6 亿本书的知识总量，相当于一部大型电脑储存量的 120 万倍。如果人类发挥其一小半潜能，就可以轻易学会 40 种语言，记忆整套百科全书，获得 12 个博士学位。

根据研究，即使世界上记忆力最好的人，其大脑的使用也没有达到其功能的 1%。人类的知识与智慧，迄今仍是"低度开发"！人的大脑真是个无尽的宝藏，只要我们肯花心思去挖掘，努力运用潜意识的力量，成功会比想象来得更快、更轻松。

"我一定要把它做出来！"他拿起圆规和直尺，一边思索一边在纸上画着，尝试着用一些超常规的思路去寻求答案。当窗口露出曙光时，青年长舒了一口气，他终于完成了这道难题。

见到导师时，他说："您给我布置的第三道题，我竟然做了整整一个通宵。"导师接过学生的作业一看，当即惊呆了。他用颤抖的声音对青年说："这是你自己做出来的吗？"青年有些疑惑地看着导师，回答道："是我做的。"导师请他坐下，取出圆规和直尺，在书桌上铺开纸，让他当着自己的面再做出一个正 17 边形。

青年很快做出了一个正 17 边形。导师激动地对他说："你知不知道，你解开了一桩有两千多年历史的数学悬案！阿基米德没有解决，牛顿也没有解决，你竟然一个晚上就解出来了，你是一个真正的天才！"这个青年就是数学王子高斯。

　　高斯最初并不知道这是一道有两千多年历史的数学难题，仅仅把它当做是一般的数学难题时，只用了一个晚上就解出了它。高斯的确是天才，但如果当时老师告诉他那是一道连阿基米德和牛顿都没有解开的难题，结果可能是另一番情景。"你比你想象的更优秀"是每一个哈佛学子都懂得的道理，因为他们每个人都听过高斯的这个故事，教授们也不止一次地鼓励过他们。

　　耶茨太太由于心脏不好，一年多来都躺在床上不能动，每天得在床上度过 22 个小时，最长的旅程是由房间走到花园去进行日光浴。即使这样，也还得靠着女佣的扶持才能走动。

　　但是后来她却重新恢复了健康，她说：

　　"我当年以为自己的后半辈子就是这样卧床了。如果不是日军来轰炸珍珠港，我永远都不能再真正生活了。

　　发生轰炸时，一切都陷入混乱。一颗炸弹掉在我家附近，震得我跌下了床。陆军派出卡车去接海、陆军军人的妻儿到学校避难。红十字会的人打电话给那些有多余房间的人。他们知道我床边有个电话，问我是否愿意当作联络中心。于是我记录下那些海、陆军军人的妻小现在留在哪里，红十字会的人会叫那些先生们打电话来我这里找他们的眷属。

　　很快我发现我先生是安全的。于是，我努力为那些不知先生生死的太太们打气，也安慰那些寡妇们——好多太太都失去了丈夫。这一次阵亡的官兵共计 2117 人，另有 960 人失踪。

　　开始的时候，我还躺在床上接听电话，后来我坐在床上。最后，我越来越忙，又很亢奋，忘了自己的毛病，我开始下床坐到桌边。因为帮助那些比我情况还惨的人，使我完全忘了我自己，除了每晚睡觉的 8 个小时，其余时间我再也不用躺在床上了。我发现如果不是日本空袭珍珠港，我可能下半辈子都是个废人。我躺在床上很舒服，我总是在消极地等待，现在我才知道，那时的我在潜意识里已失去了复原的意志。"

　　正是因为珍珠港事件，从潜意识激发出耶茨太太强烈的求生欲和爱心，这种积极的动力使她最终战胜了病魔，又重新站了起来。这个事例再一次证明了，你比想象中更优秀。

　　请记住这句话：你比自己想象的要优秀！我们每个人的潜能是无穷的，我们所见到的只是冰山一角，还有更多的潜能在等待着你去挖掘。请你多给自己一些肯定，把自己想象得更优秀一点，这样，你就会变得更加优秀。

你挖到自己的潜能宝藏了吗

在每个人的身体里面，都潜伏着巨大的力量。人体内都存在着巨大的内在力量，所以人人都能成就不朽的事业。一个人一旦能对内在的力量加以有效地运用，他的生命便永远不会陷于卑微贫困的境地。

"我创造，所以我生存。"哈佛教授尼古拉斯·罗杰斯的这句话，被无数哈佛学子奉为至理名言，无数事实也为这句话作了很好的佐证。

每一个人身上都蕴藏着无限的创新力，问题是看你如何认识"我能创新"这一点。创新力的开发受后天的诱导，特别是自身努力的程度和方式不同而出现很大的差异，只要认真培养与开发自己的创新力，就有可能收到意外的效果。

马克·扎克伯格是美国社交网站 Facebook 的创办人，被人们冠以"盖茨第二"的美誉。他是哈佛大学计算机和心理学专业的辍学生。据《福布斯》杂志保守估计，马克·扎克伯格拥有百亿美元身家，也是历来全球最年轻的自行创业亿万富豪。

在群雄逐鹿的互联网时代，他只是一个普通的大学生，没有什么突出的成绩，然而为什么能够在无数创业者中脱颖而出？很多人都想知道他成功的原因。在别人还在沿着老路进行创业的时候，2004 年 2 月，还在哈佛大学主修计算机和心理学的他，要建立一个网站作为哈佛大学学生交流的平台。

当时，他也不知道自己能不能把这项任务完成，但他对自己有信心。他只用了大概一个星期的时间，就建立起了这个名为 Facebook 的网站。意想不到的是，网站刚一开通就大为轰动，几个星期内，哈佛一半以上的大学部学生都登记加入会员，主动提供他们最私密的个人数据，如姓名、住址、兴趣爱好和照片等。

学生们利用这个免费平台掌握朋友的最新动态，和朋友聊天，搜寻新朋友。很快，该网站就扩展到美国主要的大学校园，包括加拿大在内的整个北美地区的年轻人都对这个网站饶有兴趣，如今更是风靡全球。

马克·扎克伯格是一个再普通不过的哈佛学生，他没有过高的智商，但他创造了比哈佛高才生还要好的成绩，这是为什么呢？是因为他成功挖掘了自己身上的宝藏。

不管环境有怎样的限定，也没有一个人所无法解决的问题，对于强者来说，任何事情都不会太难。因为在每个人的身体里面，都潜伏着巨大的力量。只要你能发现并加以利用，这些力量，便可以帮你成就你所向往的一切东西。

人们体内的亿万细胞中，有着巨大的潜在力量。这种潜力要是能够被唤醒，就能做出种种神奇的事情来。然而大部分人好像都不明白这一点。有的病人在病势垂危、呼吸困难时听了医师或亲友的一席热烈恳切的安慰话后，竟然会起死回生。这种情况在医生看来，也是常有的事。一般来说，疾病之所以置人于死地，首先是因为病人失掉了对生命的渴望。

运用智慧来开发自身无限的潜能，就仿佛用一把万能金钥匙打开未来之门，它将带给你不可胜数的意外惊喜。思想、精神等是人类取之不尽、用之不竭的巨大宝藏，是伟大的造物者赋予我们珍贵无比的财富。

德国诗人歌德说过："人的潜能就像一种力量强大的动力，有时候，它爆发出来的能量会让所有人大吃一惊。"所以，不管你是谁，你的生命潜能都如同一座取之不尽、用之不竭的宝藏。

约翰是哈佛大学音乐系的一名学生，这天，他和往常一样走进了练习室，在钢琴上，摆着一份全新的乐谱。

"超高难度……"他翻着乐谱，喃喃自语，感觉自己对弹奏钢琴的信心似乎跌到谷底。已经3个月了！自从跟了这位新的指导教授之后，约翰不知道为什么教授要以这种方式整人。他勉强打起精神，开始用自己的十指奋战、奋战、奋战……琴音盖住了教室外面教授走来的脚步声。

约翰练习了一个星期，第二周上课时正准备让教授验收，没想到教授又给他一份难度更高的乐谱："试试看吧！"上星期的课教授也没提。约翰再次挣扎于更高难度的技巧挑战。第三周，更难的乐谱又出现了。

像往常一样，教授走进了练习室。约翰再也忍不住了，他必须向钢琴大师提出这3个多月来何以不断折磨自己的质疑。教授没开口，他抽出最早的那份乐谱，交给了约翰，"你来弹弹这份乐谱吧！"

不可思议的事情发生了，连约翰自己都惊讶万分，他居然可以将这首曲子弹奏得如此美妙、如此精湛！教授又让约翰试了第二堂课的乐谱，约翰依然呈现出超高水准的表现……演奏结束后，约翰怔怔地望着老师，说不出话来。

"如果，我不这样训练你，可能你现在还在练习最早的那份乐谱，也就不会有现在这样的程度……"教授缓缓地说。

每个人都拥有属于自己的钻石宝藏，这就是潜力。这些"钻石"足以使你的理想变成现实，但是它们的表面也许蒙着一层灰尘，只有将灰尘抹去，这些钻石才能闪耀出本来的光芒。

每个人心中都有一个美好的梦想，有的人希望能够享受高品质的人生，有的人希望能够以自己的能力带给他人幸福。现实生活的挫折和琐碎令人的追梦之路异常艰辛，却仍有人能够抵达成功的终点，那是因为他们发现了自己心中的巨人。

哈佛大学的校长科南特曾经说过："垃圾是放错了位置的财宝。"所以，天才和凡人也只是一线之隔。只要你相信自己是一块金子，那么，你就能发现一种永不坠落、永不衰败、永不腐蚀的力量，这就是人的潜能。

人的潜能是永远挖掘不尽的，而我们作为无限能量的代言人，自然也不应以自信破产的面貌出现。开发自己的潜能吧，这会让你受用不尽。

探索潜意识的奥秘

著名心理学家弗洛伊德将人的意识分为意识和潜意识。意识指人在清醒状态时对自己的思维、情感和行为所能察觉的内容；潜意识指潜隐在意识层面之下的感情、欲望等复杂体验，因为受到意识的控制和压抑，潜意识只是个体不能觉察的意识。

潜意识会依照我们心中所想的画面，构成真实事物。潜意识无法分辨事情是真还是假，一旦被接受，它终究要变成事实。只要有明确画面进入潜意识，潜意识立即会想尽办法把这个画面转为事实。只要我们给予潜意识一个画面，它就会努力将它实质化。

如果你的潜意识里充满悲观和绝望，它就会影响到你自身的行动，带给你消极失败的结果。如果能够积极地运用潜意识，则会达到意想不到的效果，甚至创造出奇迹来。

但现在我们对于潜意识的开发也仅仅是冰山一角，就算是爱因斯坦、达·芬奇、爱迪生这样卓越的天才人物，一生中也不过运用了他们不到2%的潜意识力量。潜意识大师摩菲博士说过："我们要不断地用充满希望与期待的话来与潜意识交谈，于是潜意识就会让你的生活状况变得更明朗，让你的希望和期待实现。"

在1968年的墨西哥奥运会上，美国选手吉·海因斯以9.95秒的成绩打破了男子百米赛跑的世界纪录。当时的摄像镜头记录，他在撞线后回头看了一眼记分牌，然后摊开双手说了一句话。这一情景后来通过电视网络，至少被好几亿人看到，但由于当时他身边没有话筒，海因斯到底说了句什么话，谁都不知道。

1984 年，洛杉矶奥运会前夕，一位叫戴维·帕尔的记者在办公室回放奥运会的资料片。当再次看到海因斯的镜头时，他想，这是历史上第一次有人在百米赛道上突破 10 秒大关，海因斯在看到纪录的那一瞬，一定替上帝给人类传达了一句不同凡响的话。这一新闻点，竟被 400 多名记者给漏掉了（在墨西哥奥运会上，到会记者 431 名），这实在是太遗憾了。于是他决定去采访海因斯，问他当时到底说了句什么话。

凭借做体育记者的优势，他很快找到了海因斯，但是提起 16 年前的事时，海因斯一头雾水，他甚至否认当时说过话。戴维·帕尔说："你确实说话了，有录像带为证。"海因斯观看了帕尔带去的录像带，看到当时的记录笑了，说："难道你没听见吗？我说，上帝啊，那扇门原来虚掩着。"

谜底揭开后，戴维·帕尔接着对海因斯进行了采访。针对那句话，海因斯说："自欧文斯创造了 10.3 秒的成绩之后，医学界断言，人类的肌肉纤维所承载的运动极限不会超过每秒 10 米。看到自己 9.95 秒的纪录后，我惊呆了，原来 10 秒这个门不是紧锁着的，它虚掩着，就像终点那根横着的绳子。"

生命是有限的，而潜能是无限的，只要我们不断地认同自己，肯定自己，并有意识地开发自己的潜能，我们就一定能做得更好！

潜意识如同一部万能的机器，任何愿望都可以通过它实现，但需要有人来驾驭它，而这个人就是你自己，只要你有心控制，只让好的印象或暗示进入潜意识就可以了。只要我们不被负面的情绪所支配，而选择有积极性、正面性、建设性的事情，我们就可以左右自己的命运。

成功学家拿破仑·希尔说："潜意识是一块丰富的土壤，只要持续不断地耕耘，就会有种子在潜意识的土中生根、发芽、成长。"这种用植物来比喻潜能的作用和成效的说法是非常恰当的。潜意识就像富饶的土壤，所以我们要像农夫一样辛勤地耕耘，才能有所收获。

哈佛学者说：不是生活造就了你，而是潜意识造就了现在的你。

与意识一样，潜意识的心理活动也包括思维、记忆、情绪等，但不同的是这些心理活动不像意识所进行的活动那样有条不紊和具有逻辑性，它们模糊而不能为人所察觉，只能通过梦、口误以及其他一些方式间接地表现出来，尽管如此，这部分心理活动还是影响着人的行为。

不论才智的高低、背景的好坏，也不论理想多么的高不可攀，只要懂得善用这股潜在的能力，任何人都一定可以将自己的愿望在现实的生活中实现。

当我们遇到不能解决的问题时，即使不去想它，但潜意识还是在不断对我们的知识结构进行整合、更新。当整合接近解决问题时，在某个点上，就会被突然触发，产生灵感。

当灵感出现的时候，思维的一系列中间过程都被省略了，剩下的是首尾的环节，在这种状态下，人往往会豁然开朗，一下子将解决问题的途径、方法和盘托出，然后再逐步恢复中间思维过程。

灵感是又一种潜意识的活动，针对某个问题，经过一段时间的专注思考、研究之后转入休息或从事其他工作时，人的大脑已经不再有意识地注意这个问题了，但是还在通过潜意识的活动，继续思考着它。所以，当灵感出现时，自己往往感到它仿佛突然从天而降，让人茅塞顿开。除此之外，人的潜在意识可以使人在无意识的情况下，将自己的欲求坦率地表现出来，于是一种我们肉眼所不能看见的真理，也就会展露出它的形态来。

现在我们对于潜意识的研究其实还处在一个初级的阶段，但据研究成果表明，如果将人类的整个意识比喻成一座冰山的话，那么浮出水面的部分就是属于显意识的范围，约占整个意识的5％，换句话说，95％隐藏在冰山底下的意识就是属于潜意识的力量。

生命到底有没有极限我们并不能确定，即使有，那么这个极限也是不确定的，因为很多门都是虚掩着的，总会有人不断地将它们推开，就像海因斯打破了欧文斯创造的纪录，而他自己创造的奇迹也终会被改写。

登陆自己的"新大陆"

哈佛告诉他的学子们：每个人都拥有一座潜能的宝藏。我们每个人都蕴藏着巨大的潜在力量，等待着我们去发现，去认识，去开发。这种力量，一旦引爆出来，将带给你无穷的信心和能量。所以，我们要善于发现自己的新大陆，用成功来创造我们的未来。

美国学者詹姆斯根据其研究成果说："普通人只发展了他蕴藏能力的1/10。与应当取得的成就相比较，我们不过是在沉睡。我们只利用了我们身心资源的很小的一部分，而大部分甚至可以说一直在荒废。"没有人知道自己到底具有多大的潜能，因而没有人知道自己会有多么伟大，所以我们应该找寻内心真实的自我，激发自己无穷的潜能。

如果能打开你心智的眼睛，看到你内在无限大的"宝藏"，你会发现在周围就有着无限财富。在你内心里面有着一座金矿，你可以从这座金矿发掘所需的一切东西,而使生活变得丰富、愉快和幸福。如果能够唤醒这种潜在的巨大力量,奇迹就会出现。世界上有无数平凡的人,但在这些人的体内同样有着巨大的潜能,只要能够激发他们体内的一小部分潜能,就可以成就他们伟大的、神奇的事业。

有这样一个笑话。说一个人夜晚走到坟墓附近,不小心掉进一个墓穴里,墓穴很深很滑,他怎么爬也爬不出去。已经是半夜了,几乎没有出去的可能了,他便在墓穴里闭目养神等待天明。过了一会儿,忽然有个喝醉酒的人也掉了进去,拼命爬也没爬出去。这时,坐在一旁养神的人突然开口说:"不用爬了,我试了,爬不出去的。"这时,那个酒鬼被吓得忽的三两下就爬出去了。

这不禁让我们产生疑问:为什么起先掉下去的人没爬出去?酒鬼刚开始也没爬出去,但被前者一吓,怎么三两下就爬出去了呢?到底是什么因素使酒鬼产生这种"超常力量"呢?显然,这并不仅仅是身体的本能反应,它还涉及人的内在潜力在关键时刻所爆发出的巨大力量。

著名作家柯林·威尔森曾用富有激情的笔调写道:"在我们的潜意识中,在靠近日常生活意识的表层的地方,有一种'过剩能量储藏箱',存放着准备使用的能量,就好像存放在银行里个人账户中的钱一样,在我们需要使用的时候,就可以派上用场。"

每个人都具有某种特殊的才能。这种特殊才能就是你的新大陆,要想成功,不仅要善于发现它,更要利用好它。

所以,不妨试着用小方法来提升自己的身价,找出对自己人生有利的新大陆:

★重新估价自己的某些"长处"。

★"鬼主意或小才能不重要"的观念,是大错特错的。

★不要钻牛角尖,不要去探求才能是从哪里来的。

★刚开始利用这些才能时,可能需要相当的勇气,一旦突破之后,就易如反掌了。

★告诉自己能行,每天自我激励。

你不妨自己好好审视一番。你所具有的任何才能,都是暗示你身价即将大涨的前兆,所以你必须慎重仔细地考虑如何运用,这些都是使你拥有自信以及迈向成功的契机。

哈佛一位校长曾说:"对哈佛大学来说,重要的不是出了8位总统和40多位诺贝尔奖获得者,而是让在哈佛的每一颗金子都发光。"

在你的身上拥有钻石宝藏！你身上的钻石宝藏就是潜力和能力。这些"钻石"足以使你的理想变成现实。只要你不懈地挖掘自己的钻石宝藏，积极地运用自己的潜能，你就能够做好你想做的一切，你就能够成为自己生活的主宰。

外力开发你的潜力

大多数人的志气和才能都深藏着，必须要外界的刺激才能表现出来。在人的一生中，无论何种情形下，你都要不惜一切代价，走入一种可能激发你的潜能的气氛中，你才能激发自我。一定要超越那些限制，和外界合为一体时，才能激发潜在能力。

有多少次我们已经触摸到了那种巨大的力量，却没有认出它；有多少次这种巨大的力量就握在我们手中，而我们却把它扔掉了；有多少次它就出现在我们眼前，然而我们没有看到它，没有认识到它可能带给我们的种种益处。其实有些时候不是我们看不到它，而是不知道用什么工具去开发它，所以，开发潜能需要利用外力。

在美国西部某市的法院里有一位法官，他中年时还是一个不识文墨的铁匠。他现在60岁了，却成了全城最大的图书馆的主人，获得许多读者的称誉，被人认为是学识渊博、为民谋福利的人。这位法官唯一的希望，是要帮助同胞们接受教育，获得知识。可是他自身并没有接受过系统的教育，为何他会产生这样的远大抱负呢？原来他不过是偶然听了一次关于"教育之价值"的演讲。结果，这次演讲唤醒了他潜伏着的才能，激发了他远大的志向，使他做出了这番造福一方民众的事业来。

在我们的现实生活中，有许多人直到老年时才表现出他们的才能。他们有的是由于阅读富有感染力的书籍而受到激发；有的是由于聆听了富有说服力的讲演而深受感动；有的是由于朋友真挚的鼓励。可见，对于激发一个人的潜能，是需要外力的作用才能发挥到极致。

我们大多数人的体内都潜伏着巨大的志气和才能，但这种潜能一直酣睡着，它一旦被激发，便能做出惊人的事业来。志气一旦被激发，如果又能加以继续关注和教育，就能发扬光大，否则终将萎缩并消失。

那么，我们就需要寻找激发潜能的力量。如果我们找不到一个正确的途径，那么这些潜能也只能被当成废物一样处理掉。

促使潜能开发应用的方法途径有许许多多，但从成功学的角度而言，主要有四个方面，即"诱、逼、练、学"。

★"诱"就是引导

寻求更大领域、更高层次的发展，是人生命意识里的根本需求。"这山望着那山高""喜新厌旧"是人的根本特性。因此，具有主体自觉意识的自我，有理性的自我，是绝不愿意停留在任何一种狭小的、有限的状态之中的，而总是想要不断开拓以取得更大的发展，从而更好地生存。这种炽热的、旺盛的发展需要，是成功渴望的表现，是潜能蓄势待发的前兆。只要对这种发展意识给予有益的暗示、引发、规划和培育，就能把潜能很好地激发起来，释放出来。

★"逼"就是逼迫

人是一个复杂的矛盾体，既有求发展的需要，又有安于现状、得过且过的惰性。能够卧薪尝胆、自我警醒的人少之又少。更多的人需要的是鞭策和当头棒喝式的促动，而"逼"就是"最自然"的好办法。人们常说的"压力就是动力"，就是这个意思。因此，被逼不是无奈，被逼是福。逼自己，来提升自己。逼自己，就是战胜自己，必须比自己的过去更新；逼自己，就是超越竞争，必须比别人更新。

★"练"就是练习

此处特指专家为开发人的潜能而专门设计的练习、题目、测验、训练，如脑筋急转弯、一分钟推理等，多做有益。

★"学"就是学习

学习是增加潜能基本储量和促使潜能发挥的最佳方法。知识丰富必然联想丰富，而智力水平正是取决于神经元之间的信息连接范围和信息量。

通过以上方面利用外力的开发，我们会发现自己与之前会有很大的不同。因此，如果我们利用外力使天赋被激发、被保持、被发扬光大，那么，将会有更丰富的潜能等待着我们去开发。

爱默生说："我最需要的，就是有人叫我去做我力所能及的事情。去做我力所能及的事情，是表现我的才能的最好途径。拿破仑、林肯未必能做的事情，我能够做，但这需要尽我最大的努力，发挥我所具有的才能。"

在人的一生中，无论何种情形下，你都要努力接近那些有利于开发你潜能的外力，这有可能是人，也有可能是知识。这对于你日后的成功，具有莫大的影响。几乎所有的人都只发挥了其能力的1/10。不能发挥其余9/10的能力的原因在于恐惧、不安、自卑、意志薄弱及罪恶感。将所有的原因综合起来，可以认为是"与外界的不调和"，因为不能包容外界，则等于是给自己的能力踩了刹车。

与外界的调和能让自己的能力发挥到淋漓尽致的地步，相信读者很容易便能了解这一个法则，因为所谓创造的行为，是向着外界去发挥，所以一旦能和外界调和时，自然产生优异的结果。以体育比赛为例，还在考虑胜败，估计对手与自己力量的选手，心中已经存在了感情对立的疙瘩，所以不能发挥潜力。一定要超越那些估计，才能真正地激发潜在能力，从而达到成功的目的。

精神激励，激活内在潜能

"你改变不了环境，但你可以改变自己；你改变不了事实，但你可以改变态度；你改变不了过去，但你可以改变现在；你不能控制他人，但你可以掌握自己；你不能预知明天，但你可以把握今天；你不能样样顺利，但你可以事事尽心；你不能延伸生命的长度，但你可以决定生命的宽度；你不能左右天气，但你可以改变心情；你不能选择容貌，但你可以展现笑容。"这是一位身患癌症的女士用生命写下的诗句。这段话告诉我们，你要不断给自己鼓励，这是一种动力，更是一种能量，它能激活我们的内在潜能。

哈佛告诉学生：阻碍我们成功的，不是我们未知的东西，而是我们已知的东西。在生活中，杰出人士总是站在异于常人的角度或者是超出常人的高度进行思考，他们能不断给自己鼓励，让潜能得到充分的开发。因此，他们更了解这个世界。

每个人都会有"自身携带的栅栏"，若能及时地从中走出来，则是一种可贵的警悟。与生俱来的独一无二的创造自由的态度，勇于进取，绝不自损、自贬，在学习生活中勇于独立思考，在日常生活中善于注入创意，在职业生活中精于自主创新，以上正是能够从自我囚禁的"栅栏"里走出来的鲜明标志。

要从自囚的"栅栏"走出来，还创造力以自由，就要还思维以自由，不断给予自己精神鼓励。在此基础上，对日常生活保持开放的、积极的心态，对创新世界的人与事，持平视的、平等的姿态，对创造活动，持"成败皆为收获、过程才最重要"的精神状态。

这些道理看似简单，却总是被人忽略。然而本章开篇这位站在生命尽头的人，却用她温柔的语言告诉我们：尽管世界上有太多难以掌控的事情，但只要我们选择恰当的方式，调动生命的能量，生活便能随我们的心意改变。

无独有偶，美国的派蒂·威尔森用自己的行动证明了这是一个真理。

派蒂在年幼时就被诊断出患有癫痫。她的父亲吉姆·威尔森习惯每天晨跑，有一天派蒂兴致勃勃地对父亲说："爸爸，我想每天跟你一起慢跑，但我担心中途会病情发作。"

她父亲回答说："万一你发作，我也知道如何处理。我们明天就开始跑吧。"

于是，十几岁的派蒂就这样与跑步结下了不解之缘。和父亲一起晨跑是她一天之中最快乐的时光，跑步期间，派蒂的病一次也没发作。

几个礼拜之后，她向父亲表示了自己的心愿："爸爸，我想打破女子长距离跑步的世界纪录。"她父亲替她查吉尼斯世界纪录，发现女子长距离跑步的最高纪录是 80 英里。

当时，读高一的派蒂为自己订立了一个长远的目标："今年我要从橘县跑到旧金山（400 英里）；高二时，要到达俄勒冈州的波特兰（1500 多英里）；高三时的目标在圣路易市（约 2000 英里）；高四则要向白宫前进（约 3000 英里）。"

虽然派蒂的身体状况不是很好，但她仍然满怀热情与理想。对她而言，癫痫只是偶尔给她带来不便的小毛病。她从不因此消极畏缩，相反的，她更珍惜自己已经拥有的。

高中的最后一年，派蒂花了 4 个月的时间，由西岸长征到东岸，最后抵达华盛顿，并接受总统召见。她告诉总统："我想让其他人知道，癫痫患者与一般人无异，也能过正常的生活。"

在我们看来，坚持不懈地跑步对正常人来说都不是一件易事，对癫痫病人来说就更加困难。但是派蒂站在终点，她给自己力量，给自己加油，她笑对一切困难，最终用实力告诉人们潜能可以被激发，并可以改变一切。

人生中许多事情其实我们都能做到，只要我们坚持前进，只要我们懂得激活内在潜能，就没有什么可以阻止理想的实现，困难不可以，病痛同样不可以。

"如果我们完成所有我们能做的事情，我们毫无疑问地会使自己大吃一惊。"发明家爱迪生曾经这样说过，他认为每个人都拥有相当惊人的潜力。因此，我们没有理由压抑自己本身的潜能。

有一句老话说："在命运向你掷来一把刀的时候，你可能会抓住它两个地方：刀口或刀柄。"如果抓住刀口，它会割伤你，甚至使你送命；但是如果你抓住刀柄，你就可以用它来劈开一条大道。所以，只有突破内心甘于平庸的意识，才有机会握住刀柄，想要握住刀柄，就要有这个能力，想要具备这个能力，就需要激发斗志与潜能。

突破平庸，就昭示着成功，其中一条捷径就是激活潜能。有人说过："若不先离开海岸，是永远不可能发现新大陆的。"因此，当遭遇到大障碍的时候，你要抓住它的柄，换句话说就是让挑战激发你的战斗精神。战斗的意识能够引发你的内部力量，唤醒沉睡的潜能。

延展你的潜能

安东尼·罗宾斯说，当我们决定了意志所在，决定了意义何为，决定了要怎么做，那么这个决定就决定了我们的现在与未来。从某种意义上讲，这就是延伸你的潜能。

★压力之下，延伸你的潜能

科学家贝弗里奇说："人们最出色的工作往往是在逆境中做出的，思想上的压力甚至肉体上的痛苦，都可能成为精神上的兴奋剂，他们在延伸自己的潜能。很多作家、画家平时灵感难寻，只有在交稿时间迫近造成的压力下，大脑里才容易闪现出灵感。"创造学之父奥斯本说："多数有创造力的人，其实都是在期限的逼迫下从事工作的。决定了期限，就会产生对失败的恐惧感，因此，工作时加上情感的力量，会使得工作更加完美。"他还说："谁被逼到角落里，谁就会有出奇的想象力。"

当然，压力不能过大，压力过大，就会把人给压怕了、压趴了。适度压力，不但是行动的最好保障，而且往往能把潜能发挥到极致，创造出令人震惊的奇迹。

一般情况下，我们能够开掘出来的潜力只是很小的一部分，即使是这样，还是需要不断补充我们的能量，否则，终会有油尽灯枯的一天。但是，很多时候人们却会被已经掌握的知识所束缚，在已经获得的经验中挣扎。因为我们习惯了常用的思考方式，它可以使我们在思考同类或相似问题的时候，省去许多摸索和试探的步骤，不走或少走弯路。但是，这样的思维定式也会成为障碍，因为它会使人陷在旧的思维模式的无形框框中，难以进行新的探索和尝试。

★提升自我，延伸潜能的生命

人的潜能是无限的，无论人生达到了怎样的高度，总有上升的空间，所以应该不断地提升自己。毕竟，人生路上不会永远一帆风顺，要想使自己立于不败之地，办法只有一个，即不断提升自己。只有不断增强自己的能力，才能与风雨搏击。

一个黑人小孩迈克在他父亲的葡萄酒厂看守橡木桶。

每天早上，他用抹布将一个个木桶擦拭干净，然后一排排整齐地摆放好，这样既整齐又美观。令他生气的是：往往一夜之间，风就把他排列整齐的木桶吹得东倒西歪，这样他做的工作都白费了，他真是又急又气。

小迈克面对这种情景，伤心地哭了。父亲抚摸着迈克的头说："孩子，别伤心，我们可以想办法去征服风。"迈克惊住了，人怎么可能去征服风呢？

于是，迈克擦干了眼泪，坐在木桶旁边想啊想啊，想了半天，他终于想出了一个好办法，他去井里挑来一桶一桶的清水，把它们倒进空空的橡木桶里，然后他就忐忑不安地回家睡觉了。

第二天，天刚蒙蒙亮，迈克就匆匆爬了起来，他跑到放桶的地方一看，那些木桶一个一个排放得整整齐齐，没有一个被风吹倒的，也没有一个被吹歪的。

迈克高兴极了，他对父亲说："要想木桶不被风吹倒，就要增加木桶自己的重量。"迈克的父亲赞许地笑了。

我们可以想象在狂风中屹立不倒的参天大树必然有庞大的根系，它们的每一条根须都深深地扎进土地中，向大地汲取能量。所以，如果想在狂风中保持站立的姿势，我们就应该不断加固自己的根基。人的成功也是如此，你不断地挖掘潜能，你就可以不断提升自己的能力。

★学习，让潜能无穷尽

每个人都不应该忽视学习，如果每天进步一点，就没有什么能阻挡他抵达成功。成功与失败的距离其实并不遥远，很多时候，它们之间的区别就在于你是否每天都在提高你自己。现实生活中有许多人，尽管他们的资质很好，却一生平庸，原因是他们不求上进。一个人的知识储备愈多，才能愈丰富，生活才能愈充实。自强不息、追求进步的精神，是一个人卓越超群的标志，更是一个人成功的征兆。

莎士比亚也说："别让你的思想变成你的囚徒。"几乎在所有的问题上，人们都会根据自己的经验、知识和偏见，而不是根据面前的佐证去进行判断。

在宇宙万物中，没有一样东西像思想那样顽固。如你所见，经验是个好东西。但是你也应该了解，它还阻碍了一些东西。所以想要突破阻碍成功的藩篱，就要收获一些东西，再丢弃一些东西，人就在这拾拾弃弃中成熟起来。所以我们需要学习，只有学习才能让我们获得更多的知识，让自己成熟起来。

麦克阿瑟将军在南太平洋指挥盟军的时候，办公室墙上也挂着一块牌子，上面写着这样的座右铭："你有信仰就年轻，疑惑就年老；你有自信就年轻，畏惧就年老；你有希望就年轻，绝望就年老；岁月使你皮肤起皱，但是失去了热忱，就损伤了灵魂。"这是对"热忱"最好的赞词。"失去了热忱，就损伤了灵魂。"而保持热忱的学习心，就能点燃智慧的心灯，让你的潜能得到全面的释放。

思想家爱默生曾说："人类可以分为两种：一种是属于过去的人，一种属于将来的人；一种是维持现状者，一种是改变现状者。"维持现状的人满足于现阶段的状态，而努力改变现状的人每分每秒都在为更好的将来作准备。

有一句格言："只因准备不足才导致失败。"这句话可以写在无数可怜失败者的墓碑上。

改变世界要从提升自我开始，在知识的海洋里，我们的智慧只是其中的一粒沙，一滴水，我们拥有的只是一颗进取的心灵，唯有不断地学习，才能安抚它的躁动。

创造是智慧的引子

你要想使自己的工作产生超凡出众的效果，在竞争中立于不败之地，就应培养和运用创造性思维。随着社会的发展，创造性思维显得越来越重要，也越来越被人们所认识。

创新思维是一切创造活动的开始。因此，我们要学习运用创新思维，融会贯通，充分激发自己的创新潜能。千百年来，人类正是凭借着创新思维在不断地认识世界、改造世界。创新思维给人类前进和创造财富提供了原动力。从这个意义上说，人类所创造的一切成果，都是创新思维的物化，是智慧的结晶。

人，通常都具有一般的思维能力和思维形式，但一般的思维不一定能产生创造。创新思维与一般思维，尤其是逻辑思维大不相同。创新思维指的是开拓、认识新领域的一种思维，简单地说，创新思维就是指有创见的思维，是一种智慧的升华。是人们在已有经验的基础上，从某些事实中更深一步地找出新点子，寻求新答案的思维。创新思维是潜伏在你头脑中的金矿，它绝不是什么天才之类的独特力量和神秘天赋。

小时候的爱因斯坦一点也不聪明，到 3 岁时，还不会讲话。6 岁上学，在学校里成绩非常差，一上课就成为老师批评的对象，老师还说他永远也不会有什么大的出息。大家一致认为他是一个天生的笨蛋。

但是，爱因斯坦在 12 岁时，就已经决定献身于解决"那广漠无垠的宇宙"之谜。15 岁那一年，由于历史、地理和语言等都没有考及格，也因为他的无礼态度破坏了学校秩序和纪律，他被学校开除了。

爱因斯坦非常重视思考和想象。他说："想象力比知识更重要。因为知识是有限的，而想象力包括世界上的一切，推动着进步，并且是知识进化的源泉。"

他在 16 岁时，喜欢做白日梦，幻想着自己正骑在一束光上，做着太空旅行，这也引发了他的思考：如果这时在出发地有一座钟，从我坐的位置看，它的时间会怎样流逝呢？

从此，他开始了他的科学远征。他进行了大量的理想实验，提出了"光量子"等理论，为相对论和量子论的建立奠定了基础。

爱因斯坦从自己的切身体验出发，强调不能只是死记一大堆东西，而是要能灵活地进行思考。爱因斯坦认为，正确地进行思考，是追求机会至关重要的条件。可见，灵活地进行思考对一个人的成功是非常必要的。这是创造的力量，更是智慧的力量。

运用创新思维，你可以顺利解决大到宏伟的计划，小到日常纠纷中的难题。那么，什么是创新思维呢？

一个手艺人举着一块价值 9 美元的铜板叫卖：价值 28 万美元。人们不了解，就问他怎么回事。他解释说："这块价值 9 美元的铜板，如果制成门柄，价值就变为 21 美元；如果制成工艺品，价值就变成 300 美元；如果制成纪念碑，价值就应该达到 28 万美元。"他的创意打动了华尔街的一位金融家，结果，那个铜板最终制成了一尊优美的铜像——一位成功人士的纪念像，最终价值为 30 万美元。

从 9 美元到 30 万美元，这就是人的创新思维的功劳。这个艺人很聪明，是一个智商高的人，同时他也是一个高情商的人，因为他能抓住人们的好奇心理，发现别人的情绪并利用他人的情绪，所以，他成功了。

德国心理学家邓克尔通过研究发现，人们的心理活动常常会受到一种所谓"功能固着心理"的束缚，即容易只把已存在的看成是合理的、可行的，因而在看待某些事物，思考某种问题时，很容易沿着原有的旧思路延伸，受到传统模式的严重羁绊而无法突破创新。

无数的科学实验表明，人类在孩提阶段是极富有创新意识的，所谓"初生牛犊不怕虎"，儿童面对这个千奇百怪的世界，他们渴望探索，渴望发现，喜欢尝试新的东西，而且他们没有太多条条框框的约束，于是他们常常能在不同想法之间任意游走。而当我们年岁渐长，被惯性思维所限制，被从众的枷锁牢牢锁住，也就渐渐丧失了创新的能力。

要想培养创新思维，必先打破这种"心理固着效果"，勇敢地冲破传统的看事物、想问题的模式，通过全新的思路来考察和分析问题，进而才有可能产生大的突破。

由于长期积压，美国的一位书商手里有批滞销书久久不能脱手，这令他陷入了困境。经过再三考虑，他有了主意，并且立即开始行动。

他给总统送去了一本书。忙于政务的总统怕他过多地纠缠，便随口说了一句："嗯，这是本好书。"于是书商便大做广告："现有总统先生喜欢的书籍出售，欲购者从速。"于是，没过几天那批滞销书便销售一空。

不久，书商又有一批书压在手中卖不出去，便又送了一本给总统。鉴于上次的教训，总统便回了一句："这书不怎么样。"书商又做广告："现有总统认为很糟的书出售，欲购从速。"书又被销售一空。

第三次，书商送书给总统时，总统想这次可不能再上当了，于是索性一言不发。书商在广告上说："现有总统也拿不准是好是坏的书出售，欲购从速。"那批书居然又被抢购一空。

"智慧是美的，因为是创造；创新是美的，因为是智慧。"只有那些拥有"把书送给总统"的智慧的人才能在竞争激烈的天空中自由翱翔。其实，创造性地解决问题并不是高不可攀的事，每个人都有某种创新的能力。创新能力，是每个正常人所具有的自然属性与内在潜能，普通人与天才之间并无不可逾越的鸿沟，创新能力与其他能力一样，是可以通过教育、训练而激发出来并在实践中不断得到提高、发展的，它是人类共有的可开发的财富，是取之不竭，用之不尽的"能源"。

你尝试过在黑暗的环境中吃过饭吗？相信很多人从来没有过这样的体验。在巴黎蓬皮杜艺术中心广场对面一条小街上，有一家小有名气的黑暗餐厅。

进入这家完全黑暗的餐厅内后，每个用餐的顾客都被要求戴上一个巨大的围兜，以防止食物和饮料溅洒在衣服上。他们首先来到唯一有光亮的地方——位于餐厅中央的集体点餐柜前，在昏黄的灯光下点餐。点餐完毕后，顾客们便将手搭在戴着军用夜视镜的服务人员肩膀上，慢慢地蹚步至大厅内，开始在黑暗中享受美食。餐厅只在打扫卫生时亮灯，而且从不对外人开放。因为如果有外人知道餐厅里面的模样，那餐厅将丧失它的神秘感。黑暗餐厅只有安全方面的投入大于普通餐厅。为了确保安全，黑暗餐厅内设有全方位的红外线录像检测仪、独特的照明应急设备和比一般餐厅更便捷的紧急出口并且都经政府监管部门严格审批。

黑暗餐厅建成以后，引来很多慕名而来的游客，从而一炮走红，后来全球各地也有类似的餐厅开业，都引起极大的轰动，而餐馆老板也都赚得盆满钵满。

一位作家在他的书中写道："人类中有三种创造者：一种人，是不断地、顽强地劳动，集中意志和力量，长年累月，突破一点而达到伟大的目标；另一种人是靠天才的火花；第三种人是两者兼而有之，或者通过顽强的劳动而获得令人耀眼的天才的火花，或者相反，天才的火花推动创造者去顽强劳动，常年探索，照亮他的发明创造的道路。"

★思考掀起你的头脑风暴

迪·博诺教授说："一个人很聪明或智商很高，只是说明他有创新的潜力，并不能说明他很会思考。智力和思考的关系，就好比一辆汽车同司机驾驶技术的关系，你可能有一辆很好的汽车，如果驾驶技术不好，仍然不能把车开好。相反，尽管你开的是一辆旧车，如果驾驶技术高超的话，照样能把车开得很好。"

世界著名趋势专家约翰·奈斯比特也曾经说过："在信息时代，我们最需要学习如何思考、如何学习以及如何创新。"人人都有思考的能力。思考力具有强大的力量，唯有思考，才能开发出智慧的潜能，才能打开才智的大门。

当你试着改变自己的思考方式，朝着成功的方向努力时，一切奇迹都有可能出现！从现在开始，让你的头脑刮起一阵"思考风暴"，用积极的思考去进行积极的创新，你的生命将无比精彩。

一位默默无闻的裱褙匠充分运用他的思考能力，改变了他的一生。他被监禁在一间监狱里，就在他心情最恶劣的时候，他思索着生命赋予某些人权力和财富，而他却被囚禁在监狱里的事实，他的思考改变了他一生。

过了不久，整个监狱的人都听说了他，因为他写了一本书。在这本书中，他诚实地写出了他的目标，并且这个监狱的人都知道他的目标。有些人读了这本书之后只是笑一笑，而有些人则觉得这根本就是疯子写的东西。

大约10年之后，这位"疯子"脚踩半个欧洲，而另外半个欧洲，则在恐惧地逃离他的铁爪并和他战斗。他的行动震惊了全世界。

这个人叫希特勒，他找到了以破坏的手段运用思考力量的机会。

虽然他的思考并非我们所要谈论的正确思考，但它仍然发挥力量，并使得数百万人陷于死亡和痛苦的深渊之中，虽然他所思考的都是一些令人痛恨的事，但毕竟它是很有力量的。

所以，运用正确的思考固然是人能否达到目标的关键性要素，但你应记住：运用思考，是在你对全世界有益的情况下，而不是带给人们痛苦。

★要有正确思考方式

一天晚上，英国著名的物理学家卢瑟福走进实验室，看到一位学生仍坐在实验桌前，便问道："这么晚了，你还在做什么？"

学生答道："我在工作。"

"那你白天在干什么呢？"

"也在工作。"

"那么你早上也在工作吗？"

"是的，教授，早上我也在工作。"

于是，卢瑟福提出了一个问题："那么，你什么时候思考呢？"学生看了看他，无言以对。

其实，在我们的周围不乏刻苦认真的人，但他们的成绩就是上不去；也有许多人，他们工作非常勤奋，却没什么太大的成就；许多人做事非常努力，但就是赚钱不多，囊中羞涩；许多学者埋头苦干，实验无数，但就是没有创新，无所突破……虽然原因各异，但缺乏正确的思考方式无疑是其中非常关键的一个原因。

★思考致富的诞生

有的人或许听过或看过世界著名成功学大师拿破仑·希尔的畅销书《思考致富》，这本书刚一面世便深受广大读者的喜爱，很快便畅销全球。因为它深刻地揭示了运用我们的大脑去实现成功的黄金法则，并提出任何人要想取得成功，都必须运用头脑去思考。

有一次，拿破仑·希尔去见一位专门以出售主意为职业的教授，结果却被教授的秘书拦住了。拿破仑·希尔觉得很奇怪："像我这样有名望的人来见教授，也要挡驾吗？"

秘书回答："这时候，教授谁也不见，即使美国总统现在来，也要等两个小时。"

拿破仑·希尔犹豫了一阵，虽然很忙，但他仍然决定等两个小时。两个小时后，教授出来了，希尔问他："你为什么要让我等两个小时呢？"

教授告诉希尔：他有一个特制的房间，里面漆黑一片，空空荡荡，唯有一张躺椅，他每天都会准时躺在椅子上思考两个小时。此时的两个小时，是他创新力最旺盛的两个小时，很多优秀的主意都来自于此时，所以这时他谁也不见。

听了教授的解释，拿破仑·希尔的内心突然涌起了一股强烈的想法："运用思考才是人生成功的要诀。"由此，拿破仑·希尔写下了使他名扬世界的著作《思考致富》。

拿破仑·希尔说："思考能够拯救一个人的命运。"事实正是如此，有思考力的人才会有创新力，才能主动掌控自己的命运。懒惰、平庸的人往往不是不动手脚，而是不动脑子，这种坏习惯阻碍他们走向创新；相反，那些最终能成大事者基本都在此前养成了勤于思考的习惯，善于发现问题，积极创新，努力地寻求解决问题的方法，甚至可以让问题成为改变自己命运的机遇。

★勤奋是思考的动力

勤奋学习书本知识而不思考，就会不辨真伪，更不能融会贯通、学以致用；如果只是苦思冥想却不认真读书，就会孤陋寡闻、才疏学浅，更不能做到标新立异。可见，勤奋学习与善于思考是相互促进、相辅相成的关系。

我们在勤奋努力中思考，需要有蜜蜂酿蜜的精神。每一克甜美的蜂蜜不知凝聚了小生命多少的心血。思考同样需要我们下苦功，以"打破砂锅问到底"的探索精神去钻研，才能有新的发现。

勤奋是思考的基础，在勤奋的基础上思考，思考才能深入；在思考的前提下，勤奋的努力才会有效果。我们千万不要认为，做作业是最重要的，做实验是最重要的，看电视是最重要的，最后却说没有时间去思考，忘记了思考。

★发散性思维

发散思维又被称为辐射思维，扩散思维，它是指人在思考问题的时候，思维会以某一个点为中心，沿着不同的方向、不同的角度。向外扩散的一种思维方式。

1950年，美国心理学家吉尔福特在《创造力》为主题的演讲中首次提出"发散性思维"这个概念。经过五十多年的研究，人们从"发散思维术"中又演变出其他很多种思维术，所以我们对发散思维研究得越是透彻，对其他的思维术的了解也会愈发深刻。总的来说，发散思维有以下几个特征：

——变通性

变通性就是不断变化，克服人们头脑中某种自己设置的僵化的思维框架，按照某些新的方向来思索问题的过程。

拥有发散思维的人会沿着不同的方面和方向思考问题，这样就必须要具备变通性的特性，而变通性需要借助横向类比、跨域转化、触类旁通等方法，表现出极其丰富的多样性和多面性。

——流畅性

流畅性就是想象力自由发挥的速度。发散思维的触角就像阳光一样，很快就能遍布四周。流畅性反映的是发散思维的速度和数量特征。它是指在尽可能短的时间内生成并表达出尽可能多的思维观念以及较快地适应、消化新的思维、概念，所以我们说有发散思维的人肯定会很机智，因为机智与流畅性密切相关。

——独特性

"学我者生，似我者死"。一个人的思维如果大众化就没有任何优势了。独特性指人们在发散思维中作出不同寻常且异于他人的新奇反应的能力，可以说独特性是发散思维的最高目标。

独立思考，不做精神的奴隶

爱因斯坦非常重视独立思考，他说："高等教育必须重视培养学生具备会独立思考、懂探索的本领。人们解决世上所有问题用的是大脑的思维本领，而不是照搬书本。"积极而独立的思考，会使你越来越接近成功。要知道，没有思考就没有正确的行动，当然也不会成功，因此，任何人要取得成功就要养成积极而独立思考的习惯。

没有独立思考能力的人，将永远被他人的意见和价值观左右，永远不可能有闪光的思想和新颖的创意。培养独立思考的能力，对任何人来讲都至关重要。

独立思考习惯一旦形成，就会产生巨大的力量，19 世纪美国著名诗人及文艺批评家洛威尔曾经说过："真知灼见，首先来自多思善疑。"

哈佛学者说："人类最有力的武器就是思考。正视思考的巨大力量，将在学习和生活中给你带来丰厚的回报。"

把你的思想当做一块土地，经过辛勤且有计划的耕耘，就可把这块土地开垦成产量丰厚的良田，或者也可以让它荒芜，任由它杂草丛生。但想要从你的思想中得到丰收，你必须付出努力并且投入各项准备工作，这些工作的执行就是正确独立思考的结果。

所有计划、目标和成就，都是思考的产物。你的思考能力，是你唯一能完全控制的东西，你可以有智慧，或是以愚笨的方式运用你的思想，但无论你如何运用它,它都会显现出一定的力量。

有一位擅长画猫的画家,由于画技高超,笔下的猫都栩栩如生,以至于许多人把他的画买回去挂在家里后,家里的老鼠都逃光了。因此,画家被人们誉为"猫王"。

不过,这位画家性格比较古怪,一生只收了两个学生迈克和詹姆斯。一天,画家把詹姆斯叫到跟前说:"你不但学到了我画猫的全部技巧,而且在很多方面超过了我。所以,你可以离开这里去寻找更加出色的画师,或者到世界各地走一走,与其他优秀的画家交流一下经验。"

詹姆斯并不愿意离开,他希望能继续学习,但画家态度十分坚决,所以他只好真诚地向老师鞠躬致谢,然后便离开了。

迈克见到这种情形,非常不满,他心急火燎地找到画家说:"老师,我比詹姆斯早半年开始跟您学画,所以,我应该也算学成了吧?"

"的确,你跟我学画的时间比他长一点,但是,你这一辈子,恐怕永远也达不到詹姆斯的水平了。"画家严肃地说。

"为什么?"迈克既不解又气愤。

"你跟我学画,只知模仿,却没有加入你的任何思想,也就是说,你在用手画画。而詹姆斯则是在用脑子画画,他画的猫在很多细节方面已超过了我。"

世上最可悲的人,就是像迈克一样一直在模仿别人,完全没有自己见解的人。一个人如果只一味追随于他人身后,自己却不作任何思考,那么他的能力就不能完全发挥出来,最后只是机械地模仿别人而已。

伟大的哲学家叔本华曾经说过:"不加思考地滥读或无休止地读书,所读过的东西无法刻骨铭心,其大部分将消失殆尽。"一个人没有独立思考的能力,很难领悟人生的真谛,而且会丧失主见,很容易别人一开口就变得惊慌失措。独立思考问题、解决问题的能力是保持个性的重要方面,也是一个人立足于世不可缺少的条件。

善于思考的人是有足够智慧的人。思想家爱默生说:"伟人都知道用思想来掌握世界。"思考是世界上所有成功、富裕和快乐的来源,人类的所有智慧也都存在于思考之中。历史上所有伟大的发现和发明,都是灵感和思考的结果。思考主导着你的意识,决定你的个性、职业及生活中每一个层面。

古希腊哲学家苏格拉底曾说过:"未经审视的生活是不值得过的生活。"思考如此重要,但同时它又是最辛苦的工作,难怪很少人认真去做。但是一个有智慧的人,往往能够通过思考摆脱窘困的状态,一步步实现自己的目标。

积极思考是一种智慧力量，如果一件事不经过思考就去做，那肯定是鲁莽的，除非你特别的幸运。但幸运并不是时时光顾的，所以，最保险的办法是"三思而后行"。但"思"也并不是件简单的事，思考也有它的特点和方法。成大事者都有自己良好的思考方法。你可以从以下几方面入手：

★质"疑"

学起于思，思源于疑。心理学认为：疑，易引起定向而探究反射。有了这种反射，思维便应运而生。

★引"趣"

凡是富有兴趣的东西，多能引起人们的思维。

★勤"学"

知识是思维的动力，一般说，学习愈勤奋，知识愈丰富，思维就愈敏捷。

★攻"难"

思维的"秉性"不爱和容易的问题打交道，而喜欢同疑难的问题交朋友。

★动"情"

俗话说："知情达理。"先动以情，引发思维，再通晓于理。

★求"变"

将现有的知识结构进行调整，重新组合，可以激发思维，对已熟悉的事情变换一个角度来认识，可以引起新的思考。

只有养成了独立思考的习惯，我们才能在风风雨雨的事业路上独创天下。独立思考是一个人成功的最重要、最基本的心理素质，成为一个成功人士，并且在所进行的创造中获得无穷的乐趣，这是独立思考的真谛所在。

第二篇　了解自我

——迈向成功的第一步

　　情商的核心前提是"认识自己"，辨认和开阔地接纳自身的情感正是现代情商的组成部分。

——卡尔·罗杰斯

第一章　解救被情绪绑架的理性

换个视角看人生

当我们面临困惑时，如果能够静下心来，坦然面对，那么当我们从出口走出去时，就有可能看到另一番天地。在我们的生活与工作中，遇到困难或是难以跨越的"坎"时，不妨尝试换一种思考方式和解决办法，也许很快就能解决问题。问题的出口其实就是自己的人生蜕变，是自己理性地坦然面对问题的勇气和决心，是洒脱后的平静。

战时，汤姆森太太的丈夫到一个位于沙漠中心的陆军基地去驻防。为了能经常与他相聚，她搬到那附近去住，这样就可以解除相思之苦了。可是现实使她非常痛苦。那里实在是个可憎的地方，她简直没见过比那更糟糕的地方，对于她来说，那里简直是个噩梦。

她丈夫出外参加演习时，她就只好一个人待在那间小房子里。没有人跟她说话，由于是住在沙漠里非常热，汗都没有来得及出来就晒干了。她不敢出去，怕晒晕过去，而且外面风沙很大，到处是沙子，能见度极低，说不定走着走着，就迷路了，所以她只好乖乖地待在房子里。

汤姆森太太觉得自己倒霉透了，于是她写信给父母，告诉他们她放弃了，她准备回家，她一分钟也不能再忍受了，这个地方像是牢房一样，什么也干不了，没有亲人，没有朋友，她很孤独，她宁愿离开丈夫也不想待在这个鬼地方。

过了一个月，她的父亲回信了，信上只有三句话，之后这三句话常常萦绕在她的心中，并改变了汤姆森太太的一生：有两个人从铁窗朝外望去，一个人看到的是满地的泥泞，另一个人却看到满天的繁星。

她把父亲的这三句话反复念了很多遍，忽然间觉得自己很笨，于是她决定找出自己目前处境的有利之处。她开始和当地的居民交朋友，他们都非常热心。当她在家无聊的时候，她就开始写作，当她需要书籍的时候，就让家人给邮寄过来。就这样日复一日，年复一年。最终她的稿子被一家出版社看中，并发行成书，从此，汤姆森太太成为一名著名的作家。

是什么给汤姆森太太带来了如此惊人的变化呢？沙漠没有改变，改变的只是她自己。她是一个高情商的人，她改变了面对生活的态度，正是这种改变使她有了一段精彩的人生经历，她发现的新天地令她既兴奋又刺激。在那片沙漠里，她找到了美丽的星辰。

伟大的心理学家阿德勒究其一生都在研究人类及其潜能，他曾经宣称他发现人类最不可思议的一种特性——人具有一种反败为胜的力量。这是一种高情商的表现，一个人具有什么样的心态，他就成为一个什么样的人，他就能够拥有一个什么样的人生。

汤姆森太太的故事也恰好说明了这样一个朴素的道理：人可以通过改变自己的心境来改变自己的人生。对于身处逆境中的人来说更是如此。如果你不满意自己的现状，想改变它，那么首先应该改变的是你自己，如果你有了积极的心态，转换一个角度，你就会看到不一样的风景，并且能够积极乐观地改善自己的环境和命运，你周围所有的问题都会迎刃而解，这是理性的控制情绪的方法。

生活总是很多彩，又难以让人捉摸透，换一种心情去生活会让你感受到生命的精彩。有这样一个句歌谣："别人骑马我骑驴，仔细思量总不如，回头再一看，还有挑脚夫。"这首歌谣虽理浅，足以醒世。哲人说：人生是块多棱镜，从不同的角度比较，会产生不同的效果。

从现在起，我们要与自己的心灵对话。人生一直处于比较之中，人的心灵和身体也在不停地进行对话。20世纪科学家为此已经作出了令人信服的科学解释。心灵的对话不单单是抽象的观念性东西，还会产生影响身心健康的物质性东西，这就是常说的荷尔蒙。

一个人遇上不如意的事，心情不好时，大脑就会分泌出影响身心健康的荷尔蒙。反之，遇事能正确对待，心情舒畅时，脑内就会分泌出增强健康的荷尔蒙。荷尔蒙是在人体细胞之间传递信息的物质，大脑也就是通过它向全身传递命令，进行心灵对话的。

据说，人在发怒或情绪紧张时，体内会分泌出甲肾上腺素；感觉恐怖时，体内会分泌出肾上腺素，这些荷尔蒙如果过量分泌，对人体十分有害。如果人的心情愉快，常常能把事情往好的方面去想，体内就会分泌出具有活跃脑细胞、增强体质功能的荷尔蒙。

我们的痛苦通常不是问题的本身带来的，而是我们对这些问题的看法而产生的。这是一句十分经典的话，它引导我们学会解脱。解脱的最好方式是面对不同的情况时，用不同的思路从多角度分析问题。因为事物都是多面性的，视角不同，所得的结果就不同。

要解决一切困难只是一个美丽的梦想，但任何困难都是可以解决的。一个问题就是一个矛盾的存在，而每一个矛盾只要找到了合适的介点，就可以把矛盾的双方统一。只是这个介点不停地变幻，它总与那些处在痛苦中的人玩游戏。

所以，我们需要换个视角看人生，这样你就会从容、坦然地面对生活。当痛苦向你袭来的时候，不要悲观气馁，要寻找痛苦的原因、教训及战胜痛苦的方法，勇敢地面对多舛的人生。

换个视角看人生，你就不会为战场失败、商场失手、情场失意而颓废，也不会为名利加身、赞誉四起而得意忘形。

换个视角看人生，是一种突破、一种解脱、一种超越、一种高层次的淡泊宁静。

换一个视角看待世界，世界无限宽大；换一种立场对待人事，人事无不自在。

你是情绪的奴隶吗

有人曾说，只要征服自己的感情和愤怒，就能征服一切。这正说明了人应该掌握自己的情绪，而不是成为情绪的奴隶。然而，有很多人都陷于愤怒、忧郁、恐惧等消极情绪的陷阱里不能自拔。

经济学教授詹纳斯·科尔耐曾说："我把人在控制自我情感上的软弱无力称为奴役。因为一个人为情感所支配，行为便没有自主之权，而受命运的宰割。"所以，做自己感情的奴隶比做暴君的奴仆更为不幸。

1939 年，德国军队占领了波兰首都华沙，此时，卡亚和他的女友迪娜正在筹办婚礼，在光天化日之下卡亚被纳粹推上卡车运走，关进了集中营。卡亚陷入了极度的恐惧和悲伤之中。

一同被关押的一位犹太老人对他说："孩子，你只有活下去，才能与你的未婚妻团聚。记住，要活下去。"卡亚冷静下来，他下定决心，无论日子多么艰难，一定要保持积极的精神和情绪。所有被关在集中营的犹太人，他们每天的食物只有一块面包和一碗汤。许多人在饥饿和严酷刑罚的双重折磨下精神失常，有的甚至被折磨致死。卡亚努力控制和调适着自己的情绪，把恐惧、愤怒、悲观、屈辱等抛之脑后。在这人间炼狱中，卡亚奇迹般地活下来。他不断地鼓舞自己，靠着坚韧的意志力，维持着衰弱的生命。

1945年，盟军攻克了集中营，解救了这些饱经苦难、劫后余生的人。卡亚活着离开了集中营。若干年后，卡亚把他在集中营的经历写成一本书。他在前言中写道："如果没有那位老者的忠告，如果放任恐惧、悲伤、绝望的情绪在我的心间弥漫，很难想象，我还能活着出来。"

是卡亚自己救了自己，他用积极乐观的情绪救了自己，他战胜了不良情绪，他主宰了情商，他不是情绪的奴隶。

人的情绪无非两种：一是愉快情绪，二是不愉快情绪。无论是愉快情绪还是不愉快情绪，都要把握好它的"度"。否则，"愉快"过度了，即要乐极生悲。

至于不愉快过度的悲剧更多。有资料讲，80％的溃疡病患者有情绪压抑的病史，还有急躁易怒者易患高血压、冠心病，自卑、精神创伤、悲观失望者易患癌症。生气也是一种不良情绪，"气为百病之长"。其实生气有很多坏处：

★生气会在无意中伤害无辜的人，有谁愿意无缘无故挨你的骂呢？而被骂的人有时是会反击的。大家看你常常生气，为了怕无端挨骂，所以会和你保持距离，你和别人的关系在无形中就拉远了。

★偶尔生生气，别人会怕你；常常生气，别人就不在乎，反而会抱着"你看，又在生气了"的心理，这对你的形象也是不利的。

★生气也会影响一个人的理性思维，使之对事情作出错误的判断和决定，而这也会成为别人对你最不放心的一点。

★生气对身体不好，不过别人是不在乎这点的，气死了是你自己的事。

总之，坏情绪就是低情商的表现，它只会给我们带来坏处，不会带来好处。所以，学会控制情绪是我们成功的要诀。世上有许多事情的确是难以预料的，人与人的相处也难免会有磕磕碰碰。人的一生有如繁花，既有红火耀眼之时，也有暗淡萧条之日；人与人相处，既可能如亲人一样互敬互爱，也可能如敌人一样发生碰撞摩擦。但是，不管我们面对着怎样的境遇，都要尽量保持自己的风度，既不要自暴自弃，也不可盛气凌人。

然而，总有许多人不停地抱怨命运的不公，自己付出了辛劳的汗水，得到的却是失败和痛苦。究其原因，是因为他们不会调节自己的情绪，他们需要情绪锻炼，那么怎么才能摆脱"情绪奴隶"这个称号呢？情绪不是不可以控制的，这需要平日的锻炼。

★要学习辩证法，懂得用一分为二、变化发展的眼光看问题，在任何情况下，都不要把事物看"死"。

★要陶冶情操，培养广泛的兴趣，如书法、绘画、弈棋、种花、养鸟等，可择其所好，修身养性。

★不要经常发脾气，遇事要量力而行，要有自知之明，要相信别人，多为别人着想。还有，要学会倾诉。有欢乐，不妨学学孩子跳几跳，放开嗓子吼几句。有苦恼，也不要闷在肚里，可向亲朋倾诉一番，甚至大哭一场。

★要广交朋友，消除孤独。多参加些体育锻炼，也是与情绪锻炼相辅相成、一举两得的好方法。

哈佛学者曾说："不要做情绪的奴隶，要做情绪的主人。"想要成为一个高情商者，首先就要学会控制情绪，这样你才可以如鱼得水地处理任何事情。那么从今天开始，让我们每天坚持情绪锻炼，做一个高情商的人。

情绪产生的原因及种类

是什么原因使我们产生了情绪？情绪来自何方？

科学研究表明，我们大脑中枢的一些特殊的原始部位明显地掌控着我们的情绪。但是，人类语言的使用和更高级的大脑中枢又影响和支配着比较原始的大脑中枢。影响着我们的情绪和行为的主要原因是我们自己的思维。

另外，有些专家也指出：遗传结构只是在很小程度上决定着你是倾向于安静还是倾向于激动。而孩提时的经验和当时周围人的情绪则影响着你的情绪。各种生理因素（如疾病、睡眠缺乏、营养不良等）可能使你变得容易激动。由上可见，情绪是因多种情感交错而引起的一连串反应，与环境有着密不可分的互动关系，它并不是呼之即来、挥之即去的。

对大部分人来说，这些因素并不能完全决定着我们对周遭满意的程度，也不能决定我们能否免受焦虑、愤怒和抑郁之苦。我们的情绪在很大程度上受制于我们的信念、思考问题的方式。这正是情绪不易控制的真正原因。

大体上，我们可以将情绪粗分为愉快和不愉快两种经验：

愉快的经验包括喜悦、快乐、积极、兴奋、骄傲、惊喜、满足、热忱、冷静、好奇心和如释重负等。不愉快的经验有失望、挫折、忧郁、困惑、尴尬、羞耻、不悦、自卑、愧疚、仇恨、暴力、讥讽、排斥和轻视等。其中它们又可分为合理的情绪和不合理的情绪。

上面讲述了情绪分为两大类，下面细分一下情绪的类别，情绪的种类很多，一般分为以下 5 种：

★原始的基本的情绪

具有高度的紧张性，包括快乐、愤怒、恐惧和悲哀。

★感觉情绪

包括疼痛、厌恶、轻快。

★自我评价情绪

主要取决于一个人对自己的行为与各种行为标准的关系的知觉。包括成就感与挫败感、骄傲与羞耻、内疚与悔恨。

★恋他情绪

这类情绪常常凝聚成为持久的情绪倾向或态度，主要包括爱与恨。

★欣赏情绪

包括惊奇、敬畏、美感和幽默。

这些情绪对人们起着至关重要的作用。由于情绪可能为我们带来伟大的成就，也可能带来惨痛的失败，所以，我们必须了解、控制自己的情绪。

我们几乎每天都要表达自己的情绪，"今天我高兴"，"我现在很懊恼"，"昨天那事让我感到很难过"，"吓死我了"，"真讨厌"，"我喜欢你"……也会描述他人的情绪，"他太紧张了"，"这人怎么这么开心"，"我父亲对我很生气"，"昨晚圣诞节舞会上，大家都很兴奋"。情绪是我们每个人不可缺少的生活体验，情绪是有血有肉的生命的属性，"人非草木，孰能无情"。

情绪无所谓对错，它常常是短暂的，会推动行为，易夸大其词，可以累积，也可以经疏导而加速消散。情绪的好和坏事实上与我们自己的心态和想法有关，与刺激关系并不大，一件事，在别人眼中看着是悲哀的，在你眼中也许就是喜乐的，主要看自己怎么想了。

情绪的表现形式是多种多样的，我们可以依据情绪发生的强度、持续的时间以及紧张的程度，把情绪分为心境、激情和应激反应 3 种类型：

★心境

心境是一种微弱、平静、持续时间很长的情绪状态，也就是我们大家常说的"心情"。心境是受到个人的思维方式、方法、理想以及人生观、价值观和世界观影响的。同样的外部环境会造成每个人不同的情绪反应。有很多在恶劣环境中保持乐观向上的例证，那些身残志坚的人、临危不惧的人都是值得我们学习的榜样。

★激情

激情是迅速而短暂的情绪活动，通常是强有力的。我们经常说的"勃然大怒""大惊失色""欣喜若狂"都是激情所致。很多情况下激情的发生是由生活中的某些事情引起的。而这些事情往往是突发的，使人们在短时间内失去控制。激情是常被矛盾激化的结果，也是在原发性的基础上发展和夸张表现的结果。

★应激反应

应激反应是由出乎意料的紧急情况所引起的急速而又高度紧张的情绪状态。人们在生活中经常会遇到突发事件，它要求我们及时而迅速地作出反应和决定，应对这样紧急情况所产生的情绪体验就是应激反应。在平静的状况下，人们的情绪变化差异还不是很明显，而当应激反应出现时人们的情绪差异立刻就显现出来。加拿大生理学家塞里的研究表明：长期处于应激状态会使人体内部的生化防御系统发生紊乱和瓦解，随之身体的抵抗力也会下降，甚至会失去免疫能力，由此就更容易患病。所以我们不能长期处于高度紧张的应激反应中。

控制自我是高情商的体现

一个成功的人必定是有良好自我控制能力的人，控制自我不是说不发泄情绪，也不是不发脾气，过度压抑会适得其反。良好的控制自我就是不要凡事都情绪化，任由情绪发展，而是要适度控制，这是一种能力的体现。

20世纪60年代早期的美国，有一位很有才华、曾经做过大学校长的人竞选美国中西部某州的议会议员。此人资历很高，又精明能干、博学多识，非常有希望赢得选举的胜利，而且他的威望也很高。

就在他竞选过程中，一个很小的谎言散布开来：3年前，在该州首府举行的一次教育大会上，他跟一位年轻的女教师"有那么一点暧昧的行为"。这其实是一个弥天大谎，而这位候选人不能很好地控制自己的情绪，他对此感到非常愤怒，并极力想要为自己辩解。

就在这个时候，他的妻子对他说："既然这是一个谎言，那为什么还要为自己辩护呢？你越辩护，越说明这件事是真的，与其让其他人看笑话，不如我们不把它当回事。"

果然，他把这件事当成小事，当有记者问他时，他说："这是一个误会，是一个谎言，时间会证明一切。"虽然只是简短的几句话，但是他赢得了更多人的支持。最后他竞选成功。

在关键时候，故事的主人公能控制自己的情绪，控制了自我，这是能力的体现，他更是一个情商高手。他没有因为别人的误解而发怒，而是转换角度，从容面对，所以他成功了。

其实，人的情绪表现会受众多因素的影响，例如，他人言语、突发事件、个人成败、环境氛围、天气情况、身体状况等等。这些因素可以按照来源分为外部因素（刺激）和内部因素（看法、认识）。两种因素共同决定了人的情绪表现和行为特征，其中个人的观点、看法和认识等内部因素直接决定人的情绪表现，而个人成败、恶言恶语等外部因素则通过影响情绪内因而间接影响人的情绪表现。

传说中有一个"仇恨袋"，谁越对它施力，它就胀得越大，以致最后堵死我们生存的空间。因此，当我们遇到生气的事情，不必将怒火点燃，实际上这于事无补。

情绪可以成为你干扰对手、打败对手的有效工具；反过来说，情绪也会成为对手攻击你的"暗器"，让你丧失理智，铸成大错。

电影《空中监狱》中有这样一段情节：从海军陆战队受训完毕的卡麦伦来到妻子工作的小酒馆，正当两人沉浸在重逢的喜悦中时，几个小混混不合时宜地出现了，对他漂亮的妻子百般骚扰。卡麦伦在妻子的劝阻下，好不容易按下怒火，离开酒馆准备回家去。没想到在半路上又遇到那帮人，听着他们放肆的下流话语，卡麦伦再也无法忍受了，他不顾妻子的叫喊，愤怒地冲过去和他们搏斗起来。混乱中，一个小混混从衣兜里掏出一把锋利的匕首，卡麦伦不假思索地夺过匕首，一刀捅入对方的胸膛……那人当场死亡了，卡麦伦因为过失杀人，被判了 10 年徒刑。无论他有多么后悔，也只得挥泪告别刚刚怀孕的妻子，在狱中度过漫长的痛苦时光……

卡麦伦的悲剧难道不是他自己造成的吗？如果他能够控制自己的情绪，不正面与小混混冲突，又怎会酿成如此悲剧？制裁坏人并不一定要靠拳头和武力，当时，如果卡麦伦能稍微理智一些，向警方求助，事情一定不会演变到这种地步。

控制自我情绪是一种重要的能力，也是一门难能可贵的艺术。一个不懂得控制自我的人，只会任由其情绪的发展，使自己有如一头失控的野兽，一旦不小心闯到熙熙攘攘的人群中，则会伤人伤己。人是群居的动物，不可能总是一个人独处，因此，一旦情绪失控，必将波及他人。控制自我情绪绝对是种必须具备的能力。

1754 年，身为上校的华盛顿率领部下驻防亚历山大市，与时正值弗吉尼亚州议会选举议员，有一个名叫威廉·佩恩的人反对华盛顿所支持的候选人。据说，华盛顿与佩恩就选举问题展开激烈争论，说了一些冒犯佩恩的话。佩恩火冒三丈，一拳将华盛顿打倒在地。当华盛顿的部下跑上来要教训佩恩时，华盛顿急忙阻止了他们，并劝说他们返回营地。

第二天一早，华盛顿就托人带给佩恩一张便条，约他到一家小酒馆见面。佩恩料定必有一场决斗，做好准备后赶到酒馆。令他惊讶的是，等候他的不是手枪而是美酒。

华盛顿站起身来，伸出手迎接他。华盛顿说："佩恩先生，昨天确实是我不对，我不可以那样说，不过你已然采取行动挽回了面子。如果你认为到此可以解决的话，请握住我的手，让我们交个朋友。"从此以后，佩恩成为华盛顿的狂热崇拜者。

我们在钦佩伟人胸怀的同时，也要认识到控制自我的重要。许多伟人之所以能够名垂千古，与他们的从容豁达、宠辱不惊有很大的关系。而芸芸众生也许更多的是任由情绪的发泄，没有利用好控制自我的人。

美国研究应激反应的专家理查德·卡尔森说："我们的恼怒有80％是自己造成的。"这位加利福尼亚人在讨论会上教人们如何不生气。卡尔森把防止激动的方法归结为这样的话："请冷静下来！要承认生活是不公正的。任何人都不是完美的，任何事情都不会按计划进行。"理查德·卡尔森的一条黄金法则是："不要让小事情牵着鼻子走。"他说："要冷静，要理解别人。"他的建议是：表现出感激之情，别人会感觉到高兴，而你的自我感觉会更好。

学会倾听别人的意见，这样不仅会使你的生活更加有意思，而且别人也会更喜欢你；每天至少对一个人说，你为什么赏识他；不要试图把一切都弄得滴水不漏；不要顽固地坚持自己的权利，这会花费许多不必要的精力；不要老是纠正别人；常给陌生人一个微笑；不要打断别人的讲话；不要让别人为你的不顺利负责。要接受事情不成功的事实，天不会因此而塌下来；请忘记事事必须完美的想法，你自己也不是完美的。这样生活会突然变得轻松得多。

哈佛告诉我们当你抑制不住生气时，你要问自己：一年后生气的理由是否还那么重要？这会使你对许多事情得出正确的看法。控制住自我，你的能力就会彰显出来。

情绪发电机

情绪就好像发电机一样，控制不好，它就会源源不断地充电，让我们招架不住，如果是好情绪，当然好，但如果是坏情绪，那么，就会影响我们的心情，情绪就成为真正的主人。要么你去驾驭生命，要么是生命驾驭你，而你的心态将决定谁是坐骑，谁是骑师。所以，想要成为情绪的主人，就要学会怎么控制住这个发电机。

因为《名利场》一书而享誉世界的英国作家萨克雷有一句经典的话：生活是一面镜子，你对它笑，它就对你笑；你对它哭，它也对你哭。得意的时候高兴，失意的时候伤悲，这都是情绪这个发电机的作用。

在生活中，我们不可避免地会产生一些坏情绪，比如愤怒、怨恨、痛苦等，这些情绪虽然都会在一定程度上会消耗我们的能量。但是，这些表面负面的感受也会有一些积极价值。在感到痛苦的时候，我们可以不断成熟，在逆境中可以不断成长。所以说，情绪发电机用好了，会帮助我们在人生的道路上少走许多弯路。

在有限的人生经历中，我们每天都会收到生活包裹起来的礼物，有甜蜜的惊喜，也有令人失望灰心的打击。即使是流泪，每个人也有不同的原因。有人哭泣，是因为伤心的事情太多；有人哭泣，是因为幸福的事情太多。这背后的差异，是一个人的情绪发动机工作的结果。如果这个发动机发出的是心情豁达、乐观的心态，那么我们就总能够看到事物光明的一面，即使在漆黑的夜晚，我们也知道星星在乌云的背后闪烁。如果发出来的是坏情绪，那么你会对幸福熟视无睹。

那么我们怎样把握好这个发电机、把握好自己的生活呢？

★自如的生活有属于自己的目标。有时，人们变得焦躁不安，是由于碰到自己所无法控制的局面。此时，你应承认现实，然后设法创造条件，使之向着自己的目标方向转化。

★要有一颗无限空间的心灵。大凡乐观的人往往是憨厚的人，愁容满面的人又总是那些不够宽容的人，他们看不惯社会上的一切，希望人世间的一切都符合自己的理想模式，这才感到顺心。

★当你变得浮躁、悲观之时，不如冷静地承认发生的一切，放弃生活中已成为你负担的东西，终止不能取得结果的活动，并重新设计新的生活，让自己的人生桌面换上属于自己的壁纸。

当你发现自己不会因为任何外在的改变而改变时，你就不会再因为一时的得意而沾沾自喜，也不会因为一时的失意而捶胸顿足；同样，你也不会因为别人的成就而感到暗淡，也不会因为别人的侮辱而冲动。

情绪具有感染力

将一个乐观开朗的人和一个整天愁眉苦脸、抑郁难解的人放在一起，不到半个小时，这个乐观的人也会变得郁郁寡欢起来。道理很简单，悲观者将自己的苦闷、抑郁传递给了他，人的情绪就是这么的奇怪。情绪具有感染力，那就让我们及时调整好自己的情绪，不要让你的坏情绪到处去"惹祸"了。

有这样一幅漫画：

有个小男孩被老师骂了一顿，心情非常不好，在路边遇到一条觅食的小狗，便狠狠踢了它一下，吓得小狗狼狈逃窜；小狗无端受了惊吓，见到一个西装革履的老板走过来，便汪汪狂吠；老板平白无故被狗这么一闹，心情很烦躁，在公司里逮住他的女秘书的一点小小过错就大发雷霆；女秘书回家后，越想越气，把怨气一股脑儿全撒给了莫名其妙的丈夫，两人吵了一架，把以前陈芝麻烂谷子的事都抖了出来；第二天，这位身为教师的丈夫如法炮制，把自己一个不长进的学生狠狠批评了一顿；挨了训的学生，也就是前面的那个小男孩怀着恶劣的心情放了学，归途又碰见了那条小狗，二话没说又一脚踹去……

看过漫画，大家都忍不住哈哈大笑，漫画用夸张的手法给我们展示了一条不良情绪的传染链。其实，我们每个人都可能是不良情绪的始作俑者，每个人也都是不良情绪的受害者。其实，只要中间的某个人可以控制住自己的情绪，这个恶性循环就不会再传递下去。

良好的情绪会带给周围人无尽的欢乐。如果我们仔细回想一下，一定能够想得到许多因良好情绪而感染我们的例子。比如小区的物业人员总是真诚、友善地和你道一句"你好""再见"之类的话语，你可能本来因忙碌而觉得心烦，但一听到他的问候、看到他的笑脸，你的内心也会绽放出一朵花来。许多经常来往的人的情绪会互相影响，也是基于这样的道理。但如果是坏情绪的传染，有时会带来毁灭性的灾难。

俄亥俄州大学社会心理生理学家约翰·卡西波指出，人们之间的情绪会互相感染，看到别人表达的情感，会引发自己产生相同的情绪，尽管你并未意识到自己在模仿对方的表情。这种情绪的鼓动、传递与协调，无时无刻不在进行，人际关系互动的顺利与否，便取决于这种情绪的协调。

情绪的感染通常是很难察觉的，这种交流往往细微到几乎无法察觉。专家做过一个简单的实验，请两个实验者写出当时的心情，然后请他们相对静坐等候研究人员到来。两分钟后，研究人员来了，请他们再写出自己的心情。这两个实验者是经过特别挑选的，一个极善于表达情感，一个则是喜怒不形于色。实验结果，后者的情绪总是会受前者感染，每一次都是如此。这种神奇的传递是如何发生的？

人们会在无意识中模仿他人的情感表现，诸如表情、手势、语调及其他非语言的形式，从而在心中重塑自己的情绪。这有点像导演所倡导的表演逼真法，要演员回忆产生某种强烈情感时的表情动作，以便重新唤起同样的情感。

研究发现，人容易受到坏情绪的传染，带着满肚子闷气，绷着脸回到家，摔摔打打，看什么都不顺眼，坏情绪便立刻传染给了全家，可能整个晚上甚至连续几天都不得安宁。同样，在家里怄了气，也会把坏情绪带到外面。这就像一个圆圈，以最先情绪不佳者为中心，向四周荡漾开去，这就是常被人们忽视的"情绪污染"。用心理学家的话说：情绪"病毒"就像瘟疫一样从这个人身上传播到另一个人身上，一传十、十传百，其传播速度有时要比有形的病毒和细菌的传染还要快。被传染者常常一触即发，越来越严重，有时还会在传染者身上潜伏下来，到一定的时期重新爆发。这种情绪污染给人造成的身心损害绝不亚于病毒和细菌引起的疾病危害。

同样，你听同一首歌，在家听的感受与到演唱会现场去听，结果肯定是大不一样，因为，在现场你的情绪受到了感染。认识到情绪这种特殊的"传染病"，我们就要重视它，并积极利用正面情绪，克制、舒缓负面情绪，这样才能拥有赢得成功的品质。

与其一天到晚怨天怨地，说自己多么不幸福，不如借由改变自己的情绪、个性来改变命运。没有人是天生注定要不幸福的，除非你自己关起心门，拒绝幸福之神来访。千万不可做个喜怒无常的人，让自己的心理状态完全被情绪左右，那样伤害的不只是别人，你自己也会因此失去拥有幸福的机会。

让烦恼不再找你

烦恼是一种不良情绪，忘掉自我，专心投入你当前要做的事情中，可以让你克服紧张情绪，保持一种泰然自若的心态。当许多事情过后，你会发现那不过是庸人自扰，根本没有你原先想象的那么复杂、困难。何苦非要与自己过不去呢？高情商的人往往会让烦恼过期，让快乐的情绪回到自己的身边。

球王贝利刚刚入选巴西最著名的球队——桑托斯足球队时，曾经因为过度紧张而一夜未眠。他翻来覆去地想着："那些著名球星们会笑话我吗？万一发生那样尴尬的情形，我有脸回来见家人和朋友吗？"一种前所未有的怀疑和恐惧使贝利寝食不安。虽然自己是同龄人中的佼佼者，但烦恼使他情愿沉浸于希望，也不敢真正迈进渴求已久的现实。

最后，贝利终于身不由己地来到了桑托斯足球队，那种紧张和恐惧的心情，简直没法形容。"正式练球开始了，我已吓得几乎快要瘫痪。"原以为刚进球队只不过练练盘球、传球什么的，然后便肯定会当板凳队员。哪知第一次，教练就让他上场，还让他踢主力中锋。紧张的贝利半天没回过神来，双腿像长在别人身上似的，每次球滚到他身边，他都好像看见别人的拳头向他击来。在这样的情况下，他几乎是被硬逼着上场的。但当他迈开双腿，便不顾一切地在场上奔跑起来时，他便渐渐忘了是跟谁在踢球，甚至连自己的存在也忘了，只是习惯性地接球、盘球和传球。在快要结束训练时，他已经忘了桑托斯球队，以为又是在故乡的球场上练球了。

那些使他深感畏惧的足球明星们，其实并没有一个人轻视他，而且对他相当友善。如果贝利一开始就能够相信自己，专心踢球，而不是无端地猜测和担心，就不必承受那么多的精神压力了。但是最后，他还是战胜了烦恼，让烦恼迅速过期，重新找回了自己。

有人说过："既然你无法控制天气，那么为天气而烦恼岂不是庸人自扰？"

有一个美国旅行者来到了苏格兰北部，他问一位坐在墙边的老人："明天天气怎么样？"老人看也没看天空就回答说："是我喜欢的天气。"旅行者又问："会出太阳吗？""我不知道。"他回答道。"那么，会下雨吗？""我不想知道。"这时旅行者已经完全被搞糊涂了。"好吧，"他说，"如果是你喜欢的那种天气的话，那会是什么天气呢？"老人看着美国人，说："很久以前我就知道我没法控制天气了，所以不管天气怎样，我都会喜欢。"

谁都会有烦恼的事情，但是，如果总是为一些无端的事情或自己无法操控的事情而烦恼，情况严重的话就是一种病态心理。如果总是为不期而至的意外烦恼不已，或悲观失望，结果让自己的生活变得更糟糕，这样不是很愚蠢吗？我们既然不能改变既成事实，为什么不改变面对事实、尤其是坏事的态度呢？

其实，消除烦恼最有效的办法是正视现实，摒弃那些引起你忧虑不安的因素。下面为大家提供一些消除烦恼的方法。

★更加现实地利用时间

人们有时变得烦躁不安是由于碰到了自己无法控制的局面。此时，你应该设法创造条件，使现实向着对你有利的方面转化。例如，当你在商店、公共汽车站或某地排长队等待时，切不要为之烦恼。此时你可以把思想转向别的什么事上，诸如回忆一段令人愉快的往事，思考一下工作中所遇到的事情，也可以做几次深呼吸。

★做事情切莫一拖再拖

当面临一项既艰巨又必须完成的任务时，很多人能拖一天就拖一天。可是，这只能增加你的不安情绪，倒不如选择及时、圆满地去完成它。因为今天对你棘手的任务明天同样棘手，因此，你应立刻行动，切莫等待。

★做事情不要急于求成

在怀有远大抱负和理想的同时，要注意树立短期目标，一步一步地实现你的理想，而不要急于求成，否则只会出现拔苗助长的结果。

★使自己静下心来

感到烦闷无聊时，最重要的是先使自己静下心来，再找其根源。什么都不做是消除烦恼的简单彻底而令人难以置信的良方，静观掠过的思绪，默数呼吸次数，再加以反省。

★合理宣泄心中的烦恼

当我们碰到情绪困扰时，最好找个亲密的朋友、亲戚、可依赖的同事，将自己的心绪倾吐出来，告诉他们，你需要他们的劝告和指导。就算他们不能给你什么具体的帮助，但只要他们能耐心地坐下来，静静地倾听，你倾吐完也会感到豁然开朗。

★采用其他的放松运动

放松运动并不一定只是体育方面，或类似的一些简单机械的活动，它还应包括所有能使你完全摆脱日常无味的工作、家庭琐事的活动。如弹奏乐器、绘画、养花种草以及唱歌、摄影等，培养自己的兴趣，才能找到一种寄托，从而忘记烦恼。

说出你的忧虑

哈佛大学中国政治学教授裴宜理常和她的学生说："自己招来的忧伤是最大的忧伤。"哈佛企业管理学教授斯蒂芬·布莱德利也说："智者的坚定不过是把焦虑深藏于心的艺术。"

人遇到困难，往往是成功的先兆，只有不怕困难的人，才可以战胜忧虑和恐惧。当然，消除忧虑的办法是始终存在的，但是人需要靠自己的能力消除恐惧，不能随便听信他人。如保罗·泰利斯博士所言："在每个令人怀疑的深坑里，虽然感到绝望，但我们对真理追求的热情，依旧存在。不要放弃自己而去依赖别人，纵使别人能解除你对真理的焦虑。但不要因诱惑而导入一个不属于你自己的真理。"

忧虑，是人在面临不利环境和条件时所产生的一种抑制情绪。它是一种沉重的精神压力，使人精神沮丧，身心疲惫。无论是逃避问题还是对问题过分执著，实际上也只可能有两种结果。一种是问题并不像我们所想的那么糟，至少没有到无可挽回的地步。只要采取积极正确的态度，问题就会得到解决。这样，我们也就没有什么可忧虑的了。另一种是问题无法解决，那及早放弃比忧虑更明智。

忧虑是一种过度忧愁和伤感的情绪体验。正常人也会有忧虑的时候，但如果是毫无原因的忧虑，或虽有原因，但不能自控，显得心事重重、愁眉苦脸，就属于心理性忧虑了。

忧虑会使一个人老得更快，会摧毁他的容貌，甚至对其健康产生严重威胁。所以说，过度忧虑不可取。凡事退一步想，不要耿耿于怀，忧虑就会减少。

总之忧虑是有百害而无一利的，那么我们需要做的就是大声地说出自己的忧虑，让忧虑的阴霾远离我们。

把心事说出来，这是波士顿医院所安排的克服忧虑课程中最主要的治疗方法。下面是我们在那个课程里所得到的一些概念。其实我们在家里就可以做这些事。

★准备一本"供给灵感"的剪贴簿

你可以贴上自己喜欢的令人鼓舞的诗篇，或是名人名言。往后，如果你感到精神颓丧，也许在本子里就可以找到治疗方法。在波士顿医院的很多病人都把这种剪贴簿保存好多年，他们说这等于是替你在精神上"打了一针"。

★要对你的邻居感兴趣

对那些和你在同一条街上共同生活的人，要保有一种很友善也很健康的兴趣，这样就没有孤独感了，你对别人感兴趣，那么你会很快与邻居成为朋友，随之而来的就是邻居的热情与关爱。最后，忧虑会不自觉地远离你。

★今晚上床之前，先安排好明天工作的程序

在班上，有很多家庭主妇因为忙不完的家事而感到疲劳。她们好像永远都做不完自己的工作，老是被时间赶来赶去。为了要治好这种忧虑，建议各位家庭主妇在头一天就把第二天的工作安排好，结果呢？她们能完成很多的工作，却不会感到疲劳。同时还因为有成绩而感到非常骄傲，甚至还有时间休息和打扮。

★避免紧张和疲劳的唯一途径就是放松

再没有比紧张和疲劳更容易使你苍老的事了。也不会有别的事物比起忧虑对你的外表更有害了。如果你要消除忧虑，就必须放松。

当一些问题的确是超出了我们的能力所能解决的范围时，我们就需要乐观一些，就像杨柳承受风雨一样，我们也要承受无可避免的事实。哲学家威廉·詹姆斯说："要乐于承认事情就是这样的情况。能够接受发生的事实，就是能克服随之而来的任何不幸的第一步。"

每个人都希望自己的生活过得一帆风顺，轻轻松松，简简单单，然而生活却有多种忧虑。例如，追求的失落、奋斗的挫折、情感的伤害等等，这些都让我们的心灵背上了沉重的负荷。面对这样的忧虑，我们要适当地说出来，要想获得平和的心，有一个最重要的方法，那就是注意为自己的心灵留下适当的空白，使自己的内心保持一定的余裕。

事实上，刻意地使心灵空白的确能有效地为人们带来心安的感受。在这个过程中你可以将头脑中的忧虑、不安、沉重、憎恶等不良情绪"清空"，取而代之的是愉悦、安定、轻松、满足的好心情。

总之，我们不要把忧虑和恐惧隐藏在心中，这种办法是很愚蠢的。应该大声地说出来。内心有忧虑烦恼，应该尽量坦白讲出来，这不但可以给自己从心理上找一条出路，而且有助于恢复理智，把不必要的忧虑除去，同时找出消除忧虑、抵抗恐惧的方法。

生活中不如意之事很多，只要你善于把握自我，控制好自己的情绪，说出忧虑，远离忧虑，自然就可以迎接阳光灿烂的每一天。

忙碌让你忘记痛苦

詹姆斯·墨塞尔是哥伦比亚师范学院的教育学教授。他在这方面说得很清楚："痛苦最能伤害到你的时候，不是在你有所行动的时候，而是在你没有什么事可做的时候。那时候，你的想象力会混乱起来，使你想起各种荒诞不稽的可能，把每一个小错误都加以夸大。在这种时候，你的思想就像两部没有载货的汽车，乱冲乱撞，撞毁一切，甚至自己也会变成碎片。消除痛苦的最好办法，就是要让你自己忙碌起来，去做一些有用的事情。"

如果我们觉得生活郁闷，做什么事都提不起精神，这时不妨让自己的手头忙起来，用行动驱除忧闷，这样你就会不知不觉地快乐起来。

苏茜是一位五十多岁的美国女性，她婚姻幸福，有两个十多岁的女儿，她自己开了一家公司，专门为名人制作特许产品。她还是一位艺术家，她梦想开办个人画展——墙上挂满了画，被家人朋友簇拥着，用香槟酒招待来宾。

苏茜在纽约大学读研究生，研究电影制作。苏茜女士游泳游得不错，网球也打得不错，还是一位技术不错的摄影师。她滑雪、玩帆船、还做得一手好菜，喜欢招待朋友。她很有学问，风趣诙谐，是一个充满了快乐的人。

苏茜知道怎么寻找乐趣。她始终保持精力充沛的秘密就是主动找事做。如果邻居家的玫瑰花开得特别好看，她就会带着相机从自己家里飞奔出来给这些花拍照，而且会一连用掉三卷胶卷。然后她会为此画一幅粉笔画，去参加园艺展。她在不断奔忙中找到乐趣。如果她星期六早上在农产品的集市上买了十几个绿色鸡蛋，晚餐时她就会找几个邻居到家里的露台上一边吃煎蛋卷，一边看日落。高高兴兴地到处找事做，永远忙个不停——这就是她的快乐秘诀。

当我们开始行动起来时，整个世界似乎都会与我们的目标协调一致。我们的心中也会像满帆的船只一样，充满了前进的乐趣。因此，如果你要取得内心的快乐，就要紧随心灵的声音。

1774 年，有一个人去参观教友会的疗养院，看见那些精神病人正忙着纺纱织布，这使他大为震惊。他认为那些可怜而不幸的人们，在被压榨劳力——后来教友会的人向他解释说，他们发现那些病人唯有在工作的时候病情才能真正有所好转，因为忙碌的工作能安定神经。

不管是哪个心理治疗医生，他都能告诉你：工作——让你忙着——是精神病最好的治疗剂。

要是我们为什么事情担心的话，让我们记住，我们可以把工作当做很好的古老治疗法。

也许世人都知道林肯是一位宽容、有怜悯心的总统，但是他的夫人玛丽是个脾气有点急躁的女性。他们二人由于家庭出身以及受教育的不同，导致性格差距极大。玛丽对林肯的责骂，时常令这个高大而和善的总统陷入深深的忧虑之中。

他在春田镇当律师的时候，为了逃避来自家庭的战争，他不得不让自己忙碌起来，这使得他无暇顾及他的婚姻生活，却因自己的投入，律师所的生意越来越好，他的名声也日益响亮。的确，让自己忙起来不失为一种智者的选择，既能忘却忧虑——准确地说是因为无时间去寻思忧虑，又能让自己的工作更出业绩，这是多么难得的一举多得啊！

已故的哈佛大学医学院教授李察·柯波特博士说："我很高兴看到工作可以治愈很多病人。他们所感染的，是由于过分迟疑、踌躇和恐惧等等所带来的病症。工作所带给我们的勇气，就像爱默生永垂不朽的自信一样。"

要是你和我不能一直忙着——如果我们闲坐在那里发愁——我们会产生一大堆被达尔文称之为"胡思乱想"的东西，而这些"胡思乱想"就像传说中的妖精，会掏空我们的思想，摧毁我们的行动力和意志力。萧伯纳把这些总结起来说："让人愁苦的原因就是，有空闲来想想自己到底快不快乐。"

所以不必去想它，摩拳擦掌地让自己忙起来，你的血液就会加速循环，你的思想就会开始变得敏锐。

著名诗人亨利·沃兹沃斯·朗费罗在他年轻的妻子去世之后发现了这个道理。有一天，他太太点了一支蜡烛，来熔一些信封的火漆，结果导致衣服烧了起来。最后因烧伤而亡。

有一段时间，朗费罗没有办法忘掉这次可怕的经历，他几乎要发疯。虽然他很悲伤，但还是要既当爸又当妈地照料孩子。他带她们出去散步，给她们讲故事，和她们一同玩游戏，还把他们父女间的亲情永存在《孩子们的时间》一诗里。他还翻译了但丁的《神曲》。

这些工作加在一起，使他忙得完全忘记了自己，也重新得到了思想的平静。就像泰尼森在最好的朋友阿瑟·哈勒姆死时曾经说的那样："我一定要让自己沉浸在工作里，否则我就会在绝望中崩溃。"

我们不妨让自己忙起来，让工作解除我们的痛苦，为我们带来充实的成就感。这样我们会神清气爽许多。

第二章　敢于认识你自己

看清镜子里的你

生活中，很多人习惯把别人当做认识自己的镜子，透过别人来看自己。而事实上，那面最明亮的镜子正是自己。

世上的事情虽然复杂多变，但还是坚持自己最好。自欺欺人改变不了人们眼中的事实，所以，人都需要以"己"为镜，看清自己，认识自己，随时正衣、去污，保持真实的自己，从而做一个高情商的人，生活才能潇洒自如。

著名的理论物理学家爱因斯坦的一些奇闻逸事在哈佛学子中一直广为流传。在普林斯顿大学授课时，爱因斯坦曾这样讲述：

"昨天，"爱因斯坦父亲说，"我和我们的邻居约翰大叔去清扫南边工厂的一个大烟囱。那烟囱只有踩着里边的钢筋踏梯才能上去。你约翰大叔在前面，我在后面。我们抓着扶手，一阶一阶地爬了上去。下来时，你约翰大叔依旧走在前面，我还是跟在他的后面。后来，钻出烟囱，我们发现了一件奇怪的事情：你约翰大叔的后背、脸上全都被烟囱里的烟灰涂黑了，而我身上竟连一点烟灰也没有。"

爱因斯坦的父亲继续微笑着说："我看见你约翰大叔的模样，心想我肯定和他一样，脸脏得像个小丑，于是我就到附近的小河里去洗了又洗。而你约翰大叔呢，他看见我钻出烟囱时干干净净的，就以为他也和我一样干净，于是只草草洗了洗手就大模大样上街了。结果，街上的人都笑痛了肚子，还以为你约翰大叔是个疯子呢。"

爱因斯坦听罢，忍不住和父亲一起大笑起来。父亲笑完了，郑重地对他说："拿别人做镜子，白痴或许会把自己照成天才的。"

爱因斯坦听后顿时满脸愧色。

原来，小时候的爱因斯坦总是喜欢和一群顽皮的孩子在一起，不爱学习。父亲的话让爱因斯坦醒悟过来，从此以后，他告别了那群顽皮的孩子，爱因斯坦时刻用自己做镜子来审视也映照自己，终于映照出了他生命的熠熠光辉。

其实，谁也不能做你的镜子，只有自己才是自己的镜子。拿别人做镜子，白痴或许会把自己照成天才。这是爱因斯坦的父亲对这个故事的总结。

这就像一幅漫画上所描述的，一只猫站在镜子前得意地照镜子，结果镜子中映出来狮子的面庞。它把狮子当做镜子，看到的自然是狮子的模样。

别人并不能映照出你自己，只有自己才是最明亮的镜子。来到这个世界上，每个人都有自己的角色和任务。一个人要牢记自己的使命，不断进取，努力去做最好的自己。

一千个人有一千种生活方式，有一千个心里的愿望，不同的方式和愿望，就会产生不同的生活态度。你可以参照别人的态度来确定自己的态度，也可以借鉴吸取别人成功的经验和失败的教训，但你永远不能教条地照着别人那样做。你必须看清自己，准确定位自己，明确自己的价值目标，弄清楚自己想追求什么，有哪些捷径可以走，可以采取哪些方法比较科学合理。

现实中不乏这样的人，随大流，从大众，人云亦云。他们的眼睛一直追随着别人。显然，他们仿效大众，把众人的追求当成了自己的追求，用别人的脚步来衡量自己的脚步。而每个人都是独立的个体，有自己的节奏和规律，每个人的追求也会不同，然而这种盲从只能让自己迷失了自己，殊不知最好的镜子始终是自己。

哈佛作为全世界众多学子向往的一流学府，能在那里学习的学子必定是凤毛麟角，因此总有一些自以为是的学生，他们对自身的能力没有全面的认识。哈佛的教授们总是善意地提醒学生说：做人就要做一个自知的人。因为唯有自知，方能知人。也就是说，自己要了解自己，自己才是自己的镜子。

有个学生问同伴："请问，你是否了解你自己呢？"

"是呀，我是否了解我自己呢？"同伴想，"嗯，我回去后一定要好好观察、思考、了解一下我自己的个性和心灵。"回到家里，同伴拿来一面镜子，仔细观察自己的容貌、表情，然后再分析自己的个性。

首先，他看到了自己的头发。"嗯，不错。"他看到了自己的鹰钩鼻。"嗯，英国大侦探福尔摩斯——世界级的聪明大师就有一个漂亮的鹰钩鼻。"他想。

他看到自己的大长脸。"嗨！伟大的林肯总统就有一张大长脸。"他想。

他发现自己个子矮小。"哈哈！拿破仑个子矮小，我也同样矮小。"他想。

他发现自己具有一双大撇脚。"呀，卓别林就有一双大撇脚！"他想。于是，他终于了解了自己。

你就是自己的镜子，因为最了解自己的就是我们本身。生活中我们要学会反躬自省，要学会每过一段时间就用它来擦拭我们的心灵，摒弃不利的一面，留下有益的一部分，并积极寻找有利于我们成长和进步的精华，这也是成功人生的必然要求。

自己给自己做镜子，就是用自己的目标检验自己的行动。这一辈子，你想做个什么样的人？你想办成什么样的事？你想学到什么样的知识？你想达到什么样的高度？你想让自己的人生如何度过？如果你不想让生命虚度，你就应该每天用自己的理想和目标衡量一下自己的言行。看一看，脸是不是需要洗，手是不是需要动，脚是不是需要走，腰是不是需要挺，你是否真正的认清了自己。

聪明的人认识自己，知道最好的镜子就是自己，聪明的人更善于利用自己这面镜子，为成功作点滴的积累。聪明的你抓紧擦拭自己这面镜子吧！

描绘自己的心灵地图

无论是面对自我，还是面对世界，每个人都有一定的思维方式。例如说，在人类的思想行为中，有"五大基本问题"：

★我是谁？

★如何成为今天的我？

★为什么我会有这样的思考、感受和行动？

★我能改变吗？

★最重要的问题是——怎么做？

延续这五大问题，我们的心灵告诉我们该怎么去认识世界、进行自我行动。思维对一个人的发展来说，是至关重要的，它决定了我们对待自我、对待世界的态度。思维可以说是对于我们所能感知的世界的一个认知缩写，无论这个认知正确与否。

我们可以把思维比做地图。这幅地图并不代表一个实际的地点，只是告诉我们有关地点的一些信息。思维也是这样，它不是实际的事物，而是对事物的诠释或理论。

著名的英国戏剧家王尔德曾经说过："那些自称了解自己的人，都是肤浅的人。"这的确是无可争辩的事实，因为对每个人来说，要想完全了解自己，并不是一件容易的事情。正像有些时候，我们面对镜子里的自己却发出疑问：这是我吗？

所以，我们要用思维来为自己描绘一个心灵的地图，这样你才不会迷路，才会真正认识自己。

当帕瓦罗蒂还是个孩子时，他的父亲，一个面包师，就开始教他学习歌唱。父亲鼓励他刻苦练习，培养歌唱的功底。

后来，在他的家乡意大利的蒙得纳市，一位名叫阿利戈·波拉的专业歌手收帕瓦罗蒂做他的学生，那时，帕瓦罗蒂还在一所师范学院上学。在毕业时，他问父亲："我应该怎么办？是当教师还是成为一个歌唱家？"父亲这样回答他："卢西亚诺，如果你想同时坐两把椅子，你只会掉到两个椅子之间的地上。在生活中，你应该选定一把椅子。"

晚上，他失眠了。他在想："唱歌是自己的梦想。我是谁？我明天将成为谁？我的未来是什么？"后来，他想明白了，今天的我要给自己指对前方的路，未来的我一定要成为歌唱家。他忍受失败的痛苦，经过 7 年的学习，终于迎来第一次正式登台演出。

随后，帕瓦罗蒂应邀去澳大利亚演出及录制唱片。1967 年，他被著名指挥大师卡拉扬挑选为威尔第《安魂曲》的男高音独唱者。从此，帕瓦罗蒂的声名节节上升，成为活跃于国际歌剧舞台上的最佳男高音。

当一位记者问帕瓦罗蒂成功的秘诀时，他说："我的成功在于我在不断的选择中选对了自己施展才华的方向。我觉得一个人如何去体现他的才华，就在于他要选对人生奋斗的方向。"

帕瓦罗蒂是一个有思想的人，他选择了适合自己的路，在人生的道路上，他没有迷失，他敢于为自己的心灵描绘地图，他按着这个地图走向了成功。

是的，我们需要时时描绘心灵的地图，才不会在这个繁华的"都市"里迷路。

如果你到了一处陌生的地方，却发现带错了地图，结果一定寸步难行，感觉非常忐忑无助。同样的，若想改正缺点，但着力点不对，徒然白费工夫，与初衷背道而驰。或许你并不在乎，因为你奉行"只问耕耘，不问收获"的人生哲学。但问题在于方向错误，地图不对，努力便等于浪费。唯有方向正确，努力才有意义。也只有在这种情况下，"只问耕耘，不问收获"也才有可取之处。因此，关键仍在于手上的地图是否正确。

生活中，我们在选择专业方向、工作单位、生活伴侣等的时候，都会面对这样一个问题。什么是最好的呢？其实，这个世界根本就没有好的标准，只要合适，你就找到了最好。

道格拉斯·玛拉赫写过这样一首诗：

如果你不能成为山顶上的高松，那就当棵山谷里的小树吧——但要当棵溪边最好的小树。

如果你不能成为一棵大树，那就当一丛小灌木；如果你不能成为一丛小灌木，那就当一片小草地。

如果你不能是一只麝香鹿，那就当一尾小鲈鱼——但要当湖里最活跃的小鲈鱼。

我们不能全是船长，必须有人来当水手。

这里有许多事让我们去做，有大事，有小事，但最重要的是我们身旁的事。

如果你不能成为大道，那就当一条小路；如果你不能成为太阳，那就当一颗星星。

决定成败的不是你尺寸的大小——而在于做一个最好的你！

是的，如果我们不伟大，就做一个平凡的人，但最重要的是，我们要会给自己描绘适合自己的地图。

当然，我们不能一辈子就带着同一幅地图，我们应该不断地描绘它、修改它，力求准确地反映客观现实，这样我们才不会在人间这个繁华的大都市里迷路。

但是，很多人过早地停止了描绘地图的工作，他们不再汲取新的信息，而以为自己的心灵地图完美无缺，让自己在原地踏步，不肯向前走，当发现别人的脚步追赶上自己的时候，他们又开始焦虑、迷茫，殊不知，他们已经错过了修改心灵地图的最佳机会。

而那些成功人士往往能自觉地探索现实，永远扩展、冶炼、筛选他们对世界的理解，他们的精神生活也丰富多彩。

所以，我们要有一个属于自己的心灵地图，并不断地修改这幅反映现实世界的心灵地图，要不断地获取世界的新信息，这样你离成功的殿堂才会更近一步。

路是自己走的，那么从现在开始，让我们一起描绘属于自己的心灵地图吧！

积极的暗示，让你更优秀

暗示是一个奇妙的心理学现象，它每天都在不同程度地影响着我们的生活。积极的心理暗示能调动人的巨大潜能，使人变得乐观、自信。那么从现在开始，不妨每天花上几分钟时间，全身放松，对自己进行积极的自我心理暗示——"我能行""我是最棒的"……时间久了，事实就会朝着那个方向发展。

美国心理学家威廉斯说："无论什么见解、计划、目的，只要以强烈的信念和期待进行多次反复的思考，那它必然会置于潜意识中，成为积极行动的源泉。"

一个人想着成功，就可能成功，想的尽是失败，就会失败。自我暗示对人的心理作用很大，有时甚至会创造出奇迹。

苏联有一位出色的演员名叫 N. H. 毕甫佐夫，平时总是口吃，但是他演出时就能克服这个缺陷。他所用的办法就是利用积极的自我暗示，暗示自己：在舞台上讲话和做动作的不是他，而是另一个人——剧中的角色，这个人是不口吃的。积极的自我暗示能够不经意地影响我们的心理和行为，增强我们的自信心，而事情也往往能向暗示的方向演化。

哈佛大学心理学专业的学生吉姆给自己找了一份兼职——照顾独居的威尔森太太，并帮她做一些家务。吉姆为人热忱，做事认真负责，深得老太太的信赖。

这天晚上，老太太敲响了吉姆的门："吉姆，我的安眠药吃完了，怎么也睡不着觉，不知道你身边有没有？"

吉姆睡眠很好，从来就不吃安眠药，突然他灵机一动，就对老太太说："上星期我朋友从法国回来，刚好送我一盒新出的特效安眠药，我这就找出来。您先回去，我一会儿给您送过去。"

老太太走后，吉姆找出一粒维生素片，然后送到了威尔森太太的房间，告诉她："这就是那种新出的特效药，您吃了之后一定能睡个好觉。"

老太太高兴地服下了那粒"特效安眠药"。

第二天吃早餐的时候，她对吉姆说："你的安眠药效果好极了，我昨晚吃完很快就睡着了，而且睡得很好，好久都没有这么舒服地睡觉了。那个安眠药你能不能再给我一些？"

吉姆只好继续让老太太服用维生素片，直到服完一整盒。事情过去一年多之后，老太太还时常念叨吉姆给她的"特效安眠药"。

吉姆用一粒维生素片就让老太太进入了梦乡，这其实就是心理暗示的作用，由于老太太平时对吉姆十分信赖，因此丝毫没有怀疑吉姆给她的"特效安眠药"，在强烈的心理暗示的影响下，产生了服用安眠药之后才有的效果。

你自信能够成功，成功的可能性就会大为增加。每当你相信"我能做到"

时，自然就会想出"如何去做"的方法，并为之努力。无论是什么，我们都应该在实现目标之前进行积极的自我暗示，这样，我们就更容易成功。

我们的大脑存有两股力量，一股力量使我们觉得自己天生是做伟人的；另一股力量却时时提醒我们："你办不到！"这样一对矛盾内部力量的斗争，在我们遇到困境与失败时，会变得更加激烈。我们做人最大的敌人是自我怀疑和害怕失败。它们经常扯我们的后腿，不让我们去尝试，或在失败后给我们以打击；它们吸取我们的能量，使得我们只能使用真正能力的一小部分。

心理学家马尔兹说："我们的神经系统是很'蠢'的，你用肉眼看到一件喜悦的事，它会作出喜悦的反应；看到忧愁的事，它会作出忧愁的反应。"研究发现，积极的自我暗示能调动人的巨大潜能，使人变得自信、乐观。

心理学家说：你想要什么状态，就装出你已经有了那个状态。如果你累了，感到疲倦，你就告诉自己你不累，你的精力很充沛，状态很好。情绪也是一样。那么如何进行积极自我暗示呢？以下是培养积极自我暗示的几种方法：

★每天故意用充满希望的语调谈每一件事，谈你的工作、你的健康、你的前途。对每件事采取乐观的说法。

★想着"我将要成功"而不是会失败。当你建立成功的信念后，你的才智会积极帮你寻找成功的方法。

★乐于接受各种创意。要丢弃"不可行""办不到""没有用""那很愚蠢"等思想渣滓。

★与自己亲近的人或好朋友谈谈心，请他们帮助你告别过去，让他们在你犯下老毛病时提醒你注意。

★不要说"我就是这样"，而说"我以前曾经是这样"。

★不要说"我也没办法"，而说"只要努力一下，我就可以改变自己"。

★不要说"我一直是这样"，而说"我一定要作出改变"。

★不要说"我天生就是这样"，而说"我曾认为自己生性如此"。

依靠积极的自我肯定，你内心认定自己是什么样的人，你就会成为什么样的人。自我暗示的力量之所以源源不绝，就因为那最锐利的武器——你比自己想象的更优秀。

哈佛人非常重视自我暗示的积极作用。在哈佛的课堂上老师反复告诉学生，积极的自我暗示蕴藏着一股神奇的力量，每个人都可以尝试运用自我暗示的方法来改变自己的人生。可见，积极的自我暗示，会让我们更优秀。

暗示的心理效应

所谓"自我暗示"，从心理学角度讲，就是个人通过语言、形象、想象等方式，对自身施加影响的心理过程。这种自我暗示，常常会在不知不觉之中对自己的意志、生理状态产生影响。特别是对于那些病人来说，积极的自我暗示，会使人建立战胜疾病的信心，建立良好的心境，从而有益于病情的稳定和症状的消除。但是，消极的自我暗示，会破坏和干扰人的正常的心理和生理状态，以致体内各种器官功能紊乱，抵抗力降低，为各种疾病大开方便之门。

暗示是用含蓄、间接的办法对人的心理状态产生迅速影响的过程，它用一种提示，让我们在不知不觉中接受影响。心理暗示是通过使用一些潜意识能够理解、接受的语言或行为，帮助意识达成愿望或启动的一种行为。研究发现，巧妙的暗示会在不知不觉中剥夺我们的正常判断力，对我们的思维形成一定的影响。

事实上，心理暗示现象在我们的日常生活中非常普遍，暗示每天都在不同程度地影响着人们的生活。比如，有一天，身边的人突然对你说："你的脸色不太好，是不是病了？"对这句不经意的话或许你起初还不太注意，但是，不知不觉地，你真的会觉得头重脚轻，浑身隐隐作痛，似乎自己真的病了似的。最后，因为太担心，你到医院做了一番检查，当权威的医生向你宣布"没病"之后，你又顿时觉得浑身轻松、充满活力，病态一扫而光。

有一位全美国顶尖的保险业务经理，要求所有的业务员每天早上出门工作之前，先在镜子前面用5分钟的时间看着自己，并且对自己说："你是最棒的寿险业务员，今天你就要证明这一点，明天也是如此，一直都是如此。"

经由这位业务经理的安排，每一位业务员的丈夫或妻子，在他们出门工作之前，都以这一段话向他们告别："你是最棒的业务员，今天你就要证明这一点。"

结果，这些业务员的业绩都在保险业居领先地位，尽管卖保险不是一件容易的事情，但他们依然可以很认真、努力地做好自己的工作。

这位经理运用的就是自我暗示的方法。风能使一艘船驶向东，也能使它驶向西，自我暗示原则亦可将你推向高峰或使你坠入低谷。因此，我们需要做的就是不断地给自己积极的自我暗示——暗示自己一定会成功，会获得发展、进步。

暗示是一把双刃剑。它的作用可以是积极的，也可以是消极的。积极的心理暗示对我们的生活有着有益的帮助。比如，一名运动员的成绩已经非常接近世界纪录了，这时候，他的教练在旁边轻轻地对他说："你能行，你一定能得第一！"也许正是这一暗示，激发了他全部的潜能，使他在比赛中真的得了第一。暗示在运动员的成功中起到了积极的作用。但是，消极的心理暗示却会带来极大的危害。

哈佛大学心理系的一堂课上，教授向同学们介绍了一位来宾——"比尔博士"，然后，比尔博士从皮包中拿出一个装着液体的玻璃瓶，告诉大家："这是我正在研究的一种物质，它的挥发性很强，当我拔出瓶塞，它马上就会挥发出来。但它完全无害，气味很小。当你们闻到气味时，请立刻举手示意。"

说完，比尔博士拿出一个秒表，并拔开瓶塞。一会儿工夫，只见学生们从第一排到最后一排都依次举起了手。

"好，同学们，实验到这里就结束了。"心理学的教授告诉学生，"但是，我不得不告诉你们的是，比尔博士只是我们学校的一位老师化装的，而那个瓶子里装的物质只不过是蒸馏水。"

"可是我们闻到了气味了啊！"

哈佛教授告诉他们："这是因为你们刚才受到了比尔博士的暗示。他暗示瓶子里装的是一种他正在研究的物质，气味很小，所以你们就相信了，并且似乎闻到了那种特殊物质的气味。"

看到这里，你或许会有疑问，生活中真的会有这样的事情发生吗？答案是肯定的。你可能有过这样的经历：看到一个人"打哈欠"，你也会不由自主地跟着"打哈欠"；有人咳嗽，你的喉咙也会发痒；看见别人赛跑，自己也不知不觉地动起脚来。这就是暗示的作用。

——如果你"认为"自己会败，你已败了。

——如果你"认为"自己不敢，你就不敢。

——如果你想赢却"认为"赢不了，几乎可以断定你与胜利无缘。

——如果你"认为"自己会输，你已输了。

——成功始于人之"意志"。

——一切决于"心念"之间。

生活中，很多人总是在想，不可能的，我学历那么低，怎么敢应聘那家公司；我长得不够漂亮，他怎么会喜欢我；我表达能力不好，怎么敢在会议上发言；我五音不全，怎么好意思在大家面前唱歌……这就是自我设限的表现，也是消极的自我暗示，由于你的自我设限，导致体内无穷的潜能得不到充分的挖掘和发挥。自我设限和人性弱点一样，只会让你流于平庸！

拿破仑·希尔曾经说过，一个人唯一的限制，就是自己头脑中的那个限制。唯有自己才能挣脱自我设限。西方有句谚语说得好：上帝只拯救能够自救的人。也就是说，没有人可以限制你成功，除了你自己。如果你不想去突破，挣脱固有想法对你的限制，那么没有任何人可以帮助你。

其实，很多困难远远没有你想象的那样恐怖，更不是牢不可破的。只要你摒弃固有的想法，尝试着重新开始，你就能摆脱以前的忧虑和消极心理。所以，我们应当及时摆脱自身"心理高度"的限制，打开制约成功的"盖子"，多给自己一些积极的暗示，那么我们的发展空间和成功几率将会大大增加。

心理高度决定着我们的人生高度，一个人若想跳出人生的困局，有所作为，就要拨开心里的阴霾，不能因为过去的挫败或眼前的困境而降低自己的人生标准，为自己的人生过早地盖上一个"盖子"。

心理上的自我暗示固然是个法宝，但这个法宝的巨大魔力，还需要通过长期运用，形成一种自我意识，才会充分地显示出来。具有自信主动意识的人必然会长期进行积极的自我暗示，而具有自卑被动意识的人却总是告诉自己"我没有那么幸运"。可以说，经常进行积极暗示的人在每一个困难和问题面前看到的都是机会和希望；而经常进行消极暗示的人在每一个希望和机会面前看到的都是问题和困难。

遵循本性

现实生活中我们做事大多遵循自己的本性。但人们往往在一些小事情上，无法觉察一个人的本性，常常因困惑而产生坏情绪，有时我们会对某一个犯了错的人说"他本性还是好的"，本性好，为什么会犯下大错呢？

其实人的性格原本就是多重性的，有阳光面，也有阴暗面。正常情况下，理智往往起决定性作用，把恶的、坏情绪都隐藏起来。而这就是高情商的表现。

三伏天里，禅院的草地已经是一片枯黄。

"快撒点草籽吧！这好难看啊。"小和尚急忙说。

"不急，不急，我们要等天凉了。"师父挥挥手，"随时！"

中秋的时候，师父买了一包草籽，叫小和尚播种。秋风起，草籽边撒边飘。

"不好了！这么大的风，好多种子都被风吹飞了，我们白费力气了。"小和尚着急地喊道。

"不急，不急，没关系的，吹走的多半是空的，即使撒下去也发不了芽，它们是没有利用价值的。"师父说，"随性！"种子撒完，就飞来几只小鸟啄食。

"要命了！有些种子已经被风吹走了，剩下的种子本来就不多，现在都被鸟儿吃了！"小和尚急得直跳脚。

"不急，不急，没关系！我们买的种子多，这几只小鸟是吃不完的！"师父说，"随遇！"

就在当晚，半夜下了一阵骤雨，小和尚一大早就冲进禅房："师父！不好了！不好了！这下全完了！昨天种的种子已经很少了，昨晚又下了一场大雨，好多草籽被雨水冲走了！这下子我们可真是白费工夫了！"

"不急，不急，种子冲到哪里，就在哪里发芽啊！这也是达成了我们播种的目的了。"师父说，"随缘！"

小和尚很是不解。就这样，一个星期过去。原来光秃秃的地面，居然长出了许多嫩绿的草苗。一些原来没播种的角落，也泛出了绿意。

小和尚高兴得拍起手来。师父点点头："随喜！"

每个人都有自己特殊的生存本性，既然要做到顺其自然，就不要过于在意别人是怎样看你的，而是直接前进，遵从你自己的本性，做出符合自己本性的言行，不要环顾左右看是否有什么人将注意它，也不要期望柏拉图的理想国。

本性，我们也常常称为天性。就是我们从出生就具有的一种倾向。比如自我保护、饿了就要吃东西、喜欢美好的事物等等。

有人说，"我不喜欢学习，所以学习不符合人的本性。"其实这样的想法是错误的，人的本性中，好奇心和求知欲也是与生俱来的。人类能从茹毛饮血走到今天这样的文明社会，完全就是在这种本性下行动的结果。当你看到一个未知的事物时，你肯定想知道它究竟是什么，可以用来做什么。谁能否认自己在接触到新鲜的事物时感到的兴奋和不安呢？那就是人的本性。

从前，池塘里住着一只青蛙，这只青蛙与池塘边的蝎子为邻。有一天蝎子想过池塘，但不会游泳。于是，它爬到青蛙面前央求道：

"劳驾，青蛙先生，你能驮着我过池塘吗？"

"我当然能。"青蛙回答，"但在目前情况下，我必须拒绝，因为你可能在我游泳时蜇我。"

"可我为什么要这样做呢？"蝎子反问。"蜇你对我毫无好处，因为你死了我就会沉没，我不会这么做的。"

青蛙虽然知道蝎子是多么狠毒，但又觉得它说的也有道理。青蛙的心一软，就同意了。蝎子爬到青蛙背上，它俩开始横渡池塘。就在它们游到池塘中央时，蝎子突然弯起尾巴蜇了青蛙一下。

伤势严重的青蛙大喊道："你为什么要蜇我呢？蜇我对你可是毫无好处啊，因为我死了你也会被淹死。""我知道，"蝎子一面下沉一面说，"但我是蝎子，我必须蜇你。这是我的本性。"

美国的心理学家亚历山大在其论文《智力：具体与抽象》中首先将人格因素定义为非智力因素，这些非智力因素主要包括意识倾向性、气质和性格。人格具有持久性的特征，这就是本性。

因为人的某些动物本性，同时在社会的环境下受到复杂的道义规则的制约，必然使人的行为面临更多的取舍，而这种取舍判定的核心准则仍然是价值取向下的利益诉求，即人的行为是以自己判断、自己执行并指向自己的价值取向为准进行利益判断的结果。但无论怎样，都不要违背自己的本性，因为遵循本性才是遵循大自然的循环，我们如此，社会也如此。

宇宙中的所有事物都是不断流逝的宇宙中的一个部分，都有自己相应的岗位，都意味着某种责任。只有当每个生物包括人类自己都谨守自己的本分时，这个世界才是真正的和谐。

塞缪尔·斯迈尔斯说，如同粗糙的果皮可以包裹最甜蜜的水果一样，丑陋的外表往往掩盖着善良和诚挚的本性。每个人都有自己的角色和使命，我们应当做的就是认清自己的使命、扮演好自己的角色，活出自己生命的本性，这样，我们才会生活得幸福和快乐！

你的天性没有复制

天性不同于人格，但天性可说是人格的一部分。哈佛学者认为，人的天性与生俱来，不会轻易改变。而人格则包括了天性和经验两部分。所以，"天性"和"人格"某种程度是一致的，但随着人逐渐长大，接触到周围的环境和人物之间的互动渐渐多了，经验也就会随之改变、日渐成熟。但是，天生的天性是不会改变的，只是在某些社会期望下做了一些修饰，也就是说，天性是不可复制的，独一无二的。

莫扎特7岁的时候，在法兰克福市举行了一场音乐会。结束后，一个14岁男孩去了他那儿。

"你演奏得那么出色！我无论如何也不可能学得那样好！"

"为什么？要知道你完全可以，你试一试，如果不能成功，你再开始谱曲。"

"但是，我的性格不适合搞音乐，我只想写诗……"

"要知道，这是很有意思的，写好诗想必比创作音乐更困难些。"

"不是的，很轻松，你试一试……"

这个和莫扎特说话的14岁少年就是歌德。从此以后，两人都发挥了自己的性格优势，从事自己喜欢的工作并取得了成功，一位成为大音乐家，一位成为大诗人。

莫扎特的天性是奏乐，歌德的天性则是写诗，他们的天性是不会随着环境的改变而改变的，试想一下，如果让歌德去学音乐，让莫扎特去写诗，也许他们会有不错的成绩，但他们绝对无法成为后人歌颂的人物。所以经营自己的天性，会让我们更加出色。

每个人都有自己的天性，都有适合自己的生活方式。一个懂得生活的人应当根据自己的天性，选择适合自己的生活方式，做自己爱做的事，做自己适合的事，这样才能够体会到生活的乐趣。一位心理专家认为：生活，只有适合自己，适合自己的天性，有自己喜欢的内容，才是最好的生活。

这个世界上没有人是完美的，每个人都会有自己的缺陷，然而有的人活得开心，有的人总是生活在痛苦之中。其原因就在于开心的人拥有自己喜欢的工作、生活方式、家人，而痛苦的人呢，他们或许贫穷，或许富裕，但他们都没有过上自己真正喜欢的生活，他们痛苦的原因就在于他们没有发掘自己的天性。

"你的天性没有复制"，这是哈佛教授对学生们的告诫。这句话包含着深刻的道理：一个人如果丢失了天性，便没有了存在的意义。一个成功的人，必定是一个善于利用自己天性的人。当一个人懂得珍惜自己的价值，明白自己来到人世的使命时，他的心中必定会永驻自信。

我们的天性是不可复制的。你无须按照他人的眼光和标准来评判甚至约束自己，也无须总是效仿他人，要相信自己，保持自我天性。

对于天性，我们可以扬长避短，妙用天性，就可以找到自己性格中最强的"音符"，发挥性格中最优秀的一面，所以我们应该努力根据自己的天性来设计自己、量力而行。根据自己的环境、条件、才能、素质、兴趣等，确定前进方向。要知道，做一个杰出者不仅要善于观察世界，善于观察事物，也要善于观察自己，了解自己的性格。

美国NBA联赛中有一个夏洛特黄蜂队，黄蜂队有一位身高仅1.60米的运动员，他就是蒂尼•博格斯——NBA最矮的球星。

博格斯自幼十分喜爱篮球，但由于身材矮小，伙伴们都瞧不起他。有一天，他很伤心地问妈妈："妈妈，我能打好球吗？"妈妈鼓励他："孩子，你能打好球，你会成为人人都知道的大球星的。因为这是你的天性。"

从此，博格斯横下心来，决定要凭自己1.60米的身高在高手如云的NBA赛场中闯出自己的一片天地。在威克•福莱斯特大学队和华盛顿子弹队的赛场上，人们看到蒂尼•博格斯简直就个"地滚虎"，从下方来的球90%都被他收走……

后来，凭借精彩出众的表现，蒂尼•博格斯加入了实力强大的夏洛特黄蜂队，在他的一份技术分析表上写着：投篮命中率50%，罚球命中率90%……

成为著名球星的博格斯始终牢记着当年他妈妈鼓励他的话，虽然他没有长得很高，但打篮球是他的天性，这是不可复制的，他坚信自己会成功的，当然事实也证明他成功了。

有些天性是有缺陷的，而有些天性却是优势，关键在于我们怎么去挖掘它。事实上，缺憾并不是自卑的理由。一个人要敢于正视自己的缺点，把我们的天性充分地展现出来，这样我们才能真正地认识自己，看清自己的优势与弱势，才在成功的道路上彰显自我。

自知之明让你情商更高

人贵自知，有自知之明的人，知道自己的优点和弱点，知道自己应该做什么，不该做什么，同时也会得出自己能做什么的结论。知道自己想要追求什么，才会变得更强大；懂得避开自己的弱点去做事情，就会减少错误的机会。这不仅只是自知，还是借鉴他人的经验教训，避免自己走弯路，使自己陷入不利的境地。

一个圆滚滚的鸟蛋，不知为什么，忽然从灌木丛上的鸟窝里骨碌碌地滚了出来，跌在灌木丛下厚厚的落叶上。奇怪的是居然没有跌破，一切完好如初。

鸟蛋得意了，对着鸟窝大声笑着说："哈哈，我是一只跌不破的鸟蛋！你们谁有我这样的本事，就跳下来比试比试看！"窝里的鸟蛋们听了，一个个探出头来看了一眼，吓得忙缩进头说："我们害怕，不敢跳呀。""哼！我早就料到你们没有这个胆量！"地上的鸟蛋神气地向窝里的鸟蛋们大声嘲笑起来。

这只鸟蛋在地上滚来滚去，一会儿滚到一棵小草边，向小草碰了碰，小草连忙仰起身子往后让；一会儿鸟蛋又滚到一株树苗边，向树苗撞了撞，树苗也仰着身子，给它让路。

鸟蛋更得意了。它认为自己力大无比、天下无敌，更加勇气十足地在山坡上滚过来，滚过去。就在鸟蛋得意之时，被山坡上一块小石头挡住了去路。鸟蛋气愤道："居然敢挡我鸟蛋的去路？"小石头昂着头说："一个鸟蛋对我也如此神气？"鸟蛋更气愤了说："小草和树苗都已经领教过我的厉害，别人怕你小石头，我可不怕。"

这时鸟蛋为了显示它的勇气，不听小石头的警告，鼓足气猛地一滚，向小石头冲去。只听到"啪"的一声，鸟蛋碰得粉碎，流出一滩蛋汁。

小鸟蛋在一次又一次"畅通无阻"之后，过于沉浸于自己取得的成就，沾沾自喜，不能自拔，于是变得盲目自大，更加猖狂。它没有看清自己的处境和地位，以至于敢与比自己强大百倍的石头碰撞，所以它的结局就只能是自取灭亡。

能够客观评价自己的人通常都非常了解自己的优劣势，因为他时时都在仔细检视自己。能够时时审视自己的人，一般都很少犯错，因为他们会时时考虑：我到底有多少力量？我能干多少事？我该干什么？我的缺点在哪里？为什么失败了或成功了？这样做就能很快地找出自己的优点和缺点，为以后的行动打下基础，这就是自知之明。

人需要有自知之明。特别是在身处困境，地位低下的时候，一个人更应该反省自身，多思考一下自己的缺陷和不足，只有这样才能找到差距，才能找到奋斗的方向，迎来成功的那一天。看清你自己是你成功的必然，你不能因为境况的不如意而迷迷糊糊。只有正确地认识自己，评价自己，找到不足和差距，你才能不断取得进步，走出困境，走向成功。

一位叫亨利的青年移民，站在河边发呆。他不知道自己是否还有活下去的必要。亨利从小在福利院长大，身材矮小，不漂亮。所以他一直很瞧不起自己，认为自己是一个既丑又笨的乡巴佬，他连最普通的工作都不敢去应聘，他没有工作，也没有家。

就在亨利徘徊于困境的时候，与他一起在福利院长大的好朋友约翰兴冲冲地跑过来对他说："亨利，告诉你一个好消息！我刚刚从收音机里听到一则消息。拿破仑曾经丢失了一个孙子，播音员描述的相貌特征，与你丝毫不差！"

"真的吗，我竟然是拿破仑的孙子？"亨利一下子精神大振。联想到爷爷曾经以矮小的身材指挥着千军万马，用带着泥土芳香的法语发出威严的命令，他顿时感到自己矮小的身材同样充满力量，讲话时的法国口音也带着几分高贵和威严。

第二天一大早，亨利便满怀自信地来到一家大公司应聘，他竟然应聘成功了。20年后，已成为这家公司总裁的亨利，查证自己并非拿破仑的孙子，但这早已不重要了。

人贵有自知之明，难得真正了解自己，战胜自己，驾驭自己。自以为自知同真正自知不同，自以为了解自己是大多数人容易犯的毛病，真正了解自己是少数人的明智。

尼采说过："聪明的人只要能认识自己，便什么也不会失去。"可是认识自己并不简单，有些人不是以为自己一无是处而自卑，就是以为自己无所不能而自负，自卑与自负的极端表现，是因为对自我的认识有了偏差。正确认识自己，才能使自己充满自信，才能使人生的航船不迷失方向。正确认识自己，才能确定人生的奋斗目标。只有有了正确的人生目标，并满怀自信，为之奋斗终生，才能此生无憾，即使不成功，自己也会无怨无悔。

客观地评价自己，给自己一个准确的定位，清醒地认识到自己还存在哪些不足，并且在此基础上找到需要改进的地方，加强学习的力度。这样才能够真正有效地提高自己。

自知之明与自知不明虽一字之差，但是两种结果。自知不明的人往往昏昏然，飘飘然，忘乎所以，看不到问题，摆不正位置，找不准人生的支点，驾驭不好人生的命运之舟。自知之明关键在"明"字，对自己明察秋毫，了如指掌，因而遇事能审时度势，善于趋利避害，很少有挫折感，那么其预期值就会更高，在遭遇挫折的时候，不要妄自菲薄，也不要自视过高，正确地衡量自己，读懂自己，发现不足，弥补缺陷，你就能改变现状，获得成功。

哈佛教授告诉我们，自知之明，不仅是一种高尚的品德，更是一种高深的智慧。高情商的人都有自知之明。一方面，他们能看到自己的缺点；另一方面，又会经营自己的优势。

不要怀疑自己的能力

古今中外有许多名声显赫的成功者，令许多人羡慕和钦佩。当他们站在人们面前，可以让人感到他浑身上下散发一种人格魅力，但他们并非始终都是创造丰功伟绩的幸运儿。如果你翻开他们的个人履历，几乎每个人都有过坎坷的经历。但他们从未怀疑过自己的能力，他们认为自己是最好的。

拳王阿里是美国著名的男子拳击运动员。他的拳法多变，步法灵活，出拳快速有力，体力充沛，动作协调。在阿里的职业拳击生涯中，共进行了60场比赛，胜56场。其中37场将对手击倒在地，输的4场中有3场是以点数少而负于对方。阿里之所以取得这么优秀的成绩，得益于他的取胜之道。

阿里小时候，有一次，家人给他买了一辆自行车，他每天都骑车出游，乐此不疲。有一天，他将自行车存放在警察局门口没上锁，不想出来后发现他的新车被人偷走了，气得他直跺脚。沮丧之余，他的警察朋友提出教他拳击，并告诉阿里，每遇到一个对手，你就把他想象成偷车贼。

刚开始的时候阿里很怀疑自己的能力，感觉自己小小的年纪根本无法与对手相抗衡，但是那个朋友说："千万不要怀疑自己的能力，你是最出色的。"

此后阿里再也没有怀疑自己的能力，因为他相信自己会做得更好。就是在这样的自我暗示中他越战越勇，直至夺得美国乃至世界的拳击冠军。

阿里有一个习惯，就是在每次比赛前他都会对着镜头喊："不要怀疑自己的能力，我是最棒的，我是不可战胜的，我是冠军！"

结果，阿里获得了意想不到的效果，几乎打遍天下无敌手。

阿里曾经怀疑自己的能力，但是他最终战胜了自己的自卑感，成为一代拳王。遭遇挫折并不可怕，可怕的是因挫折而产生的对自己能力的怀疑。只要精神不倒，敢于放手一搏，就有胜利的希望。

在丹麦童话作家安徒生的笔下，美丽的天鹅原来只是一只"丑小鸭"。当它刚刚破壳而出的时候，生得十分瘦小，那些自以为是的鸭子根本瞧不起它。但它默默地、日复一日地坚持训练自己，最后终于在一个早晨振翼飞向蓝天。终于有一天，它让人看到，一只天鹅掠过长空，那洁白的羽毛，端庄的体态……

丑小鸭是很丑，但最终成为天鹅，即使别人怎么笑它，它从未怀疑过自己的能力，同时，它也坚信自己能够飞翔。

那么让我们来看看拿破仑的手下是怎么证明自己的能力的吧！

马林果战役的前夕，拿破仑坐在营帐里，凝视着面前摊开的一张意大利地图。自从开战以来，法军受到敌军强有力的抵抗，拿破仑精心筹措的胜利眼看要成为泡影。

正在法军败退之际，拿破仑手下的将领德撒带着大队骑兵驰过田野，停在拿破仑站着的山坡附近。队伍中有一个小鼓手，他是德撒在巴黎街头收留的流浪儿，在埃及和奥国战役中一直在法军中作战。

当军队停住时，拿破仑朝小鼓手喊道："击退兵鼓。"这个孩子却没有动。

"小流浪汉，击退兵鼓！"孩子拿着鼓槌向前走了几步，朗声说道："啊，大人，我不知道怎么击退兵鼓，德撒从来没有教过。但是我会击进军鼓，是的，我可以敲进军鼓，敲得让死人都排起队来。我在金字塔敲过它，在台伯河敲过它，在洛迪桥又敲过它。啊，大人，在这里我也可以敲进军鼓么？"拿破仑无可奈何地转向德撒："我们吃了败仗，现在可怎么办呢？""怎么办？打败他们！要赢得胜利还来得及，来，小鼓手，敲进军鼓，像在台伯河和洛迪一样敲吧！"

不一会儿，队伍随着德撒的剑光，跟着小鼓手猛烈的鼓声，向奥地利军队横扫而去，他们不惜流血牺牲，把敌人打得一退再退。德撒在敌人的第一排子弹中就倒下了，但是队伍并没有动摇。当炮火消散时，人们看到那小鼓手走在队伍最前面，笔直地前进，仍旧敲着激昂的进军鼓。他越过死人和伤员，越过营垒和战壕。他的脚步从容不迫，鼓声激越有力，他以自己勇敢无畏的精神开辟了胜利的道路。

曾经有一刹那小鼓手怀疑自己的能力，因为德撒没有教过他击退兵鼓，但是就在那个战场上，小鼓手找到了自己的闪光点，肯定了自己的能力，他可以的，是的，他确信他可以的，所以他成为这场战役最大的英雄。

任何人都能确立自己的目标，也能让梦想变成现实，但首先不要怀疑自己的能力，并相信自己能够实现这一梦想。任何人在失败和挫折中，都可以自己看不上自己，自己和自己赌气，摔东西、骂人、捶打脑袋、无休止地长吁短叹……但你有没有想过，这并不能改变你的失败，减轻挫折，反而会让你更加迷茫。

你现在所面对的种种状况都是你自己昨天选择走出来的。当然如果你不满意，你有能力改变，你也有义务、有责任去改变。但是你必须相信自己的能力。一个不明白自己能力的人永远找不到自己失败的理由。

德塞纳维尔，是别人眼里干什么都不行的庸才。但是，他总觉得自己有与众不同的地方。有一天，他脑子里冒出一段曲调，他便将它大致哼出来，并用录音机录了下来，请人写成乐谱，名为《水边的阿德丽娜》。

阿德丽娜正是他的大女儿。曲子谱好后，就在罗曼维尔市找了一个游艺场的钢琴演奏员为之录音。这个演奏员穷酸得很。德塞纳维尔给他取了个艺名，叫理查德·克莱德曼……这一演奏在音乐界引起了轰动，唱片一下子卖了 2600 万张，德塞纳维尔轻而易举地发了财。

他说："我不会玩任何乐器，也不识乐谱，更不懂和声。不过我喜欢瞎哼哼，哼些简单的、大众爱听的调儿。"

德塞纳维尔是平庸的，但是他创造了奇迹，这是因为他从来没有怀疑自己的能力。是的，一个老是怀疑自己能力的人只能忍受失败的煎熬。为自己长得不好看而发愁的人只会越来越丑。如果和美女去比，你的五官永远是有缺陷的。但每个人都以自己独立的个体而存在，我们只能以自己的方式去努力。我们有我们的特长，我们有睿智的头脑、善解人意的情怀，发挥自己的长处，施展自己的才华，也许我们就会被看做是智慧的象征。

出色源于本色

出色来自本色，自信来自于实力。想要变得出色，那么只要把自己的本色彰显出来，那么我们就是一个优秀的人。

索菲娅·罗兰是意大利著名影星，自 1950 年从影以来，已拍过 60 多部影片，她的演技炉火纯青，曾获得 1961 年度奥斯卡最佳女演员奖。但是在她没出名之前却是一个极为普通的女孩，是什么力量让她发光发彩呢？那是因为她始终相信自己的本色是最出色的。

她 16 岁时来到罗马，要圆她的演员梦。但她从一开始就听到了许多不利的意见。她个子太高，臀部太宽，鼻子太长，嘴太大，下巴太小，根本不具有一般的电影演员容貌。

制片商卡洛看中了她，带她去试了许多次镜头，但摄影师们都抱怨无法把她拍得美艳动人，因为她的鼻子太长、臀部太"发达"。卡洛于是对索菲娅说，如果你真想干这一行，就得把鼻子和臀部"动一动"。她断然拒绝了卡洛的要求。她说："我为什么非要长得和别人一样呢？我知道，鼻子是脸庞的中心，它赋予脸庞以性格，我就喜欢我的鼻子和脸保持它的原状。至于我的臀部，那是我的一部分，我只想保持我现在的样子。"

她决心不是靠外貌而是靠自己内在的气质和精湛的演技来取胜。她努力着，奋斗着，终于她用演技征服了每一个观众。而她那些所谓的缺点反倒成了美女的标准。

索菲娅·罗兰在她的自传《爱情与生活》中这样写道："自我开始从影起，我就出于自然的本能，知道什么样的化妆、发型、衣服和保健最适合我。我谁也不模仿。我从不去像奴隶似的跟着时尚走。我只要求看上去就像我自己，非我莫属……衣服的原理亦然，我不认为你选这个式样，只是因为伊夫·圣·洛郎或迪奥告诉你，该选这个式样。如果它合身，那很好。但如果还有疑问，那还是尊重你自己的鉴别力，拒绝它为好……衣服方面的高级趣味反映了一个人的健全的自我洞察力，以及从新式样选出最符合个人特点的式样的能力……你唯一能依靠的真正实在的东西……就是你和你周围环境之间的关系，你对自己的估计，以及你愿意成为哪一类人的估计。"

索菲娅·罗兰的出色源于她的本色，即使她的本色在别人的眼里曾是缺点，但是她认为本色是最美的，无需更改，因为她相信终有一天别人会以她的缺点为荣。这是一种自信，更是对自己的肯定。

出色源于本色，是需要我们有足够的自信。自信是我们通往成功彼岸的一座桥梁。自信是一株可以结出硕果的植物。哈佛学子爱默生说得好："自信是成功的第一秘诀，自信是英雄主义的本质。"在我们努力培养自己自信心的同时也不要忘记，你的自信是建立在"出色源于本色"的基础上，不然盲目的自信就变成自负了。

有一位青年毕业于哈佛大学，他没有像他的大部分同学那样，去经商发财或走向政界或成为明星，而是选择了宁静的瓦尔登湖。他在那儿搭起小木屋，开荒种地，看书写作，过着原始而简朴的生活。他在世44年，没有女人爱他，没有出版商赏识他。生前在许多事情上很少取得成功。他只是写作、静思，直到得肺病在康科德死去。

他就是著名的《瓦尔登湖》的作者梭罗。梭罗博物馆在网上作了份调查：你认为梭罗的一生很糟糕吗？共有467432人作了回答，其结果是：92.3%的人回答说"不"；5.6%的人回答说"是"；2.1%的人回答说"不清楚"。

于是该博物馆采访了一位作家，作家说："我天生喜欢写作，现在我当了作家，我非常满意，梭罗也是这样，我想他的生活不会太糟糕。"

他们又采访了一位商人，商人说："我从小就想做画家，可是为了挣钱，我成了一位画商，现在我天天都有一种走错路的感觉。梭罗不一样，他喜爱大自然，他就义无反顾地走向了大自然，他应该是幸福的，因为他的出色就是原于本色。"

有些人有了一些成就，但他们并不快乐，因为那些成就不能给他们带来成就感，原因何在呢？是因为他们没有活出自己的本色。但有些人一生看似平淡，却真正地认识自己，他们知道什么样的生活才是自己想要的，虽然过程苦涩，但那却是最真实的自己。

1888年，法国巴黎科学院收到的征文中有一篇被一致认为科学价值最高的论文。这篇论文附有这样一句话："说自己知道的话，干自己应干的事，做自己想做的人！"这是在妇女备受歧视和奴役的19世纪，走入巴黎科学院大门的第一个女性，也是数学史上第一个女教授——38岁的俄国女数学家苏菲娅·柯瓦列夫斯卡娅的杰作。

做本色的"我"，张扬独一无二，除了自我凝聚、甘于寂寞外，还需要勇气。出色源于本色，它是为智慧与才干开路的先导；是向高压与陈规挑战的利剑；是同权威和强干较量的能源。

利用周围的人来认识自己

在成年人的世界中，流传着这样一个不成文的定律：你周围6个人的价值的平均水平，就是你的价值。这个规则说明的是，身边的朋友对我们而言，就是衡量自身价值的一个重要指标——你周围的朋友优秀，可想而知你也是不错的，你周围的朋友毫无理想和追求，那你可能是在放纵自己。

这个纷繁复杂的社会，因形形色色的人们结成各式各样的关系而精彩不断。社会是由人与人构成的，人的个体禀赋不同，所结成的社会关系也会不同。自从产生了阶级，各种社会关系就以集体、群体的形状而体现出来。然而这些不同会让人常常对自己没有一个很好的了解，其实利用周围的人来认识自己是再好不过了。

谁都不是单独生活在社会中的个体。在生活中，我们难免会形成这样或者那样的关系，比如：师生关系、父子关系、朋友关系、同事关系，这些关系的背后，就是在说明我的人生是和怎样的人度过的。亲人父母不能选择，但我们的朋友却都是我们自己选择的。选择朋友的眼光，就是你自己的人生标准，久而久之，你周围的人就是跟你志同道合的人，那么，想认识自己，就看看你周围是什么样的人。高情商的人可以利用别人的优点来强化自己。

有一个美国女人叫凯丽，她出生于贫穷的波兰难民家庭，在贫民区长大。她只上过 6 年学，也就是只有小学文化程度。她从小就干杂工，命运十分坎坷。

但是，她 13 岁时，看了《全美名人传记大成》后突发奇想，要直接和许多名人交往。她的主要办法就是写信，每写一封信都要提出一两个让收信人感兴趣的具体问题。许多名人纷纷给她回信。此外，还有另外一个方法。凡是有名人到她所在的城市来参加活动，她总要想办法与她所仰慕的名人见上一面，只说两三句话，不给人家更多的打扰。

就这样，她认识了社会各界的许多名人。成年后，她经营自己的生意，因为认识很多名流，他们的光顾让她的店人气很旺。最后，她不仅成为了富翁，也成为了名人。

每个人身上都有优点，如果身边的每一个人都能够将自己的优势利用在你的身上，那么你的力量将是无穷的。可是，生活中很多人并没有认识到这一点，他们只是紧紧地锁住自己，为的是能够全神贯注地拼搏。可是，他们不知道，当他们集中了精神只守着自己的那一小块田地的时候，已经失去了由人脉构建起来的更为广阔的沃土。

俗话说得好：物以类聚，人以群分。同类的物品常归纳在一起，而人按照品行、爱好形成群体。现代生活中，每个人都有自己的生活圈子，在这个圈子中都是志同道合的好朋友。无论你是哪一类，都验证了人以群分的不变规律。比如你喜欢逛街，那么一定会有几个和你一样的朋友；你喜欢读书，你一定有一些书友。

我们最常见的现象是，有一些本不相识的人会自然地聚拢在一起，有人认为是"气味"导致的，即"臭味相投"，也有些人认为是"八字相合"，命中注定。但是有些人却始终游离于他们之外，想加入也难以如愿。其实这些都是因为他们不是一类人，没有共同的话题，他们就很难找到相同点，那么在他们身上就很难找到自己的影子，也就难以成为朋友。

从这些我们可以得出初步的结论，从一个人的朋友可以了解一个人的个性。从一个人的对手便可以了解一个人的底牌。如果延展这个结论，也许我们可以从一个男人或女人的追求者是什么层次的人，便可以在短时间初步判断出这个人的层次。

每个人的成功或多或少地需要蒙他人之赐、借他人之力，保持周围的高水平，就是保持自己的高水平。

而朋友，就是我们最需要借鉴和依靠的"他人"。"利用"并不是完全丑恶的，它来源于人们在现实生活中各取所需的关系。有些人不能正确地认识自己，不是因为自己没有能力，而是他们常常走入一个误区，那就是他们常常给自己消极的暗示：我这样行吗？我能完成这项任务吗？但如果你能够利用周围的人来认识或提升自己，那么你会从中认识不一样的自己，从而走出那个误区，说不定还有意想不到的收获。

哈佛学者告诉我们：一个人，想要更好地认识自己，就要"利用"周围的人。

认清自己的真面目

"请尽快回答 10 次，我是谁？"一个看似简单却又难以回答的问题，让很多人陷入沉思："我是谁？我是一个什么样的人？我应该做一个怎样的人？""认识你自己"这句古希腊时就刻在神庙上的名言，至今仍有警示意义。

拿破仑·希尔认为：随着科学技术的日益发展，我们不断地了解着未知世界，可我们对自身的探索却始终滞足不前。只有正确地认识自己，才能认识整个世界，也才能接受世间的一切。我们经常企图通过别人的评价来认识自己，可是，无论别人的推心置腹显得多么明智、多么美好，从事物本身的性质来讲，人们自己应当是自己最好的知己。

这个世界多姿多彩，每个人都有属于自己的位置，有自己的生活方式，有自己的幸福，何必去羡慕别人？安心享受自己的生活，享受自己的幸福，才是快乐之道。你不可能什么都得到，你也不可能什么都适合去做，所以，只有适合的才是最好的，怎么才能做到适合呢？那就需要我们认清自己的真面目。

认清自己的真面目，首先要了解自己的长处和短处，并根据自己的特长来自我设计，量力而行，根据自己周围的环境、条件，自己本身的才能、素质、兴趣等，确定进攻方向，你就会在某一方面有所成就。所以，每一个人都应该正确认识自己的真面目，并坚信"天生我材必有用"。

早晨，一只山羊在栅栏外徘徊，想吃栅栏内的白菜，可是进不去。因为早晨太阳是斜照的，所以山羊看到自己的影子很长很长。"我如此高大，一定能吃到树上的果子，不吃这白菜又有什么关系呢？"它对自己说。

于是，它奔向很远处的一片果园。还没到达果园，已是正午，太阳照在头上。这时，山羊的影子变成了很小的一团。"唉，我这么矮小，是吃不到树上的果子的，还是回去吃白菜吧。"它对自己说，片刻又十分自信地说，"凭我这身材，钻进栅栏是没有问题的。"

于是，它又往回奔跑。跑到栅栏外时，太阳已经偏西，它的影子重新变得很长很长。

此时山羊很惊讶："我为什么要回来呢？凭我这么高大的个子，吃树上的果子简直是太容易了！"山羊又返了回去，就这样，直到黑夜来临，山羊仍旧饿着肚子。

这则寓言故事看似可笑，却为我们揭示了一个深刻的道理：不能正确认识自我是很多人失败和痛苦的原因。其实，正确认识自我最重要的一点，就是要清楚自己的能力，知道自己适合做什么、不适合做什么，长处是什么、短处是什么，从而做到有自知之明，最后在社会中找到自己恰当的位置。

许多人谈论某位企业家、某位世界冠军、某位著名电影明星时，总是赞不绝口，可是一联系到自己，便一声长叹："我不是成才的料！"他们认为自己没有出息，不会有出人头地的机会，理由是：生来比别人笨，没有高级文凭，没有好的运气，缺乏可依赖的社会关系，没有资金，等等。其实，人生最大的难题莫过于：认识你自己！

那么，怎样才能真正认识到自己的真面目呢？

★在比较中认识自我

想要了解自己，那么与别人相比较，是一种最简便、有效的途径。每当我们需要反躬自问"我在某方面的情况怎样"时，就很自然地使用这种方法，去判定自己的位置与形象。我们除了要不时和四周的人相比较之外，还要经常与某些理想的标准相比较。把他们作为比较的对象，以自己能否达到跟他们同样的标准作为成功或失败的衡量尺度。

★从人际态度中反馈自我

一个人总是需要跟别人交往、共处的。因而别人对你的态度，相当于一面镜子，可以观测到自身的一些情况。我们因为看不见自己的面貌，就得照镜子；同样，我们无法准确地衡量自己的人格品质和行为时，就得利用别人对我们的态度和反应，来进行自我判断。一般说来，当对方与自己的关系愈密切时，他的态度也愈有影响力。

★用实际成果检验自我

除了根据别人对自己的态度，以及与别人相比较的结果之外，我们还可以凭借本身实际工作的成果来评定自己。由于这种方法有比较客观的事实作为依据，所以通常因此而建立的自我印象也是比较正确的。这里所指的工作是广义的，并不仅限于课业或生产性的行为。由于每个人所具有的才能的性质互不相同，如果只是看他们在少数项目上的成就，往往不能全面地衡量一个人的能力与作用，很多时候，一部分人的某些才能或许因得不到施展的机会而被淹没。

开放式人的五个关键词

开放，是一种心态、一种个性、一种气度、一种修养；是能正确地对待自己、他人、社会和周围的一切的态度；是对自己的专业和周围的世界都怀有强烈的兴趣，喜欢钻研和探索；是热爱创新，不墨守成规，不故步自封、不固执僵化；是乐于和别人分享快乐，并能抚慰别人的痛苦与哀伤；是谦虚，承认自己的不足，并能乐观地接受他人的意见，而且非常喜欢和别人交流；是乐于承担责任和接受挑战；是具有极强的适应性，乐意接受新的思想和新的经验，能够迅速适应新的环境；是坚强的内心，敢于面对任何的否定和挫折，不畏惧失败。

只有开放自己，才能容纳更多的东西，想要丰富自身，就要做一个开放的人，因为开放带给我们的不仅是知识，更重要的是人生，拥有一个开放的人生，会让我们更加了解自己，超越自己。

有一条鱼在很小的时候被捕上了岸，渔人看它太小，而且很美丽，便把它当成礼物送给了女儿。小女孩非常喜欢它，于是把它放在一个鱼缸里养了起来，每天小鱼在游的时候，同时也带给小女孩快乐。

过了一段时间，鱼越长越大，要在鱼缸里转身都困难了，女孩便给它换了更大的鱼缸，它又可以游来游去了。可是每次碰到鱼缸的内壁，它畅快的心情便会黯淡下来，它有些讨厌这种原地转圈的生活了，索性静静地悬浮在水中，不游也不动，甚至连食物也不怎么吃了。女孩看它很可怜，便把它放回了大海。

它在海中不停地游着，心中却一直快乐不起来。一天它遇见了另一条鱼，那条鱼问它："你看起来好像闷闷不乐啊！"它叹了口气说："啊，这个鱼缸太大了，我怎么也游不到它的边！"

其实，在现实生活中，我们是不是就像那条鱼呢？在鱼缸中待久了，心也变得像鱼缸一样小了，不敢有所突破。即使有一天，到了一个更为广阔的发展空间，已变得狭小的心反倒无所适从了。所以我们要给自己定位，开放自己。

没有人不渴望成功，但在这个科技高度发达、信息大量涌现、人才辈出的时代，成功似乎显得遥不可及。要想成为 21 世纪的成功人士，我们除了多学习专业知识、专心做好本行业的职务外，还要牢牢把握时代的特质——开放。开放的时代呼唤有开放意识的弄潮儿，开放的国度需要有开放精神的领导，开放的企业赢在有开放智慧的员工，开放的人生渴求有开放胸怀的灵魂。在这个处处开放的社会，唯有开放你的人生，才能做最好的自己。

通过研究可以发现，对于开放式的成功者来说，在思维意识、行为风格、个性素质、社会交际等各个人生层面上，一般都有着以下五大共同的非凡因素：

★心态开放

人生能否开放，关键不在于出身的高低，也不在乎能否出国留学或周游四方，而首先在于心态。"海纳百川，有容乃大"，心态对我们的人生、理想、思维、个性、行为起导向作用。一个对成功怀有强烈欲望的人，在追求卓越的过程中，必须要心态开放。只有开放的心态才能使人持续进取，保持活力，才能不断吸取新知，才能和团队保持良好的互动。

★视野开阔

视野不远，我们会目光如豆；视野不广，我们会为盲点所困。眼界要高，视野要开阔，要求我们能够高瞻远瞩、目光超前，具备坐拥天下的大格局。在全球化的时代背景下，我们要极力打破时空限制、专业限制、信息限制、个性限制，拥有国际视野，才能够更好地规划人生、把握机遇。

★富有胆略

开放式成功者需要具备冒险精神。人生的开放需要冒险，冒的是风险，靠的是胆略和胆识，强调的是善于从危机中抓住一切机会。莽者、狂徒，都不缺乏勇气和胆量，但独缺雄韬伟略。

★高效行动力

行动力是实现一切的保障，凡事只有行动才会有结果，一个高效者不会等到万事俱备再动手。方向准确、目标专注、自强不息，这是高效行动力的前提。

★不断创新

创新力是一切奇迹的来源，也是人生开放的核心能力。状，只能过着如白开水般的日子。我们需要有新思维、新技术、新行为，才能打破陈规、改变这迂腐陈旧的现状，给我们的人生带来突破性的发展。

不打开自己，一个人就不可能学会新东西，更不可能进步和成长。开放的胸怀，是学习的前提，是沟通的基础，是提升自我的起点。在一个组织里，最成功的人就是拥有开放胸怀的人，他们进步最快，人缘最好，也最容易获得成功的机会。

开放的心自由自在，可以飞得又高又远；而封闭的心像一池死水，永远没有机会进步。如果你的心过于封闭，不能接纳别人的建议，就等于锁上一扇门，禁锢了你的心灵。要知道褊狭就像一把利刃，会切断许多发展的机会及沟通的管道。

花草因为有土壤和养分才会茁壮成长、美丽绽放，人的心灵也必须不断接受新思想的洗礼和浇灌，否则智慧之树就会因为缺乏营养而枯萎死亡。

第三章 接纳真实的自我

你是上帝"咬过的苹果"

有位盲人，小时候总为自己的不幸而自暴自弃。而他的母亲却向他说：因为你可爱，上帝忍不住咬了你一口，你是上帝咬过的苹果。在母亲的鼓励下，小盲人发奋努力，终成了一名出色的钢琴师。

金无足赤，人无完人。平凡的你我都有缺点，在茫茫的人生路上也都会遇到这样那样的波折，道理很简单，因为"上帝很馋，见谁咬谁"，所以就有了人生种种的遗憾。常常在报纸、电视上看到轻生做傻事的新闻，真是愚蠢啊，难道他们不知道自己是一只大大的苹果，因为上帝喜爱其芬芳，所以才被狠狠地咬了一大口吗？所以，我们都应该好好地珍爱自己。

每个人都想拥有一个完美的人生，其实这只是愿望和奢望。自古及今，往往是有遗憾才为人生，十全十美的一生是没有的。月有阴晴圆缺，天有风云雷电，花无百日红，人无一世平。况且，常青之树往往无花，艳丽之花往往无果。美人西施叹耳小，贵人昭君怨脚大，世上哪有圆月一般的美满人生！人生往往与苦难相伴，生活常常烦恼相随，正因为这样，残缺之中才有大美，苦难之中才含有甘甜。

能体味痛苦的真谛，是一种高远的境界。如生了病，让人想开了许多；倒了楣，能让人交了"学费"换来明白，也是一种收获。有了这样的心态，对己对人都有好处。对己，可以不烦不躁；对人，可以互相谅解。这会大大有利于人与人之间交往的平和，促进家庭和社会的和睦和美。

有人说，上帝像精明的生意人，给你一分天才，就搭配几倍于天才的苦难。这话真不假。上帝吝啬得很，绝不肯把所有的好处都给一个人，给了你美貌，就不肯给你智慧；给了你金钱，就不肯给你健康；给了你天才，就一定要搭配苦难……当你遇到这些不如意时，不必怨天尤人，更不能自暴自弃，顶好的办法，就是像那个母亲那样去自励自慰：我们都是被上帝咬过的苹果，只不过上帝特别喜欢我，所以咬的这一口更大罢了。

一个商人运了一批丝绸，数量足有 1 吨之多，因为在轮船运输当中遭遇风暴，这些丝绸被染料浸染了，商人很郁闷，摆在他面前有两个状况，一是丝绸浸染后无法按期交货，二是如何处理这些被浸染的丝绸，然而后者成了商人非常头痛的事情。他想卖掉，却无人问津；想扔了，觉得很可惜。正在商人发愁之际，他的助手提出一个办法：可以把这些丝绸制成迷彩服、迷彩领带和迷彩帽子。

商人一听，立刻去做，几乎在一夜之间，他拥有了 10 万美元的财富，不但没有赔，而且还赚了一大笔。

听起来这个故事是商人如何从逆境走出来的，但从另一个角度看，他的遭遇正是上帝咬过他这个苹果，但结局是，这个苹果还留有余香，把他从逆境中解脱出来。

维纳斯雕像因其断臂而平添了一种神秘的美；比萨斜塔由于地基有缺陷而倾斜，却因此闻名于世；邮票或钞票因其印错而成为收集者的抢手货；铅、锡熔点低，不能做导线，但因此能做保险丝。缺陷是人的有机组成部分，只是看我们是否有能力把劣势转化为优势而已。

一位名叫阿费烈德的外科医生在解剖尸体时发现，那些患病器官在与疾病的抗争中，为了抵御病变，它们往往要比正常的器官机能更强，这就是"代偿功能"，比如说，视力不大好的人，耳朵却特别灵敏。他在给美术学院的学生治病时发现，那些搞艺术的学生视力大不如人，有的甚至是色盲。他还通过调查发现，一些颇有成就的艺术院校教授，之所以走上艺术道路，大多是因为生理缺陷的影响。

因此，他得出了这样的结论：一个人成就的大小，往往取决于他所遇到的困难的程度。

有些人，认为自己有了缺陷，所以常常自暴自弃，最终一事无成。有些人却没有把生理缺陷视为自己人生道路上的障碍物，而是从缺陷中获得无可比拟的力量，充分发挥自己的优势，甚至巧妙利用其生理缺陷以获得成功。

有这样一句话：当上帝给你关上一扇门的同时，他也给你开了一扇窗户，那么我们为何不去利用这扇窗户来造就自己呢？我们都是上帝咬过的苹果，但是别忘了，上帝咬的同时也留下了苹果的芬芳，这个芬芳就是我们存活的价值。世界上没有完美的事、完美的人，那么就让我们在不完美中寻找完美，从而实现自己的价值吧！

为何总是和自己处处作对

经常听到有人感叹：唉！活得真累！这个"累"主要不是指肉体累，而是指精神之累，因为做人太难。做人难就难在做一个真正的普通人。这是因为，通常人的欲望很多，真正能如愿的太少，所以他们就很难体会到生活中本已存在的快乐。怎能不累呢？不要和自己作对了，否则痛苦的只有我们自己。

有一天，一位教师来到一位整容医师的诊所。她对自己的脸孔感到很不满意，认为她的鼻子太长、下巴很宽、耳朵又像招风耳，这一切都是她所不喜欢的。

医师仔细地望着她，认为她长得并不难看。她的问题就在于她把自己估计得太低。但医师还是动手术稍微改善了她的五官，但只是动了一些小手术，比她所要求的要少了很多。

医师对她说："身为一名整容医师，我只能替你动这些手术了。"她似乎很不高兴，但她一面打量着镜中的自己，一面以极度控制的声音说道："你似乎并没有对我的脸孔作太大的改变。"

医师说："你的脸孔只需稍作改变，我都已经作了。现在你的脸孔一点毛病也没有了，唯一的问题是你使用脸孔的方式错了，你把它当做一个面具，用来遮掩你的真实感觉。"

她很伤心地低下头说："我已尽了最大的能力了。"

"我相信你，"医师说，"其实也你不必要和自己过不去，真实的自己不好吗？和自己作对，只会让自己更加痛苦。"

从此，这个老师再也不担心她的脸孔了，她觉得比以前轻松多了。她自认是一名更有人情味的老师了，她每天开心上班，开心下班，她完全放弃了过去那个忧虑的自我。

你有义务保持你的真面目，不需要跟自己作对。你就是你，接纳真实的自我，这才是最好的选择，因为人性中总有不那么完美的一面，把自己的真实展现出来，而不是一味地掩饰，对自己不那么苛刻，让别人满意的同时也让自己满意，这也许是一种更为自然和谐的生活方式。

凯丝·达莉从小就喜欢唱歌，并且梦想当一名歌唱演员，但她的牙齿长得很难看。上下不整齐，让她都不敢跟人说话，怕别人笑话她。有一次，她在新泽西州的一家夜总会演出，在整个过程中，她总是试图把上唇拉下来盖住丑陋的牙齿，结果洋相百出，台下的观众看后都哈哈大笑。凯丝·达莉不知所措，而且糟糕的是，她越掩饰，洋相出得越大，最后连歌词都忘了，演完之后她伤心地哭了，她是那么喜欢唱歌，可是自己却那么不争气。

这时候，台下的一位老人对她说："孩子，你很有天分，坦率地讲，我一直在注意你的表演，我知道你想掩饰的是你的牙齿，难道长了这样的牙齿一定就丑陋不堪吗？干吗要跟自己过不去呢？听着，孩子，观众欣赏的是你的歌声。而不是你的牙齿。张开你的嘴巴，大声地唱出来。"

凯丝·达莉接受了老人的忠告，不再去注意牙齿，不再跟自己的缺陷作对，从此，她只想着她的观众，她张大嘴巴，热情而高兴地唱着，最后她成了一流的明星。

每个人都是独一无二的，我们要学会接纳自己、喜爱自己，千万别将自己关进自设的心理牢笼中。现实生活中，有很多充满烦恼的人，对他们来说，忧烦似乎成了一种习惯。有的人对名利过于苛求，得不到便烦躁不安；有的人性情多疑，老是无端地觉得别人在背后说他的坏话；有的人嫉妒心重，看到别人超过自己，心里就难过；有的人把别人的问题揽到自己身上自怨自艾，这无异于引火烧身。

如果我们做了99件漂亮事而只做了1件不太完美的事，我们可能只会因为这一件事耿耿于怀。但是正如一位哲人所说：过于苛求完美，反而会使自己变得一事无成，更谈不上建立坚定的自信心了！那么，如何才能做到不再苛求自己呢？怎么能做到不和自己作对呢？

★消除不合实际的期望

回想自己是否曾经得到这样的信息："你做得还不够好。"你是否曾经因为听写得了95分而兴高采烈地回家，而你的父母却因为你没有考100分而很失望？想一想，这么多年来你一直抱着这些期望不放，不断打击自己，到底有什么益处？其主要作用究竟是鼓励你还是打击你？

★现在就解放自己

写出自己的解放宣言，宣布从现在起，永远从那些过时的期望中解脱出来。将所有那些旧观念都写出来。庆祝你找到了新的目标。经常查看自己的进步情况，一有进步就要奖励自己。

★每次你要批评自己的时候，立刻将它变为赞扬

既然你常常对自己说话，那么不妨利用这个机会树立自信，而不是打击自己。一天结束后，你也可以将今天那些结果很好的事情记下来，将它们记

在一页纸上。而在另一页纸上，记录结局不如意的事情。将两页纸进行比较，看哪一页纸上的事情更多。坚持下去，你就会发现，在你身上结果好的事情会越来越多，而结局不如意的事情则会越来越少，甚至会消失。与此同时，你的自信心也就建立起来了。

跟自己过不去的真正病根，应当从内心去寻找。大凡终日忧烦的人，实际上并不是遭到了多大的不幸，而是在自己的内心素质和对生活的认识上，存在着片面性。聪明的人即使处在忧烦的环境中，也往往能够自己寻找快乐。因此，当受到忧烦情绪袭扰的时候，就应当自问为什么会忧烦，从主观方面寻找原因，学会从心理上去适应你周围的环境。

所以，请记住：别跟自己过不去。

最优秀的人其实就是你自己

自我肯定的行为可以增加一个人选择的自由度。我们要以真诚的方式表达自己，得到自尊与自重的感受的同时也能尊重别人，才是自我肯定的真谛。在生活中学习自我肯定的行为，以便有效地处理人际关系。

晚年的苏格拉底知道自己时日不多了，就想考验和点化一下他那位平时看来很不错的助手。他把助手叫到床前说："我需要一位最优秀的承传者，他不但要有相当的智慧，还必须有充分的信心和非凡的勇气……这样的人选直到目前我还未见到，你帮我寻找和发掘一位，好吗？这是我死前唯一的愿望了，希望你能帮我实现它。"

"好的，好的。"这位助手很认真、很坚定地说，"这么多年，您一直很照顾我，把我当亲人般看待，我一直很感激您，我一定竭尽全力去寻找，不辜负您的栽培和信任。"

于是这位忠诚的助手就开始想尽一切办法为自己的老师寻找继承人。然而他找来一位又一位，总不合苏格拉底的心意。有一次，病入膏肓的苏格拉底硬撑着坐起来，抚着那位助手的肩膀说："真是辛苦你了，不过，你找来的那些人，其实还不如你……"

半年之后，苏格拉底眼看就要告别人世，最优秀的人还是没有找到。助手非常惭愧，泪流满面地坐在病床边，语气沉重地说："我真对不起您，令您失望了！""失望的是我，对不起的却是你自己。"苏格拉底说到这里，很失望地闭上眼睛，停顿了许久，又哀怨地说："本来，最优秀的人就是你自己，只是你不敢相信自己，才把自己给忽略、给耽误、给丢失了……"话没说完，一代哲人就永远离开了这个世界。

最优秀的人其实就是你自己。把眼光对准自己，人生就是另外一番景象。故事中苏格拉底那位优秀的助手，也许他并不缺少智慧，也不缺少做人的忠诚，却独独缺乏最重要的自信，还有告诉苏格拉底自己就是最优秀的继承者的勇气。

所以，我们要对自己有信心，要学会自我肯定，你想自己是最优秀的，那么你就是优秀的那个人。那么，怎样才能做到自我肯定呢？

当然，自我肯定也要把握一定的要领，你至少要做到如下几点：

★温和，但不羞怯，因为对自己有信心，就要重视自己的价值。

★坚持，但不顽固，坚持重要的原则，即使在家人或外人的压力之下也不退却。

★关怀、重视别人的权益。

★表达清楚，声调、姿势、态度都能配合语言，让别人或自己清楚感受到你所要表达的内容。

★勇敢，有自信，不会畏惧压力或嘲笑。

★有自我价值感，通过与人平等的交往，自己能从别人的尊重中更重视自己为"人"的价值。

英国著名政治改革家和道德家塞缪尔·斯迈尔斯认为，一个人必须养成肯定事物的习惯。如果不能做到这点，即使潜在意识能产生更好的作用，但仍旧无法实现愿望。与肯定性的思考相对的，就是否定性的思考，凡事以积极的方式即是肯定，而以消极的方式则是否定。

人类的思考容易向否定的方向发展，所以肯定思考的价值愈发重要。如果经常抱着否定想法，必然无法期望理想人生的降临。有些嘴里硬说没有这种想法的人，事实上已经受到潜在意识的不良影响了。

一位诗人说过："不可能每个人都当船长，必须有人来当水手，问题不在于你干什么，重要的是能够做一个最好的你。"把身边的工作做好，你就是最优秀的人。

毕尔在19岁时开办了一个经营兽皮和皮革的商店，不久他破产了，但挫折并没有压倒这个年轻人，反而更加激励了他。不久，他开始寻找获得成功的新方法。

奇迹发生了。那一天他到新德里一条商业大街上悠闲地漫步，伫立在一个肉类市场的橱窗前面向上仰望，就在那一瞬间，他得到了一个一闪而来的致富方法。

他大声宣称："那就是它！我已得到了它！"他的伟大的发现就是"运用自动暗示致富"。

"当你每天有感情地、全神贯注地高声朗读两遍从帮助你致富的书中抄下来的语句时，你就能使得你所期望的目标同你的下意识心理直接相通。重复这个过程，你还会自觉自愿地形成思想习惯。这对你努力把愿望转变为现实是有好处的。"

"在应用自动暗示的原则时，要把心力集中于某种既定的愿望上，直到那种愿望成为热烈的愿望。"最后他的自动暗示帮助他致富成功了。

毕尔虽然在19岁时失败了，但是现在他却成了著名的令人尊敬的威廉·维·麦克考尔，澳大利亚最年轻的国会议员，著名的辛得立城可口可乐子公司董事会前董事长，以及一家为22个家族所拥有的著名公司的董事。

有些人经常否定自己，"凡事我都做不好"，"人生毫无意义可言，整个世界只是黑暗"，"过去屡屡失败，这次也必然失败"，"没有人肯和我结婚"，"我是个不善交际的人"……持这类想法的人，生活往往不快乐。当我们问及此种想法由何产生，得到的回答多半是："这是认清事实的结果。"尤其是忧郁者，他们会异口同声地说："我想那是出于不安与忧虑吧！我也拿自己没办法。"

然而，换一个角度去想，现实并不如你所想象的那么糟，例如有些人会想：我虽然一无是处，但也过得自得其乐，不是吗？肯定自我，只有有了乐观而积极的想法，你才会找到新的人生方向和意义。

不做平庸的人

世间生命多种多样，有天上飞的，有水中游的，有陆上爬的，有山中走的。所有生命，都在时空之流中兜兜转转。生命，总以其多姿多彩的形态展现着各自的意义和价值。

俄国著名作家屠格涅夫说："我们的生命虽然短暂而且渺小，但是伟大的一切都由人的手所造成。"

★我们是平凡的人，但绝对不要做平庸的人

一只老鼠掉进了一只桶里，怎么也出不来。老鼠吱吱地叫着，它发出了哀鸣，可是谁也听不见。可怜的老鼠心想，这只桶大概就是自己的坟墓了。

正在这时，一只大象经过桶边，用鼻子把老鼠吊了出来。"谢谢你，大象。你救了我的命，我希望能报答你。"大象笑着说："你准备怎么报答我呢？你不过是一只小小的老鼠而已。"

过了一些日子，大象不幸被猎人捉住了。猎人用绳子把大象捆了起来，准备等天亮后运走。大象伤心地躺在地上，无论它怎么挣扎，都无法把绳子扯断。

突然，小老鼠出现了。它开始啃咬绳子，终于在天亮前咬断了绳子，替大象松了绑。

大象感激地说："谢谢你救了我的性命！你真的很强大！""不，其实我只是一只小小的老鼠。"小老鼠回答。

故事看上去是关于报恩的，但如果从另一个角度看，每个生命都有自己绽放光彩的一刻，即使一只小小的老鼠，也能够拯救比自己体型大很多的巨象，小老鼠虽然平凡，却不是一个平庸的生命。生命的价值，是以一己之生命，带动无限生命的奋起、活跃。

有人说过："若生命是一朵花就应自然地开放，散发一缕芬芳于人间；若生命是一棵草就应自然地生长，不因是一棵草而自卑自叹；若生命不过是一阵风便送爽；若生命好比一只蝶，何不翩翩飞舞？"不管生命是以何种形式出现，或卑微或高大，但它的美是赏心悦目的，所以它应该得到尊敬，只要我们不甘做平庸的人，那么我们的生命就会变得伟大。

★不甘平庸，才能造就卓越

平庸是懒人的专利，人人必须不甘于平庸，只有努力向上，才能创造出价值。其实杰出人士与平庸之辈最根本的差别，并不在于天赋，也不在于机遇，而在于有无人生的目标！对于没有目标的人来说，岁月的流逝只意味着年龄的增长，平庸的他们只能日复一日地重复自己。也许，我们曾不满足于自己的平庸。也许，我们曾抱怨过生活的无聊。然而，当我们的心中为自己设下目标并持之以恒地向前迈进时，我们的生活也就掀开了新的一页。

一位电台主持人在自己的职业生涯中遭遇了 18 次辞退，她的主持风格被人贬得一文不值。最早的时候，她想到美国大陆无线电台工作。但是，电台负责人认为她是一个女性，不能吸引听众，理所当然地拒绝了她。她来到了波多黎各，希望自己有个好运气。但是她不懂西班牙语，为了练好语言，她花了 3 年的时间。

在其后的几年里，她不停地工作，不停地被人辞退，有些电台指责她，根本不懂什么叫主持。1981 年，她来到了纽约的一家电台，但是很快被告知：

她跟不上这个时代。为此，她失业了一年多。有一次，她向一位国家广播公司的职员推销她的清谈节目策划，得到他的肯定。但是，那个人后来离开了广播公司……

1982年的夏天，她的以探讨政治为内容的节目开播了。她拥有娴熟的主持技巧和平易近人的风格，让听众打进电话讨论国家的政治活动，包括总统大选。这在美国的电台史上是破先例的。她几乎在一夜之间成名，她的节目成为全美最受欢迎的政治节目。

她叫莎莉·拉斐尔。现在的身份是美国一家自办电视台节目主持人，曾经两度获全美主持人大奖。每天有800万观众收看她主持的节目。

在美国的传媒界，她就是一座金矿，她无论到哪家电视台、电台，都会带来巨额的回报。

莎莉·拉斐尔说："我平均每1.5年就被人辞退一次，有些时候，我认为这辈子完了。但我相信，上帝只掌握了我的一半，我越努力，我手中掌握的一半就越庞大，有一天，我终于赢了上帝。"

拉斐尔凭着一股不服输的力量克服无数困难，终于找到了自己的舞台。她的成功向我们昭示成功并不难，难的是你有没有拒绝平庸的精神。

活出真实自己

世界并不完美，人生当有不足。没有遗憾的过去无法链接人生。对于每个人来讲，不完美是客观存在的，无需怨天尤人。智者再优秀也有缺点，愚者再愚蠢也有优点。对人对己多做正面评估，不要以放大镜去看缺点，才能活出真实的自己。

人活在世上，最重要的目的就是幸福，幸福是一种很简单的东西。它是一种源自内心深处的平和与协调，一个人幸福与否，过得好与不好，最终都得回归自我，都得听从心灵的声音。只要你觉得自己是幸福的，你就是幸福的；反之，如果自己感觉不幸福，无论在别人的眼里如何风光，你的心里仍然只会充满寂寞和怅惘。无论幸福与否都要活出真实的自己，无需在意别人的看法，回归本色自我。

有一个男人，他一辈子独身，因为他在寻找一个完美的女人。当他70岁的时候，有人问他："你一直在到处旅行，从喀布尔到加德满都，从加德满都到果阿，从果阿到普那，你始终在寻找，难道未能找到一个完美的女人？甚至连一个也没找到?"那老人变得非常悲伤,他说:"是的,有一次我碰到了一个完美的女人。"那个发问者说:"那么发生了什么?为什么你们不结婚呢?"他变得非常非常伤心,他说:"怎么办呢?她正在寻找一个完美的男人。"最终他还是孤独终老。

故事的主人公认为只有找到完美的人才会幸福,才会完美。可这个世界上根本没有完美的人,只有真实的人。缺点就是真实的写照。人们以为只要当他们找到一个完美的男人或一个完美的女人,他们才会获得幸福。那么,你将永远找不到他们。请记住这样一个忠告:世界上根本就不存在任何一个完美的事物,活出真实的自己才最重要。

爱丽从小就特别敏感而腼腆,她的身体一直太胖,而她的一张脸使她看起来比实际还胖得多。爱丽有一个很古板的母亲,她认为穿漂亮衣服是一件很愚蠢的事情。她总是对爱丽说:"宽衣好穿,窄衣易破。"而母亲总照这句话来帮爱丽穿衣服。所以,爱丽从来不和其他的孩子一起做室外活动,甚至不上体育课。她非常害羞,觉得自己和其他的人都"不一样",完全不讨人喜欢。

长大之后,爱丽嫁给一个比她大好几岁的男人,可是她并没有改变。她丈夫一家人都很好,每个人都充满了自信。爱丽尽最大的努力要像他们一样,可是她做不到。他们为了使爱丽开朗而做的每一件事情,都只是令她更退缩到她的壳里去。

爱丽认为自己是一个失败者,又怕她的丈夫会发现这一点,所以每次他们出现在公共场合的时候,她都会刻意去模仿某个人看似优雅的服饰、动作或表情,她假装很开心,结果常常做得太过分。事后,爱丽总会为这个难过好几天。

爱丽很困惑,不知道怎么办才好,这天,她来到公园,她再也忍不住放声大哭起来,这时来了一个老婆婆,爱丽把她的遭遇告诉了老婆婆,老婆婆对她说:"其实你也没有必要这么痛苦,每个人的身上都有优点,这是其他人无法替代的,不管事情怎么样,我们保持本色,这样你才会快乐"

"保持本色!"就是这句话!在一刹那之间,爱丽才发现自己之所以那么苦恼,就是因为她一直在试着让自己适合于一个并不适合自己的模式。

几年后,爱丽像换了一个人一样,她有了很多的朋友,自己变得也很有气质,家庭也因为她的改变而随之幸福。

爱丽之所以痛苦,是因为她把真实的自己隐藏起来了,她认为那是糟糕的自己,所以她学习别人的优点,但到头来还是一样的痛苦。可一旦她走出了这个怪圈，找到了真实的自己，保持本色地去生活，幸福就降临到她的身上。

作为社会中的一员，角色的扮演是我们生活中必须要做的事。许多人面临角色选择的时候往往会显得无所适从，他们可能像文中的爱丽一样，一味地模仿别人，结果只能以失去自我为代价。在纷繁复杂的现代生活中，摆脱内心的纷扰，活出真实的自己不是一件容易的事。

一位叫珍妮的美国小姑娘在世人眼中崭露头角。她以 12 岁的小小年纪，多次向世界网球冠军赛叩关。她在自己的青少年时期就已经跃升为第一级选手，她向许多实力极强的成人明星球员挑战，并获得了胜利。

当有人问她是不是希望当第二个克里斯·埃弗特时，珍妮回答说："不，我要当第一个珍妮。"这种当仁不让的自信心，和她在球场上的表现是一致的，因为她知道，成功的唯一途径，就是展现自我，而不是模仿别人，成为别人的影子。

每个人都有属于自己的角色和人生，只有当他演好自己的角色时，他才会拥有一个快乐的人生。如果你想让自己拥有快乐、幸福的人生，就要找到自己的角色，而不要去模仿别人，活出真实的自己才精彩。

成功学大师卡耐基先生在他的著作《人性的优点》中讲道，"你在这个世界上是个新东西，应该为这一点而庆幸，应该尽量利用大自然所赋予你的一切。归根结底说起来，所有的艺术都带着一些自传性：你只能唱你自己的歌，你只能画你自己的画，你只能做一个由你的经验、你的环境和你的家庭所造成的你。不论好坏，你都得自己创造一个自己的小花园；不论好坏，你都得在生命的交响乐中，演奏你自己的小乐器。"

你是独一无二的

很多时候，人总觉得自己不重要，少个我和多个我没什么区别，而作为独一无二的我们真的不重要吗？对自己的父母来讲，你是他们爱情的结晶和今后的希望；对于你的妻子来讲，不论别人多么优秀你依然是她每天心里挂念的人；对于你的儿女来讲，你就是他们可以仰仗的大树；对于你的好朋友来说，你就是他们一生中不可缺少的知己……难道这样的我不重要吗？当然不是！"我"很重要，因为我们就是独一无二的。

世界上没有两个完全相同的人，正如世界上没有两片完全相同的树叶。

天生我材必有用。每个人都有自己的特点和长处，每个人都有尚未发掘出来的潜力和特质。如果能用自信的态度努力发现和发挥这些潜能，每个人都可以取得成功。

你所能做的事，别人不一定做得来。而且，你之所以为你，必定是有一些相当特殊的地方。这些特质是别人无法模仿的。既然别人无法完全模仿你，就不一定做得了你能做的事。那么，他们怎么可能给你更好的意见呢？他们又怎能取代你的位置，替你做些什么呢？

所以，你要相信自己，每个人都是上帝的宠儿，上帝造人时即已赋予每个人与众不同的特质，所以每个人都会以自己独特的方式与别人互动，进而感动别人。记住！你有义务相信自己很重要。

杰拉德斯·图夫特还是一个八岁的小男孩时，一位老师问他："你长大之后想成为怎样的人？"他回答："我想成为一个无所不知的人，想探索自然界所有的奥秘。"图夫特的父亲是一位工程师，因此想让他也成为一名工程师，但是他没有听从父亲的意见。"因为我的父亲关注的事情是别人已经发明的东西，我很想有自己的发现，做出自己的发明。因为我相信自己是独一无二的，而且我会成功。"正是有着这样的渴求，当其他孩子正在玩耍或者在电视机前荒废时光的时候，小小的图夫特就在灯前彻夜读书了。"我对于一知半解从来不满足，我想知道事物的所有真相。"他很认真地说。

图夫特告诫我们要保持自我，做独一无二的自我。正是这样，他才知道要走什么样的道路。在现实生活中，我们可以成为一名科学家，可以去做医生，但是一定要做独一无二的人，要知道模仿他人只会葬送自己。

世界上没有完全相同的两个人，这就是人类能够取得各种各样的成就的原因。所以没有必要强迫一个人去做他不感兴趣的工作。如果你对科学感兴趣，你要尽量找一些好的老师，这点非常重要。即使是这样，你也不一定就会获得诺贝尔奖，这些事情是可遇而不可求的，你不能过于注重结果，你不要期望一定能取得什么样的成就。让自己前行的道路能够顺应自己固有的特质延伸，对于杰出人士的成长，可谓是至关重要。

农夫家养了3只小白羊和1只小黑羊。3只小白羊因为有雪白的皮毛而骄傲，而对那只小黑羊不屑一顾。

不但小白羊，连农夫也瞧不起小黑羊，常常给它吃最差的草料，时不时还对它抽上几鞭。小黑羊过着寄人篱下的日子，也觉得自己比不上那3只小白羊，常常伤心地独自流泪。

初春的一天，小白羊和小黑羊一起外出吃草。不料寒流突然袭来，下起了鹅毛大雪，它们躲在灌木丛中相互依偎着……不一会儿，灌木丛和周围全铺满了雪。它们打算回家，但雪太厚了，无法行走，只好挤做一团，等待农夫来救它们。

农夫发现 4 只羊羔不在羊圈里，便立刻上山去找，但四处一片雪白，哪里有羊羔的影子啊。正在这时，农夫突然发现远处有一个小黑点，便快步跑过去。到那里一看，果然是他那濒临死亡的 4 只羊羔。

农夫抱起小黑羊，感慨地说："多亏小黑羊，不然，羊儿可能要冻死在雪地里了！"

这个故事告诉我们，小黑羊是独一无二的，所以农夫发现了它们，它们才不会被冻死在雪地里。其实人也一样，人们的不足与缺陷往往更能彰显出自己的独特。比如有些人，在智商方面可能并没有什么超常的地方，但借助上帝之手，他们总有某个特质是超出常人的。这种时候，只有使这些能让自己成就大事的特质得到充分的发挥，人才有可能成长并且走向成功的道路。

那么想要活得独一无二就要正确地认识自己。回答下面的测试题，看看你是否能够认识自己吧！

1. 做事不能坚持到底。

2. 经常心神不宁和焦躁不安。

3. 不爱脚踏实地地工作，成天无所事事，且爱发脾气。

4. 经常头脑发热，有盲从心理，譬如对于炒股票、期货等，不了解也会购买。

5. 好高骛远，不切实际，经常跳槽换工作。

6. 遇到事情好急躁，不能控制感情。

7. 把恋爱当成好玩的游戏，寻找异样的刺激，打发自己的空虚和无聊。

8. 求职时往往想着大城市、大企业、大单位，向往高收入、高地位，不能正确评估自己的分量，结果处处碰壁。

9. 总是渴望和力求结识比自己优越的人，而对不如自己的人则爱答不理，希望从交往对象那里获得好处。

测试结果：

每题都回答"是"或"否"。如果你对上述 9 个问题当中至少有 6 个问题回答"是"，那么毫无疑问，你是一个比较浮躁的人，总是认不清自己。而如果你的大部分答案是"否"，那么你不但沉稳，对自己的认识也是比较透彻的。

从现在开始，喜欢你自己，愉快地接纳你自己。要知道，我们每个人都是一个独特的个体，在这个世界上是独一无二的，每一个人都有属于自己的位置。一个人只有全面地接受自己，才能走出自卑、自责的心灵沼泽，活出精彩的自己。

优点是靠自己发现的

我们每个人都不会一无是处。人人都潜藏着独特的天赋，这种天赋就像金矿一样埋藏在看似平淡无奇的生命中。对于那些总是羡慕别人，认为自己一无是处的人，是挖掘不到自身的金矿的。

在人生的坐标系中，一个人如果站错了位置——用他自己的短处而不是长处来谋生的话，那将是非常可怕的，他可能会在自卑和失意中沉沦。只有紧紧抓住自己的优点，并且加以利用，才有可能成功。

每个人都有自己的特长、优势，要学会欣赏自己、珍爱自己，为自己骄傲。没有必要因别人的出色而看轻自己，也许，你在羡慕别人的同时，自己也正被他人羡慕着。

今天的太阳真好！动物们坐在草地上聊天。

狗熊挪了一下笨拙的身子说："说实在的，我真羡慕小兔子那么灵活，跑起来像一阵风！"

兔子不好意思了，说："我真羡慕小刺猬，长着一身刺，谁也不敢欺侮它。"

小刺猬没想到有人会称赞它，高兴地说："我真羡慕长颈鹿，它能站得那么高，看得那么远，我可不行。"

长颈鹿说："我真羡慕小猴子，它能爬得像我一样高，但也能到地面上喝水、采草莓，我可办不到。"

小猴子抓抓后脑勺说："我真羡慕梅花鹿，它能在草地上跑得飞快，我不行。"

梅花鹿的胆子很小，听到这话脸都羞红了。它说："我真羡慕、羡慕狗熊大伯，它胆子大，力气也大，碰到小树、枯枝挡路，它一巴掌就能把树劈倒。"

狗熊听了这话笑了，它说："看来，生活不是十全十美的，我们都爱羡慕别人，但是我们也有被别人羡慕的地方。所以我们应该珍爱自己，为自己自豪……"

　　每个动物身上都有优点与缺点，在羡慕别人优点的同时，它们却忽略了自身的优点。其实人也一样，有些人针对自己的缺点耿耿于怀，却不知道自己身上的优点。一片树叶总有一滴露水养着，人人都会有完全属于自己的一片天地。我们在拥有自己长处的同时，总会在某些方面不如别人。一个人活在世上，受各种因素影响，往往会带上或这或那的不足，如果因此而失去自己的人生定位及目标，无疑是可悲的。

　　有一天，大仲马得知自己的儿子小仲马寄出的稿子总是碰壁，就告诉小仲马："如果你能在寄稿时，随稿给编辑先生附上一封短信，说'我是大仲马的儿子'，或许情况就会好多了。"小仲马断然拒绝了父亲的建议。

　　小仲马给自己取了十几个其他姓氏的笔名，以避免那些编辑先生们把他和大名鼎鼎的父亲联系起来。面对那些冷酷无情的退稿笺，小仲马没有沮丧，仍然坚持创作自己的作品，因为他相信自己是有这方面的专长的，他热爱写作，并坚信自己一定能成功。

　　他的长篇小说《茶花女》寄出后，终于震撼了一位资深编辑。这位知名编辑曾和大仲马有着多年的书信来往。他看到寄稿人的地址同大作家大仲马的丝毫不差，便怀疑是大仲马。他迫不及待地乘车造访大仲马家。令他大吃一惊的是，《茶花女》这部伟大作品的作者竟是大仲马那名不见经传的年轻儿子小仲马。

　　小仲马的成功是因为他知道自己的优点，并充分利用自己的写作优势不断奋斗，最终获得了肯定。所以，一定要记得我们不会"一无是处"，人人都有闪光点，千万不要一味地计较自己的缺点。在这个世界上，每个人都潜藏着独特的天赋，这种天赋就像金矿一样埋藏在我们平淡无奇的生命中。那些总在羡慕别人而认为自己一无是处的人，是永远挖掘不到自身的金矿的。

　　有一个叫爱丽莎的美丽女孩，总觉得自己没有人喜欢，总是担心自己嫁不出去。

　　一个周末的上午，这位痛苦的姑娘去找一位有名的心理学家，心理学家请爱丽莎坐下，跟她谈话，最后他对爱丽莎说："爱丽莎，我会有办法的，但你得按我说的去做。"他要爱丽莎去买一套新衣服，再去修整一下自己的头发，他要爱丽莎打扮得漂漂亮亮的，告诉她星期一他家有个晚会，他要请她来参加，并按着他的嘱咐来办。

　　星期一这天，爱丽莎衣衫合体、发式得体地来到晚会上。她按照心理学家的吩咐尽职尽责，一会儿和客人打招呼，一会儿帮客人端饮料，她在客人间穿梭不停，来回奔走，始终在帮助别人，完全忘记了自己。她眼神活泼，笑容可掬，成了晚会上的一道彩虹，晚会结束后，有3位男士自告奋勇要送她回家。

在随后的日子里，这3位男士热烈地追求着爱丽莎，她终于选中了其中的一位，让他给自己戴上了订婚戒指。不久，在婚礼上，有人对这位心理学家说："你创造了奇迹。""不，"心理学家说，"是她自己为自己创造了奇迹。人不能总想着自己，怜惜自己，而应该想着别人，体恤别人，爱丽莎懂得了这个道理，所以变了。所有的女人都能拥有这个奇迹，只要你想，你就能让自己变得美丽。"

善于发现自己的优点，这是我们共同的义务，爱丽莎获得幸福是她发现了自己原来也是一朵有魅力的玫瑰。每个人身上都有别人所没有的东西，都有比别人做得好的东西，这就是属于你自己的特长，这是你身上最值得肯定的地方。不要拿别人的长处来和自己的短处相比，这样的话会掩盖掉你身上闪光的亮点，压抑你向上发展的自信。要充分并不断地肯定自己的长处。

1972年，新加坡旅游局给时任总理李光耀交了一份报告，大意是说："我们新加坡不像埃及有金字塔，不像中国有长城，不像日本有富士山，不像夏威夷有十几米高的海浪。我们除了一年四季直射的阳光，什么名胜古迹都没有。要发展旅游事业，实在是巧妇难为无米之炊。"

李光耀看了报告，非常气愤。他在报告上批了一行字："你想让上帝给我们多少东西？阳光，阳光就够了！"

后来，新加坡利用那一年四季直射的阳光，种花植草，在很短的时间里，发展成世界上著名的"花园城市"。连续多年，旅游收入名列全亚洲第三位。

爱迪生说过："使自己的强项得到巧妙发挥，因而始终能克服障碍，达到所期望的目的。"一个人的性格天生内向，不善于表达，却要他去学习演讲，这不仅是勉为其难，而且还浪费了他大量时间和精力。一个人天生有心脏病，你却要他去练习长跑，这不是要他的命吗？

自然界有一种补偿原则，当你在某方面很有优势时，肯定在另一个方面有弱项。而当你在某个方面有缺点时，可能又在另一个方面拥有优点。如果你要想出类拔萃，就必须腾出时间和精力来把自己的强项磨砺得更加锋利。

高情商的人，在漫漫的人生旅途中，能找到自己的强项与优势，同样他们也就找到了通往成功的大门。那么，如果你是鱼，就跳进大海，在茫茫的大海里尽情畅游；如果你是鹰，就飞向蓝天，在广阔的天空里自由翱翔。

了解自己的不足

正视自己的缺点，才能真正地认识自己。这正是哈佛一贯秉承的教育理念。哈佛教授斯蒂芬·杰·古尔德说："人不可能没有弱点，一个伟大的人善于放大优点，缩小缺点，失败的人往往因为自身的弱点而败了一生。"斯蒂文森说："我们什么时候都能够看清自己不如人的地方，那就是对生命真正有信心的时候。"

有一位教授带着孩子去一个卖面的小摊吃面。这个小摊的生意非常好，原因是卖面的小贩有一手好功夫。只见卖面的小贩把油面放进烫面用的竹捞子里，一把塞一个，很快就塞了十几把，然后他把叠成长串的竹捞子放进锅里烫。接着他又将十几个碗一字排开，放佐料、盐、味精等，随后捞面、加汤，做好十几碗面的过程竟没有用到 5 分钟，而且还边煮边与顾客聊着天。教授和孩子看呆了。

当他们从面摊离开的时候，孩子突然抬起头来说："爸爸，我猜如果你和卖面的比赛卖面，你一定输！"对于孩子突如其来的话，教授莞尔一笑，立即坦然承认，自己一定输给卖面的人。教授说："不只会输，而且会输得很惨。我在这世界上是会输给很多人的。"

金无足赤，人无完人。没有一个人是完美无瑕的，难道有缺点和不足就注定要悲哀，要默默无闻，无法成就大事吗？其实，只要你把"缺陷、不足"这块堵在心口上的石头放下来，别过分地去关注它，它也自然不会成为你的障碍。假如能善于利用你那已无法改变的缺陷、不足，那么，你仍然是一个有价值的人。

亨利 3 岁时被高压电流击伤，因双臂坏死而截肢致残。在这之后，父母将他送到附近的一座残疾人孤儿院去，他在那里住了整整 16 年。亨利很爱学习，开始亨利用嘴叼着笔写字，由于离纸太近眼睛疼痛，于是他改用脚写字，他在孤儿院上完了中学。

回到故乡后亨利开始边工作边学习，他在一个师范学院学习文学专业。他并不想当老师，只是想完善自己，他和其他普通大学生们一样要做作业，通过各门测验和考试。亨利通过训练能够自己照顾自己的生活。他还能够处理一些简单的家务。

后来，亨利成了家，他的妻子琼斯说："亨利很聪明，要是有什么事情做不了，他就会琢磨该怎么办。他是一个优秀绘图员，他会修各种电器，搞得懂所有的电路。他总是一刻不停地干这干那，他还改过裙子呢，又是量，又是画线，又是剪，最后用缝纫机做好。在家乡他挺知名的，一天到晚总是吹着口哨或哼着歌儿，是个无忧无虑的快乐人。"

亨利喜欢唱歌，参加过巡回演出团。他常常到孤儿院去义演。他和他16岁的儿子一起录制磁带送给朋友们。他靠600美元的退休金和妻子微薄的工资度日，生活过得十分清苦。但是，对于他来说，他是幸福的。

亨利知道自己的缺陷，但他没有自卑，而是努力做了正常人都无法去做的事情。很多年轻人都喜欢追求完美，喜欢在一种唯美的思绪里畅想自己的未来。但是，生活中，又有多少事物能像电视剧中那么完美呢？人没有完美的，总会有这样或那样的缺点，重要的是，我们如何把不足与缺陷化为动力，去完成自己的梦想。

我们每个人的先天条件都有优势和劣势两个方面，于是世界上出现了三种人：第一种人，看不到自己的优势，无法取得成功；第二种人，整天沉浸在优越感之中，不去积极行动；第三种人，从来不会只盯着自己的劣势抱怨，他们会用正面的、积极的眼光看世界，因为他们知道，当你在抱怨鞋子不合脚的时候，很多人还光着脚呢。

我们每个人都应该知道一件事：这个世界上没有十全十美的人！我们自己和我们的同事、朋友，以及长辈、上司都只是普普通通的凡人，身上有缺点、犯错误或是对问题束手无策，都是在所难免的。这一认识有助于指导我们正确地看待自己的缺点与劣势，并接纳不完美的自己。唯有真心诚意地接纳自己的人，才能正确对待自己的缺点，才能克服外界的阻力取得成功。

在离戴尔家一分钟行程的地方，是片原始未开发的森林。戴尔常带了小猎犬雷克斯到森林里散步，由于一向很少在森林公园内碰见其他的人，也就不给小狗使用皮带或口罩，而让小狗自由奔跑。

一天，戴尔和他的狗在公园内碰见一位骑警，那位警察显然很想显示一下自己的权威。

"为什么让这只狗到处乱跑？为什么不用皮带或口罩？你知道这是犯法的吗？"他指责道。"是的，我知道。"戴尔温和地回答，"我以为在这种荒无人烟的地方，不会有什么危险。""法律可一点也不在意你怎么以为。这只狗很可能会咬伤小孩或松鼠，知道吗？我这次不处罚你，下次如果让我看到了，一定罚你。"

一日下午，戴尔又带了雷克斯到公园里去，还是没给狗戴上口罩，忽然，他又见到那位被法律所赋予权力的权威人物。戴尔被逮个正着。所以不等骑警开口，戴尔便真诚地说："警官先生，我是被你逮个正着，罪证俱在。我接受你的处罚。""是啊，我是这么讲过。"骑警的语气相当温和。戴尔回答："我又违反了法律的规定。""啊，一只这么小的狗，应该不会伤到什么人。"骑警没表示同意。"但它可能咬伤了小松鼠。"戴尔又说道。"啊，别把事情看得太严重了。"警察告诉戴尔，"我告诉你怎么办。把这只小狗带到我看不见的地方去。"

本来应该被罚款的戴尔，由于主动说出自己的错误，反而得到了骑警的谅解。为什么会这样？原因很简单——当戴尔一再谴责自己的时候，对知错就改的戴尔采取一种宽大的态度比为此惩罚他更能满足骑警的自尊心。遇事即刻承认错误，毫不掩饰，也毫不退缩。很多事情就能在彼此立场对换的情况下，完满结束。

当一个人将自己的缺点或不足坦然地呈现于自己与他人面前时，其结果也许不会像他预先设想的那么糟。人们不但不会看不起他，反而会感受到他的真诚。如果逃避缺点，缺点就会不断变大，以至于使我们在人生的重大问题的决择上犯下错误。

至此，我们可以发现这样一个哲理，"认识自己"是人们智慧的表现，"了解自己"是人生成功的敲门砖，"坦然面对自己的缺点，并接纳不完美的自己"则是我们走向成功的重要保障。

不要太在乎别人对你的看法

舆论是世界上最不值钱的商品，每个人都有一箩筐的看法，随时准备加诸于别人身上。不管别人怎么评价，都只是他们单方面的说法，并且有很多是没有经过认真思考的，事实上这些评价并不会对我们造成任何影响。说到评价，我们希望听到别人认真的评价，但不管别人怎么说，都不要太在意。

一大清早，鹤就拿起针线，它要给自己的白裙子上绣一朵花，以显出自己的娇艳美丽，它绣得很专注。可是刚绣了几针，孔雀探过来问她："你绣的是什么花呀？""我绣的是桃花，这样能显出我的娇媚。"鹤羞涩地一笑。"干吗要绣桃花呢？桃花是易落的花，还是绣朵月月红吧。"鹤听了孔雀姐姐的话觉得有理，便把绣好的部分拆了改绣月月红。

正绣得入神时，只听锦鸡在耳边说道："鹤姐，月月红花瓣太少了，显得有些单调，我看还是绣朵大牡丹吧，牡丹是富贵花呀，显得雍容华贵！"

鹤觉得锦鸡说得对，便又把绣好的月月红拆了，重新开始绣起牡丹来。绣了一半，画眉飞过来，在头上惊叫道："鹤姐姐，你爱在水塘里栖息，应该绣荷花才是，为什么要去绣牡丹呢？这跟你的习性太不协调了，荷花是多么清淡素雅啊！"鹤听了，觉得也是，便把牡丹拆了改绣荷花……

每当鹤快绣好一朵花时，总有人提出不同的建议。她只得绣了拆，拆了绣，直到现在白裙子上还是没有绣上任何花朵。

故事中鹤的行为很可笑，但笑过后想想，我们自己是不是也经常这样：做事或处理问题没有自己的主见，或自己虽有考虑，但常屈从于他人的看法而改变自己的想法，一味讨好和迎合别人，而置自己的原则于不顾？

所以做人千万不能像这只鹤一样，一定要有头脑，有自己的判断取向，不随人俯仰，不与世沉浮，这才是值得称道的情商品质。而随波逐流，闻风而动的人，恰是活在他人的价值标准里，终归会迷失自己。

有一位管理专家在谈到有关成为一位领导者所必备的条件时说过这样一段话："几乎每一个人都不断地告诉我们'应当保持普通而非卓越'。但是这种普通人是毫无发展潜力，做不出任何一件伟大事情的。而领袖人物的定义即意味着某一个群体中与众不同、才华突出的人。领导人物必须在某些方面有所突出才行。我们应当努力的，是要尽力使自己显得跟其他人有所不同，而不是跟其他人一模一样。"

胜负取决于自己的内心。有时，周围的人对你说："你能胜过他。"可是你心里很清楚你不如那个人，也没想过要和他决一胜负。反过来，周围人说："你不如他。"没准你心里在想：我一定能赢他。所以，做事也好，做人也罢，我们都要坚持自己的主见，不要太在乎别人对自己的看法。

世间任何事情都没有绝对，所以只要你心中看得开就行了，何必在乎别人怎么看、怎么说呢？如果我们以别人的看法为指南，存有这种潜意识，生活就会苦多于乐。毕竟无法尽如人意的事情太多了，如果只是为了别人而活，痛苦难过的就只有自己。

杰克是一位年轻的画家。有一次他在画完一幅画后，拿到展厅去展出。为了能听取更多的意见，他特意在他的画旁放上一支笔。这样一来，每一位观赏者，如果认为此画有败笔之处，都可以直接用笔在上面圈点。

当天晚上，杰克兴冲冲地去取画，却发现整个画面都被涂满了记号，没有一处不被指责的。他对这次的尝试深感失望。他把遭遇告诉了一位朋友，朋友告诉他不妨换一种方式试试，于是，他临摹了同样一张画拿去展出。但是这一次，他要求每位观赏者将其最为欣赏的妙笔之处标上记号。

等到他再取回画时，结果发现画面也被涂遍了记号。一切曾被指责的地方，如今都换上了赞美的标记。"哦！"他不无感慨地说，"现在我终于发现了一个奥秘：无论做什么事情，不可能让所有的人都满意，因为，在一些人看来是丑恶的东西，在另一些人眼里或许是美好的。"

不要让众人的意见淹没了你的才能和个性。你只需听从自己内心的声音，做好自己就足够了。哈佛学者说，自己的鞋子，只有自己知道穿在脚上的感受。我们无论做什么，一定要对自己有一个清楚的认识，不要轻易地被别人的见解所左右，这才是认识自己和事物本质的关键所在。

一味听信于人，便会丧失自己，做任何事都患得患失，诚惶诚恐。这种人一辈子也成不了大事。他们整天活在别人的阴影里，太在乎上司的态度，太在乎老板的眼神，太在乎周围人对自己的意见。这样的人生，还有什么意义可言呢？每个人都有自己的生活方式，我们大可不必为那一份没有得到的理解而遗憾叹惜。而那些高情商的人往往懂得坚持自我。以下是坚持自我的一些经验之谈：

★对别人的看法要平衡，别人并非是先知先觉，他和你我都是一样的平凡。

★只要认准了方向，就要勇往直前，不要顾及是否会引起别人的嫉恨。

★选择不喜好闲言碎语的人为友，这将有助于你不再为"别人怎么说、怎么想"而发生恐惧。

★在处理问题时，相信"别人"和你并无什么本质差异。

★多想想自己的积极品质。

做人有两种可能，一种是像巴甫洛夫的狗，只听从外来的信息；另一种就是运用自己的脑子，选择能使自己变得更好的想法和做法。你做人是选择前者还是后者？

接受现实是成熟的标志

泰戈尔说：不要让我祈求免遭危难，而是让我能大胆地面对它们。生活中，我们会遇到许多不公平的遭遇，而且许多都是我们所无法逃避的，也是无所选择的。我们只能接受已经存在的事实并进行自我调整，抗拒不但可能毁了自己的生活，而且也会使自己精神崩溃。因此，人在无法改变不公和不幸的厄运时，要学会接受它、适应它。

世界上的很多东西都不是完整的，而这些很多的不完整也就促成了人间的烦恼甚至是悲剧。我们必须接受无法改变的现实。要想在自己有限的生命中做一点事情，首先就应该认识到人生有限、时光飞逝的现实，这样才是成熟的标志。

托尔斯泰在他的散文名篇《我的忏悔》中讲了这样一个故事：一个男人被一只老虎追赶而掉下悬崖，庆幸的是在跌落过程中他抓住了一棵生长在悬崖边的小灌木。

他感谢上天没有让他这么死掉，但是此时还有很多的危险，他发现，头顶上那只老虎正虎视眈眈，低头一看，悬崖底下还有一只老虎，更糟的是，两只老鼠正忙着啃咬悬着他生命的小灌木的根须。

绝望中，他突然发现附近生长着一簇野草莓，伸手可及。于是，这人拽下草莓，塞进嘴里，自语道："多甜啊！"

虽然故事的主人公身处绝望之中，但他能勇敢地接受现实，并能找到短暂的快乐。生命进程中，当痛苦、绝望、不幸和危难向你逼近的时候，你是否还能有勇气享受一下野草莓的滋味？接受残酷的现实会让你变得迅速成长，变得成熟。

英格兰的妇女运动名人格丽·富勒曾将一句话奉为真理，这句话是："我接受整个宇宙。"是的，你我也应该能接受不可避免的事实。即使我们不接受命运的安排，也不能改变事实分毫，我们唯一能改变的，只有自己。成功学大师卡耐基也说："有一次我拒不接受我遇到的一种不可改变的情况。我像个蠢蛋，不断作无谓的反抗，结果带来许多个无眠的夜晚，我把自己整得很惨。终于，经过一年的自我折磨，我不得不接受我无法改变的事实。"

你可能没有显赫的家庭，没有名校的学历，没有出众的外貌……但这一切都没有关系，这是现实，是你不管怎样都无法重新设计的；但是你还有无限的空间和足够多的机会去改变这一切。如果你连现实都无法看清，又如何脚踏实地地改变这一切？

面对现实，并不等于束手接受所有的不幸。只要有任何可以挽救的机会，我们就应该奋斗！但是，当我们发现情势已不能挽回时，我们最好就不要再思前想后，拒绝面对，要接受不可避免的事实，唯有如此，才能在人生的道路上掌握好平衡。

已故的布什·塔金顿总是说："人生加诸我的任何事情，我都能接受，只除了一样，就是瞎眼。"然而，在他60多岁的时候，他的视力在减退，有一只眼睛几乎全瞎了，另一只离瞎也不远了。他惟一所怕的事情终于发生在他的身上。

当塔金顿完全失明之后，他说："我发现我能承受我视力的丧失，就像一个人能承受别的事情一样。要是我5种感官全丧失了，我知道我还能够继续生存在我的思想里，因为我们只有在思想里才能够看，只有在思想里才能够生活，不论我们是不是知道这一点。"

塔金顿为了恢复视力，在一年之内接受了12次手术。他有没有害怕呢？他知道这都是必要的，他知道他没有办法逃避，所以唯一能减轻他受苦的办法，就是爽爽快快地去接受它。

他拒绝在医院里用私人病房，而住进大病房里，和其他的病人在一起。他试着去使大家开心，而且他很清楚地知道在他眼睛里动了些什么手术——他只尽力让自己去想他是多么的幸运。"多么好啊，"他说，"多么妙啊，现在科学的发展已经达到了这种技巧，能够为人的眼睛这么纤细的东西动手术了。"

这件事说明了一个道理："瞎眼并不令人难过，难过的是你不能忍受瞎眼。"是的，有些人一旦遇到困难，首先就是自暴自弃，不肯面对现实，其实如果我们从另一个角度去看的话，我们会发现接受它比逃避它能让人更加成熟。

已故的哥伦比亚大学著名教授狄恩海波特·郝基斯曾经作过一首打油诗当做他的座右铭：

> 天下疾病多，数也数不了，
> 有的可以医，有的治不好。
> 如果还有医，就该把药找，
> 要是没法治，干脆就忘了。

荷兰阿姆斯特丹有一座15世纪的教堂遗迹，里面有这样一句让人过目不忘的题词："事必如此，别无选择。"命运总是充满了不可捉摸的变数，如果它给我们带来了快乐，当然是很好的，我们也很容易接受。但事情往往并非如此，有时，它带给我们的会是可怕的灾难，这时如果我们不能学会接受它，反而让灾难主宰了我们的心灵，那生活就会永远地失去阳光。

日本的柔道大师教导他们的学生："要像杨柳一样柔顺，不要像橡树一样挺拔。"

你知道汽车轮胎为什么能在路上跑那么久，能忍受那么多的颠簸吗？起初，制造轮胎的人想要制造一种轮胎，能够抗拒路上所有的颠簸，结果轮胎不久就被切成了碎条。然后他们又做出一种轮胎来，吸收路上所碰到的各种压力，这样的轮胎可以"接受一切"。在曲折的人生旅途上，如果我们也能够承受所有的挫折和颠簸，我们就能够活得更加长久，我们的人生之旅就会更加顺畅！

如果我们不接受这些挫拆，而是去反抗生命中所遇到的挫折的话，我们会碰到什么样的事实呢？答案非常简单，这样就会产生一连串内在的矛盾，我们就会忧虑、紧张、急躁且神经质。在这个充满忧虑的世界，今天的人比以往更需要这句话："对必然之事，且轻快地加以承受。"

有些人追求完美，不肯面对不完美的事，完美在很多时候都是做人做事的最高理想、最高境界，可等你真的向那个目标进发的时候，你会发现其实现实并不是你所想象的那样美好。"完美本身其实就是一种不完美"，因为过多地苛求自己不但会影响到自己的发展，使得自己过于劳累，心灵过于疲惫，同时在追求的过程中也会让周围人的身体跟着同样的劳累，心灵同样的疲惫。完美主义是一种枷锁，会扣在我们的身上作威作福。

不要奢望"鱼和熊掌兼得"的完美，有时候完美并不等同于伟大或成功，却恰恰是缺憾的验证。它让我们不能接受事实，也不能满足于现状，以至于减少了很多成功的机会。

第三篇　管理自我

——成就人生的关键

　　谁也不能随随便便成功，它来自彻底的自我管理和毅力。

　　　　　　　　　　　　——哈佛大学图书馆墙上的校训

第一章　先接受情绪，再管理情绪

管理孩子的坏情绪

当一个孩子发脾气的时候，如果你压制他，他会很难配合，但是如果你帮助他确认自己的情绪，告诉他"你一定很伤心""我也和你一样难过"，这样反而会让他慢慢地"听话"。这个就是一个先处理情绪，再处理问题的教育理念。成年人也是如此，只有先处理了自己的情绪，才能真正开始处理问题，消灭问题。

在很多家长眼里，"责骂"是一种教育孩子的好方法，其实责骂只能一时地压制孩子，并不能从根本上解决问题。父母应放下自己的架子，把孩子当成一个大人，当成一个朋友，尊重孩子的想法，具体方法有如下几种：

★关心孩子的内心世界

父母与孩子之间明显的沟通障碍是双方谈不到一块。与跟老年人谈话相比，跟孩子们谈话似乎更需要一种类似天赋的才能。你必须会说孩子们的话，懂得孩子们的内心世界，甚至还要保持与孩子们一样的天真，尊重孩子们的想法和观点。

★尊重与理解

父母与孩子，作为两个不同的个体，首先要互相尊重，平等相待，这样才能沟通。所以父母应放下自己的架子，把孩子当成一个大人，当成一个朋友，而不是把他们当成永远长不大、永远不懂事的小不点儿。父母应做到和孩子平等地讨论问题，让孩子有发言的机会，尊重孩子的想法，营造比较民主的家庭气氛，以缓和大人与孩子的紧张关系。

★理智关爱

做父母的大都希望自己的"儿子成龙，女儿成凤"，他们给孩子倾注了全身心的爱，事无巨细都替孩子着想，恨不得一切包办代替。可是，这些做父母的不知道，有时太多的爱对子女来说是一种负担，它会压得孩子透不过气来。因此，"爱"是需要讲究方法的。要做到理智地爱，最关键的是要尊重孩子，给孩子独立的空间，在关爱中引导孩子成长。这样也有助于缩小与孩子之间的距离。

当然与孩子消灭代沟，并不是不批评，如果孩子有错了，就必须找到错误的原因，并给予正确的批评。在如何批评孩子的问题上，父母还需注意以下3点：

★避免经常批评孩子

父母批评孩子时，孩子总是不大高兴，有时甚至会哇哇大哭。有研究表明，爱笑的孩子更聪明，孩子生活在民主的氛围里，才更容易享受童年的快乐。

★批评应婉转而间接

孩子的许多错误行为，常常是因为出于好奇。父母在批评孩子时，如果婉转地指出孩子的错误，孩子容易轻松接受，也可以通过一些孩子喜欢的故事、人物间接地指出孩子的错误，孩子也比较容易接受。

★批评时要有理有节

父母在唱"白脸"时，要和颜悦色、有理有节。用孩子能够听得懂的语言给孩子解释为什么会受到批评，又应该怎么做。这样，孩子就会接受家长的批评并且改正错误。

父母在批评中应切记：孩子犯一次错，一般只批评一次。千万不要对孩子的同一件错事，重复地批评。如果问题严重一定要再次批评，也千万不要像鹦鹉学舌那样，简单地重复批评的话语，应该换个角度进行批评。这样，孩子才不会觉得同样的错误一再被"穷追不舍"，厌烦心理、反抗心理就会随之降低。

美国有一位教授，曾通过对精神气电现象的科学测定，了解孩子在得到赞扬与受到责骂时，其学习能力与疲劳曲线的变化。测定表明，当对一个孩子夸奖与肯定时，会使其因疲劳而下降的热量曲线立刻快速上升，说明正面鼓励对消除孩子的疲劳，提高学习效率非常有效。相反，当孩子受到责骂和嘲笑时，热量曲线会明显下降。久而久之，孩子就会变得提不起精神，遇到一点小事就诚惶诚恐，而且对学习也丧失了兴趣。

父母都希望自己的孩子拥有健康的心情，那么健康的心情又该如何培养呢？父母们可以注意这些方面：

★良好的适应能力

许多父母都有这样的体会，有的孩子小时候不认生，而有的孩子一见到陌生人就往妈妈身后躲，一到陌生的环境就哭闹不止，吃不好睡不香，其实这都是适应力不强的表现。社会不断变化，我们能改变的唯有自己。因此父母应从小培养孩子的适应能力，适应能力增强了，好情绪自然不请自来。

★乐观豁达，热爱生活

面对一学习就头疼的孩子，父母应该让他懂得，学习不是一种负担，而是一种乐趣，孩子只有努力把自己的才智在学习中发挥出来，才会对未来充满希望，遇到逆境或烦恼时，才能自行解脱。同时，父母可在生活中寻找一些变化，让孩子吃一些以前没吃过的美食等，你会发现这些小小的改变能够转移孩子的注意力，让孩子接触到更多的东西。尝试着作一些改变，哪怕只有一点点，也能带给孩子全新的感受。

★能与人友好相处，乐于与人交往

父母可以每隔一段时间就把孩子的朋友邀请到家里玩，让孩子能与多数人建立良好的人际关系。只有这样，孩子才会更加独立自主，且能分辨真伪、善恶，做到有所为和有所不为。

★能正确地面对现实

孩子在生活中也许对人或事都不具有清醒和客观的认识，这时，家长要针对生活中出现的各种问题和困难，教导孩子用切实可行的方法予以处理，给孩子足够的空间，渐渐的，他们就会表现出积极进取的精神。

除此之外，哈佛还认为，家长要教导孩子对待生活要乐观开朗，对待学习要热情上进，如果真的心情低落，不妨告诉孩子：你不是一个人，如果不开心就试着向爸爸妈妈或者朋友、老师吐露心声，告诉我们你所面临的苦恼。孩子还可以尝试着和别人聊天，或者写日记，这些都可以帮助孩子发泄心中的痛苦。

踢走"负面情绪"这个绊脚石

心理学上把焦虑、紧张、愤怒、沮丧、悲伤、痛苦等情绪统称为负性情绪，有时又称为负面情绪，人们之所以这样称呼这些情绪，是因为此类情绪的体验是不积极的，身体也会有不适感，甚至影响工作和生活的顺利进行，进而有可能引起身心的伤害。

现在，全球范围内出现心理问题的人越来越多，而且呈现出低龄化趋势。根据 2000 年的调查显示：该年患有抑郁症的人数是 1960 年的 10 倍，而且患病人群的最低年龄已经由从前的 25 岁降低到了 14 岁。

最近医学发现，负性情绪极易形成"癌症性格"，"癌症性格"的具体表现包括：性格内向，表面上逆来顺受、毫无怨言，内心却怨气冲天、痛苦挣扎，有精神创伤史；情绪抑郁，好生闷气，但不爱宣泄；生活中一件极小的事便可使其焦虑不安，心情总处于紧张状态。这些负性情绪则可损害人的免疫系统，诱发癌症。

在 2005 年的一项调查中显示：80％的哈佛学生，至少有过一次抑郁的经历，有47％的学生曾经达到过崩溃的边缘，有94％的学生都会感到压力大甚至是喘不过气来。可见，具有负面情绪的人比例如此之大，我们要学会控制负面情绪，但我们也允许自己有负面情绪。

有位太太请了一个油漆匠到家里粉刷墙壁。油漆匠一走进门，看到她的丈夫双目失明顿时流露出怜悯的眼光，他觉得她的丈夫很可怜，因为他看不到阳光、花草和人们。

可是男主人一向开朗乐观，所以油漆匠在那里工作的那几天，他们谈得很投机，油漆匠也从未提起男主人的缺憾，虽然他也很想知道男主人为什么这么开心。

工作完毕，油漆匠取出账单，那位太太发现比原先谈妥的价钱打了一个很大的折扣。她问油漆匠：“怎么少算这么多呢?”油漆匠回答说：“我跟你先生在一起觉得很快乐，他的开朗、他的乐观，使我觉得自己的境况还不算最坏。所以减去的那一部分，算是我的一点谢意，因为他使我不会把工作看得太苦!”

其实这个油漆匠，只有一只手。

我们无法选择将要发生的事情，情绪的到来也没有任何信号。尤其是负面情绪，我们无法阻止负面情绪的产生，但我们可以掌握自己的态度，调节情绪来适应一切环境，生活中大多数的情况下，你完全可以选择你所要体验的情绪，关键在于自己对生活的态度选择。

在2000年美国就作了一项关于1967～2000年心理学文摘的调查，结果发现关于负面心理与关于正面心理研究的论文数目比例相差得太远太远。这项调查中的结果显示：关于愤怒的研究文章有5584篇，关于沮丧的有41416篇，关于抑郁的有54040篇；而关于喜悦的研究文章只有515篇，关于快乐的有2000篇，关于生活满意的有2300篇。结果可以得到一个结论：那就是正面心理与负面心理的比例达到了1∶21，这是一个多么令人吃惊的数字!

总之，所有的负面情绪都是我们修行的绊脚石，我们必须认识它，重视它，超越它，让绊脚石变成我们前进的垫脚石。

停止你的牢骚

密歇根大学社会研究院的研究员发现，凡在公司中有对工作发牢骚的人，那家公司或老板一定比没有这种人或有这种人而把牢骚埋在肚子里的公司成功得多。这就是所谓的“牢骚效应”。

哈佛大学心理学系的梅约教授组织过一个谈话试验。专家们找工人个别谈话，而且规定在谈话过程中，专家要耐心倾听工人们对厂方的各种意见和不满，并作详细记录。

结果他们发现：这两年以来，工厂的产量大幅度提高了。经过研究，他们给出了原因：在这家工厂，长期以来工人对它的各个方面就有诸多不满，但无处发泄。谈话试验使他们的这些不满都发泄出来了，从而感到心情舒畅，所以工作干劲高涨。

★沉默比牢骚更有建设性

对于那些热爱抱怨的人来说，沉默是一件痛苦的事情。但是，沉默却能把他们从抱怨情绪中解救出来。如果你什么都不说，大家也许还会赞美你稳重，但如果你说个不停，不但不会表现出你所期望的睿智，反而会令人感觉到浮躁。倘若你滔滔不绝了很久，表达的内容却无非是抱怨和牢骚，那就更不够明智了。

所以，在思想上给自己装一个过滤器，当你想要抱怨时，请让自己沉默几分钟，让你的话语先穿越抱怨的过滤器。沉默能让你自省反思、谨慎措辞，让你说出你希望能传送创造性能量的言论，而不是任由不安驱使你发出又臭又长的牢骚。

法国有句谚语，雄辩如银，沉默是金。在现实生活中，有时候沉默确实胜于雄辩，当然更胜过那些毫无价值的抱怨的话语。

沉默往往比抱怨更有建设性。抱怨是一种习惯，如果你不想把抱怨的话说出口，那么就请沉默，让自己暂停一下，调整一下呼吸，就能给自己一个机会，在说话时更加小心地选择词语，也更加仔细地斟酌自己将要表达的观点是否合适。说话之前，不如深呼吸，而不要穷抱怨。

★价值不需要用牢骚来证明

不要去嫉妒别人的命有多好，也不要抱怨自己的价值没有被人发现。如果你本身是一颗珍珠，纵使被禁锢在坚硬的贝壳之中，也迟早会被人发现；但假如你只是一粒沙子，即使在阳光照射下的海滩上，也会永远被游客踩在脚底。

约翰从斯坦福大学毕业之后进入了一家规模很小的财会公司，每天，他像所有新入职的年轻人一样从事着简单的工作。

一天，约翰终于忍不住心中的愤懑前去质问上帝："命运为什么对我如此不公平？"上帝沉默不语，只是不动声色地从地上捡起一颗小石子扔进了乱石堆里。上帝对约翰说："请你利用你的才能和智慧，将我刚才扔掉的石子找回来吧！"

约翰翻遍了乱石堆，却无功而返，他不满地说："您还没有回答我的问题呢！"这一次，上帝皱了皱眉头，他走到约翰身边，摘下了约翰手上的戒指，再一次扔进了乱石堆。约翰既吃惊又生气，他没等上帝说话便迅速地跑到石堆旁，这一次，他很快便找到了那枚金光闪闪的戒指。

上帝却说："你是那颗石子还是这枚戒指呢？"看着面带微笑的上帝，约翰恍然大悟：当自己还只是一颗石子，而不是一块金光闪闪的金子时，就永远不要抱怨命运对自己不公平。

当我们抱怨现实对自己不公时，先问一下自己到底是石头还是金子。价值从来不需要用牢骚来证明，一个人唯有先征服自己，才有能力征服他人，让别人信任自己。有位作家曾经说过："自己把自己说服了，是一种理智的胜利；自己被自己感动了，是一种心灵的升华；自己把自己征服了，是一种人生的成熟。大凡说服了、感动了、征服了自己的人，就有力量征服一切挫折、痛苦和不幸。"所以，当你想要向世界证明自己的能力时，请先让自己相信，你是一个真正有实力的人，而不是一个"抱怨鬼"。

控制冲动这个"魔鬼"

在种种消极情绪中，冲动无疑是破坏力最强的情绪之一，它是低情商的表现，每个人在生活中都会遇到不合自己心意的事，这时候如果不保持冷静，不克制自己的冲动行为，就会为此付出代价。一个聪明的人，不会让坏情绪控制自己，而是应该自己去控制坏情绪，成为情绪的主宰者。

生活中许多人，往往控制不住自己的情绪，任性妄为，结果引火烧身，给自己和朋友带来不必要的麻烦。所以，你要学会控制自己的冲动。学会审时度势，千万不能放纵自己。每个人都有冲动的时候，尽管冲动是一种很难控制的情绪。但不管怎样，你一定要牢牢控制住它。否则一点细小的疏忽，可能贻害无穷。

据说："冲动就像地雷，碰到任何东西都一同毁灭。"如果你不注意培养自己冷静平和的性情，一旦碰到不如意事就暴跳如雷，情绪失控，就会让自己陷入自我戕害的图圄之中。

一个孩子总是无法控制自己的情绪。一天，他父亲给了他一大包钉子，让他每发一次脾气都用铁锤在他家后院的栅栏上钉一颗钉子。第一天，小男孩共在栅栏上钉了 37 颗钉子。

过了几个星期，小男孩渐渐学会了控制自己的情绪，栅栏上钉子的数量开始逐渐减少。

渐渐地，他发现控制自己的坏脾气比往栅栏上钉钉子要容易多了。

最后，小男孩发脾气的频率越来越低，栅栏上钉的钉子也越来越少。

他把自己的转变告诉了父亲。他父亲又建议他说："如果你能坚持一整天不发脾气，就从栅栏上拔下一颗钉子。"经过一段时间，小男孩终于把栅栏上所有的钉子都拔掉了。

父亲拉着他的手来到栅栏边，对小男孩说："儿子，你做得很好。但是，你看一看那些钉子在栅栏上留下的小孔，栅栏再也回不到原来的样子了。当你出于一时冲动，向别人发过脾气之后，你的言语就像这些钉孔一样，会在别人的心里留下疤痕。"

在现实生活中，有人只顾逞一时的口舌之快，很多话不经思考便脱口而出，有意无意地就会对他人造成伤害。伤害一旦造成，再多的弥补往往也无济于事。

所以，作为情绪的主人，我们应该培养自我心理调节能力，这是一种理性的自我完善。这种心理调节能力，在实际行为上则会显示出强烈的意志力和自制力。它使人以平和的心态来面对人生中的起起落落，保持与他人交往时的淡定从容。

有一个发生在美国阿拉斯加的故事。有一对年轻的夫妇，妻子因为难产死去了，孩子活了下来。丈夫一个人既要工作又要照顾孩子，有些忙不过来，可是找不到合适的保姆照看孩子，于是他训练了一只狗，那只狗既听话又聪明，可以帮他照看孩子。

有一天，丈夫要外出，像往日一样让狗照看孩子。他去了离家很远的地方，所以当晚没有赶回家。第二天一大早他急忙往家里赶，狗听到主人的声音摇着尾巴出来迎接。他发现狗满口是血，打开房门一看，屋里也到处是血，孩子居然不在床上……他全身的血一下子都涌到头上，心想一定是狗的兽性大发，把孩子吃掉了，盛怒之下，拿起刀来把狗杀死了。

就在他悲愤交加的时候，突然听到孩子的声音，只见孩子从床下爬了出来，丈夫感到很奇怪。他再仔细看了看狗的尸体，这才发现狗后腿上有一大块肉没有了，而屋门的后面还有一只狼的尸体。原来是狗救了小主人，却被主人误杀了。

丈夫在一刀杀狗带来的痛快之后，很快就尝到了痛苦的滋味。他痛失爱犬，而所有的结局全由那冲动的一刀所致，这不能不说是件很遗憾的事。所以在遇到一些情况时，我们需要的是冷静，而非冲动。

大多数成功者都是能够对情绪收放自如的人。这时，情绪已经不仅仅是一种感情的表达，更是一种重要的生存智慧。如果不注意控制自己的情绪，随心所欲，就可能带来毁灭性的灾难。情绪控制得好，则可以帮你化险为夷。

所以，我们要学会控制自己的情绪，不能放纵自己。

人们形容某些幼稚的行为举动，常会用"冲动"来说明。也有些不负责任的人，在做了错事之后不敢承担责任，用"一时冲动"来替自己辩解。人要想在竞争激烈的环境中有所作为，必须学会克制住冲动，否则事情一发不可收拾，后果也许令我们难以承受。

★用理智战胜冲动

理智者遇上不顺心之事，一般都能三思而后行。除了那些丧失理智和法律意识淡薄之人之外，正常人都有一时激愤或消沉的时候，这是个危险时段，很多不正确的判断常常是在这不冷静的时刻作出的。判断失误必然导致行为欠妥，如果人们能在最短的时间内让头脑降温，就会迅速熄灭危险的导火线。

★提高文化素养

能否理智行事与文化程度的高低成正比。这点和深圳法院的调查报告完全吻合："冲动杀人的罪犯最多仅有初中以下文化程度，文化程度低下，缺乏自控能力是逞一时之快杀人的重要原因。"众所周知，法律对一些欲铤而走险的人能起警示作用，可是，如果文化程度低下，加之法律意识淡薄，"无知无畏"，那就极其容易走向犯罪的深渊。

★用外人的眼光看问题

"当局者迷，旁观者清"，这话不无道理。在日常生活中，我们每个人都曾做过局外人观看过别人吵架，这时候，无论是哪一方的言行，其失当和偏颇之处你大多能觉察。因此，如果人们能以局外人的头脑，观察自己，则善莫大焉。

"冲动是魔鬼"，我们应该时刻谨记这句话，并在我们情绪失控的时候以此来加以制止。任何事情都应该三思而后行，一时的冲动只能让结果变得更坏。

为情绪找一个出口

情绪的宣泄是平衡心理、保持和增进心理健康的重要方法。当不良情绪来临时，我们不应一味控制与压抑，而应该用一种恰当的方式，给汹涌的情绪一个适当的出口，让它从我们的身上流走。

在我们的生活中，可能会产生各种各样的情绪，情绪上的矛盾如果长期压在心中，就会影响大脑的功能或引起身心疾病。因而，我们要及时排解。很多时候，只要把困扰我们的问题说出来，心情就会感到舒畅。我国古代，有许多人在他们遭到不幸时，常常有感赋诗，这实际上也是使情绪得到正常宣泄的一种方式。

有人经过研究认为，在愤怒的情绪状态下，伴有血压升高，这是正常的生理反应。如果怒气能适当地宣泄，紧张情绪就可以获得松弛，升高的血压也会降下来；如果怒气受到压抑，长期得不到发泄，那么紧张情绪得不到平定，血压也降不下来，持续过久，就有可能导致高血压。

尽管自控是控制情绪的最佳方式，但在实际生活中，始终以积极、乐观的心态去面对不顺心的外部刺激，是非常难做到的。所以，人们在控制情绪时常常综合应用忍耐和自控的方法，而且，为了顾及全局，暂时忍耐的方法用得更多。所以，尽管在面对不愉快时会努力做到自控，但并非能做到真正的洒脱，还需要依靠个人的忍耐力。然而，每个人的忍耐力都是有极限的，当情绪上的烦躁、内心的痛苦累积到一定程度，最终会非理性地爆发出来。所以，在实际生活中，不能一味地操之在我，还要懂得适当地宣泄，为自己的坏情绪找一个"出口"，将内心的痛苦有意识地释放出来，而非不可控地爆发。

这天晚上，汉斯教授正准备要睡觉了，突然电话铃响了，汉斯教授接起了电话，是一个陌生妇女打来的电话，对方的第一句话就是："我恨透他了！""他是谁？"汉斯教授感到莫名其妙。"他是我的丈夫！"汉斯教授想，哦，打错电话了，就礼貌地告诉她："对不起，您打错了。"可是，这个妇女好像没听见，如竹桶倒豆子一般说个不停："我一天到晚照顾两个小孩，他还以为我在家里享福！有时候我想出去散散心，他也不让，可他自己天天晚上出去，说是有应酬，谁知道他干吗去了！……"

尽管汉斯教授一再打断她的话，告诉她他不认识她，但她还是坚持把话说完了。最后，她喘了一口气，对汉斯教授说："对不起，我知道您不认识我，但是这些话在我心里憋了太长时间了，再不说出来我就要崩溃了。谢谢您能听我说这么多话。"原来汉斯教授充当了一个听众。但是他转念一想，如果能挽救一个濒临精神崩溃的人，也算是做了一件好事。

情绪应该宣泄，但宣泄应该合理。当有怒气的时候，不要把怒气压在心里，生闷气；不要把怒气发泄在别人身上，迁怒于人，找替罪羊；更不要把怒气发泄在自己身上，如自己打自己耳光、自己咒骂自己，甚至选择自杀的方法当做自我惩罚；不要大叫、大闹、摔东西，以很强烈的方式把怒气发泄出去。因为上述所有做法不但于事无补，反而会使问题进一步恶化，给自己带来更大的伤害。

对于情绪的宣泄，可采用如下几种方法：

★直接对刺激源发怒

如果发怒有利于澄清问题，具有积极性、有益性和合理性，就要当怒而怒。这不但可以释放自己的情绪，而且是一个人坚持原则、提倡正义的集中体现。

★借助他物出气

把心中的悲痛、忧伤、郁闷、遗憾痛快淋漓地发泄出来，这不但能够充分地释放情绪，而且可以避免误解和冲突。

★学会倾诉

当遇到不愉快的事时，不要自己生闷气，把不良心境压抑在内心，而应当学会倾诉。

★高歌释放压力

音乐对治疗心理疾病具有特殊的作用，而音乐疗法主要是通过听不同的乐曲把人们从不同的不良情绪中解脱出来。除了听以外，自己唱也能起同样的作用。尤其高声歌唱，是排除紧张、激动情绪的有效手段。

★以静制动

当人的心情不好，产生不良情绪体验时，内心都十分激动、烦躁、坐立不安，此时，可默默地侍花弄草，观赏鸟语花香，或挥毫书画，垂钓河边……这种看似与排除不良情绪无关的行为恰是一种以静制动的独特的宣泄方式，它是以清静雅致的态度平息心头怒气，从而排除沉重的压抑。

★哭泣

哭泣可以释放人心中的压力，往往当一个人哭过之后，发现心情会舒畅很多。

当然，宣泄也应采取适当的正确方式，一些诸如借助他人出气、将工作中的不顺心带回家中、让自己的不得意牵连朋友等做法是不可取的，这于己于人都是不利的。与其把满腔怒火闷在心中，伤了自己，不如找个合适的宣泄口，让自己更快乐一些。

生活在大千世界中的人，在性格、爱好、职业、习惯等诸多方面存在着很大的差异，对事物、问题的认识与理解也不尽相同。因此，我们不能要求他人与自己一样，不能以自己的标准和经验来衡量他人的所作所为，要承认他人与自己的差别，并能容忍这种差别。不要企图去改变别人，这样做是徒劳的。

人不能没有脾气，尽管你是有涵养的人，也不免有时要发一下脾气。遇事不如意，看人不顺眼，因而生气，几乎成为这个社会中屡见不鲜的事了。不过，即使屡见不鲜，并非无碍，也不一定是好事。发脾气之所以成为问题，乃在于自己所说的话太刻薄，所做的事太过分，不但会刺伤人家的心，使自己后悔莫及，而且还会把事情弄砸了，把人际关系也弄僵了，这就是发脾气的恶劣后果。

所以，我们一定要记住：当你想要发脾气的时候就要给自己的情绪找一个适当的宣泄口。

抑郁——情绪的一号杀手

抑郁就好像透过一层黑色玻璃看一切事物。无论是考虑你自己，还是考虑他人或未来，任何事物看来都处于同样的阴郁而暗淡的光线之下。"没有一件事做对了""我彻底完蛋了""我无能为力，因此也不值一试""朋友们给我来电话仅仅是出于一种责任感"。当你工作中出了一点毛病，或思想开了小差，你就认为"我已经失去了干好工作的能力"，好像你的能力已经一去不回了。

有一名中年男子在他患抑郁症期间说了一段撼人心扉的话："现在我成了世界上最可怜的人。如果我个人的感受能平均分配到世界上每个家庭中，那么，这个世上将不再会有一张笑脸，我不知道自己能否好起来，我现在这样真是很无奈。对我来说，或者死去，或者好起来，别无他路。"

这名中午男子就是亚伯拉罕·林肯，作为美国第16任总统，林肯也未能幸免于抑郁症的折磨并且这种绝望困扰了他一生。即使林肯能够预见自己的未来，知道自己会成为最受世人景仰的总统之一，但这丝毫不能减少他的抑郁。

一位哲人曾说道："如果我们感到可怜，很可能会一直感到可怜。"对于日常生活中使我们不快乐的那些众多琐事与环境，我们可以由思考使我们感到快乐，这就是：大部分时间想着光明的目标与未来。而对小烦恼、小挫折，我们也很可能习惯性地反映出暴躁、不满、懊悔与不安，因为这样的反应我们已经"练习"了很久，所以成了一种习惯。

这种不快乐反应的产生，大部分是由于我们把它解释为"对自尊的打击"等这类原因。司机没有必要冲着我们按喇叭；我们讲话时某位人士没注意听甚至插嘴打断我们；认为某人愿意帮助我们而事实却不然；甚至个人对于事情的解释，结果也会伤了我们的自尊；我们要搭的公共汽车竟然迟开；我们计划要郊游，结果下起雨来；我们急着赶搭飞机，结果交通阻塞……这样我们的反应是生气、懊悔、自怜，或换句话说——闷闷不乐。

有一个商人去医院看病，却说不清自己有什么不妥。于是医生给他做了彻底的检查，结果找不到这个商人有任何疾病，于是这个人在医生处作进一步检查。经过一段轻松的谈话后，医生就对他说："我有一个好消息要告诉你，你的体格检验完全正常，我不用在你的病历卡上写任何东西。"

商人听了并不显得高兴，他说："医生，我从早晨起床到晚上睡觉，没有一刻不觉得疲倦的。"这时，医生才意识到他的病人患的是"厌烦病"，而不是一般的身体不适。于是医生就开始指出这个商人所拥有的一切：兴隆的生意、舒适的家庭、漂亮的妻子、可爱的孩子和其他他能用金钱买到的许多东西。但这个商人听了以后却说："让别人把这些东西都拿去吧，我对这些简直厌透了。"

为什么会出现这种现象？患这种病的人大多不是生活一帆风顺的人吗？难道他们不是处于别人不能奢望的"顺境"之中吗？这和我们的心理习惯有关。这个世界上，可以说除了圣人之外，没有人能随时感到快乐。

抑郁是人们常见的情绪困扰，是一种感到无力应付外界压力而产生的消极情绪，常常伴有厌恶、痛苦、羞愧、自卑等心理。严重时会导致抑郁症，使人无法过正常的生活。

因此，面对抑郁心理，心理专家建议，多与朋友联系，在交往中体会友谊的美好；平时培养多种兴趣爱好，可以参加一些体育运动或者是听听自己喜欢的音乐；工作压力过大时，适当地给自己减压，多出去散散步、晒晒太阳。这些都有利于消除抑郁心理。

美国学者卡托尔认为，不同的人会有不同的抑郁状态，但是只要遵照以下 14 项办法，抑郁的症状便会很快消失。

★必须遵守生活秩序。与人约会要准时到达，饮食休闲要按部就班，从稳定规律的生活中领会自身的情趣。

★留意自己的外观。身体要保持清洁卫生，不穿邋遢的衣服，房间院落也要随时打扫干净。

★即使在抑郁状态下，也绝不放弃自己的学习和工作。

★对人对事要宽宏大度，并要随时调节自我。

★主动吸收新知识，"活到老学到老"。

★建立冒险意识，学会主动接受挑战，并相信自己能成功。

★即使是小事，也要采取合乎情理的行动；即使你心情烦闷，仍要注意自己的言行，让自己合乎生活情理。

★对待他人的态度要因人而异。具有抑郁心情的人，对外界每个人的反应、态度几乎相同，这是不对的。如果你也有这种倾向，应尽快纠正。

★拓宽自己的情趣范围。

★不要将自己与他人比较。如果你时常把自己与他人作比较，表示你已经有了潜在的抑郁，应尽快克服。

★最好将日常生活中美好的事记录下来。

★不要掩饰自己的失败。

★必须尝试以前没有做过的事，要积极地开辟新的生活园地，使生活更充实。

★与精力旺盛又充满希望的人交往。

抑郁症是极为常见的心理疾病，号称"第一心理杀手"。抑郁症患者有痛苦的内心体验，是"世界上最消极悲伤的人"。你有抑郁症倾向吗？请做下面的测试，只需作出"是"或"否"的回答。

1. 你对任何事物都不感兴趣。

2. 你容易哭泣。

3. 你觉得自己是一个失败者，一事无成。

4. 你常常生气，而且容易激动。

5. 你不想吃东西，没有食欲，感觉不出任何味道。

6. 即使家人和朋友帮助你，你仍然无法摆脱心中的苦恼。

7. 你感到精力不能集中。

8. 即使对亲近的人你也懒得说话。

9. 你常无缘无故地感到疲乏。

10. 你觉得无法继续你的日常学习与工作。

11. 你常因一些小事而烦恼。

12. 你感到自己的精力下降，活动减慢。

13. 你感到受骗，中了圈套或有人想抓住你。

14. 你感到做任何事情都很困难。

15. 你感到情绪低落、压抑。

16. 你感到活着还不如死了好。

17. 你感到很孤独。

18. 你感到前途没有希望。

19. 你常感到害怕。

20. 你缺乏自信，总觉得自己什么都不好。

21. 你觉得自己的话语越来越少。

22. 在清晨和上午常觉得心情极差。

23. 没有心思看电视、报纸、课外读物，干什么都高兴不起来。

24. 你经常责怪自己。

25. 你感到很苦闷。

26. 你晚上睡眠不好，常常失眠或很早就醒来。

27. 你经常没有理由地失去理智。

28. 你觉得人们对你不太友好。

29. 你认为如果你死了别人会生活得好些。

30. 你感到自己没有什么价值。

评分标准：

回答"是"计1分，回答"否"计0分，然后计算总分。

测试结果：

0～4分：你的心理基本正常，没有抑郁症状。

5～10分：你有轻微的抑郁症状，可采取自我心理调节，保持乐观、开朗的心境。

11～20分：你属于中度的抑郁，要找心理医生咨询，并进行必要的诊疗。

21～30分：你的精神明显抑郁，症状非常严重，你应该请心理医生为你治疗，同时应进行精神上的自我训练，让自己及早从消极、压抑的情绪中解脱出来。

愤怒是一种毒药

愤怒是一种常见的消极情绪，它是当人对客观现实的某些方面不满，或者个人的意愿一再受到阻碍时产生的一种身心紧张的状态。在人的需要得不到满足，遭到失败，遇到不平，个人自由受限制，言论遭人反对，无端受人侮辱，隐私被人揭穿，上当受骗等多种情形下人都会产生愤怒情绪。愤怒的程度会因诱发原因和个人气质不同而有不满、生气、愤怒、恼怒、大怒、暴怒等不同层次。发怒是一种短暂的情绪紧张状态，往往像暴风骤雨一样来得猛，去得快，但在短时间里会有较强的紧张情绪和行为反应。

一般而言，生气的原因可归类为下列几种：

★当你因某种因素感到受挫、受胁迫或被他人轻蔑时。

★当我们着实受到严重伤害，但为了掩饰自己的脆弱，于是代之以愤怒，以求自卫。

★当某种情境或某人的行为勾起我们昔日某种不堪的回忆时。

★当我们觉得自己的权利受到剥夺，或遭到某人误解时。

★当我们受到惊吓或处事不当时，自己生自己的气。

莎士比亚说："不要因为你的敌人燃起一把火，你就把自己烧死。当你发怒的时候，怒火也许会烧及他人；但一般情况下，它是向内烧——烧的是发怒者个人的身心健康。"

看过著名影片《勇敢的心》的人们一定记得片中的一段关于英格兰国王临终前的景象：由苏菲·玛索饰演的王妃因求情也未能救下华莱士，而对老国王心怀恼恨，在国王不能行动也不能说话之际，王妃靠在他的身边，轻轻地说了一句话，就将老国王置于死地。那么王妃说的是什么呢？她只是平静地报复他，说了她怀的孩子是华莱士的，而非国王的。国王的一命呜呼正是由于其愤怒的情绪所致。

人们时刻都要管理好自己的情绪，尤其在人生的一些关键时刻。在每次要发脾气前，先冷静问问自己：别人不会为我的坏脾气"埋单"，我自己可以吗？如果你自己也不想这么做，那么还是收起你的怒气吧。当我们生气的时候要冷静下来确实有点难度，但如果不控制怒气，只会损失过多。

1943 年，二战著名将领巴顿在去战后医院探访时，发现一名士兵蹲在帐篷附近的一个箱子上。巴顿问他为什么住院，他回答说："我觉得受不了了。"医生解释说他得了"急躁型中度精神病"，这是第三次住院了。

巴顿听罢大怒，他痛骂了那个士兵，用手套打士兵的脸，并大吼道："我绝不允许这样的胆小鬼躲藏在这里，你的行为已经损坏了我们的声誉！"

第二次来，巴顿又见一名未受伤的士兵住在医院里，顿时变脸，问："什么病？"士兵哆嗦着答道："我有精神病，能听到炮弹飞过，但听不到它爆炸（炸弹休克症）。"巴顿勃然大怒，骂道："你个胆小鬼！"接着打他耳光："你是集团军的耻辱，你要马上回去参加战斗，但这太便宜你了，你应该被枪毙。"说着抽出手枪在他眼前晃动……

很快，巴顿的行为传到艾森豪威尔耳中，他说："看来巴顿的前途已经达到顶峰了……"

狂躁易怒的性格，使本来很有前途的巴顿无法再进一步，面对有心理障碍的士兵，不但不认真了解情况，加以鼓励，而是大打出手，完全失去了一个指挥官应有的风度修养，破坏了自己在人们心目中的形象，因此失去了攀上顶峰的机会。

愤怒容易让人失去理智。愤怒的人把一点小事看得像天一样大，过于认真让他们夸大了自身受到的伤害。他们以为愤怒可以让自己在别人眼中更具有权威，其实不是这样的。他们不仅不会因为愤怒而被认为拥有权力，反而会被认为缺乏理智，难成大气候。怒气会让你失去别人对你的敬意，人们会认为你缺乏自制力而更加轻视你。

学会制怒是让自己心态平和最关键的一步，只有情商较低的人才会不懂控制怒火，成为怒气伤害的对象。对于怒火要学会自我疏导，而非一味克己忍让，只有让它用一个合适的渠道发泄出来才不至伤人伤己。情商的高低与人们对自我情绪的管理能力有莫大的关系，它将决定一个人成就的大小。

具体而言，我们可以采取以下方法来控制自己的愤怒：

★正面行动

愤怒提醒了我们，世事并非都如人所愿。不满是一件极富正面意义的事，少了它，人们就只会接受现状，而不会为了迈向自己的目标，采取任何行动。英国妇女如果未曾因自己被掠夺公权而感到愤怒，那么她们也就不会为了投票权而抗争了。

★缓解压力

表达愤怒可以疏解压力，否则压抑的情绪可能会导致焦虑，甚至疾病，这些症状均可借由愤怒的宣泄得到疏解。然而这并不意味着，我们必须将愤怒直接发泄在生气的对象身上。

★更为开诚布公

愤怒可以使得双方关系更开诚布公，进而互相信赖。如果你知道某人愿意和你谈谈最为棘手的核心问题，而非只是将其含糊带过，假装好像不存在似的，那么双方的关系就有改善的希望。

★情感疏通

倘若我们在情绪产生时，能够确实触及自己真正的感受（包括愤怒在内），并加以适当处理，那么我们则较没机会将那些未表达或封闭的情绪囤积起来，可以避免巨大的内在压力或严重的沟通不良。

★实现目标

不容忽略的是，存在愤怒情绪中的能量，同样是一股实现目标的动力。如果运用得当，它将能够帮助我们成为一个有自信、坚定的人，能够适当地表达自己的内在感受，并且得到自己生命中梦寐以求的事物。但请务必谨慎处理。

哈佛学者告诉我们："生气，是一种毒药！"我们不能让自己的情绪只停留在问题的表面，我们必须学习"转念""少点怨，多点包容""多洒香水、少吐苦水"，让负面的思绪远离，而用乐观的正面思绪来迎接人生。

好情绪是心灵的特效良药

哈佛学子爱默生说："唯有具有最高尚的和最快乐的性格的人才会有感染周围人的快乐。"好情绪就是一种特效良药，它可以赶走忧伤、痛苦，最重要的是好情绪就是把握现在的快乐。

从前，一个富人和一个穷人谈论什么是快乐。穷人说："快乐就是现在。"富人望着穷人的茅舍、破旧的衣着，轻蔑地说："这怎么能叫快乐呢？我的快乐可是百间豪宅、千名奴仆啊。"有一天，一场大火把富人的百间豪宅烧得片瓦不留，奴仆们各奔东西。一夜之间，富人沦为乞丐。

七月炎热，汗流浃背的乞丐路过穷人的茅舍，想讨口水喝。穷人端来一大碗清凉的水，问他："你现在认为什么是快乐？"乞丐眼巴巴地说："快乐就是此时你手中的这碗水。"

是的，好情绪就是把握现在，这才是解除痛苦的特效良药。大卫·葛雷森说："我相信，现在未能把握的生命是没有把握的；现在未能享受的生命是无法享受的；而现在未能明智地度过的生命是难以过得明智的。因为过去的已去，而无人得知未来。"

莎士比亚说："在时间的大钟上，只有两个字——现在。"如果你是为往事而悔恨，为未来的事情而担忧，那你就是生活在乌托邦之中。这是人的一生中最有害的两种情绪，它不但不会帮你改变过去与未来，还会使你陷入惰性与悲观的泥潭，并会令你失去最宝贵的现在！决定一个人心情的，不在于环境，而在于心境。

一位知名学者是单身汉的时候，和几个朋友一起住在一间只有七八平方米的小屋里。但是，他一天到晚总是乐呵呵的。

有人问他："那么多人挤在一起，连转个身都困难，有什么可乐的？"学者说："朋友们在一块儿，随时都可以交换思想、交流感情，这难道不是很值得高兴的事吗？"

过了一段时间，朋友们一个个成家了。屋子里只剩下了学者一个人，但是他每天仍然很快活。那人又问："你一个人孤孤单单的，有什么好高兴的？"他说："我有很多书啊！"

几年后，学者也成了家，搬进了一座大楼里。他在一楼，不安静、不安全、也不卫生。有人问他："你住这样的房间，也感到高兴吗？""是啊，我进门就是家，不用爬很高的楼梯；搬东西方便，不必费很大的劲儿；特别让我满意的是，可以在空地上养一丛一丛的花，种一畦一畦的菜，这些乐趣，数之不尽啊！"

过了一年，学者把一楼的房间让给了一位朋友，这位朋友家有一个偏瘫的老人。他搬到了楼房的最高层——第七层，可是他每天仍是快快活活的。有人又问："先生，住七楼也有许多好处吧！"学者说："是啊，每天上下几次，这是很好的锻炼机会，有利于身体健康；光线好，看书写文章不伤眼睛。"

有人看他每天都高高兴兴的，就又他问："你一直都有一个好心情，那么这个好心情的秘诀是什么呢？"学者说："其实很简单，决定一个人心情的，不在于环境，而在于心境。好心情就像特效良药一样，让你药到病除。"

其实，人之所以有坏情绪，是因为他们不知道怎么获得一份好心情。每个人都会有磨难与挫折，会遇到这样那样的不如意，面对生命中的这些难题，我们应该如何进行心理调适，走出阴霾呢？以下6种方法，我们不妨一试。

★沉着冷静，不慌不怒

从客观、主观、目标、环境、条件等方面，找出受挫的原因，采取有效的补救措施。

★自我宽慰，乐观自信

能容忍挫折，心怀坦荡，情绪乐观，发奋图强，满怀信心去争取成功。

★鼓足勇气，再接再厉

要勇往直前，加倍努力，要认识到正是因为生命中的种种不顺利才使我们变得聪明和成熟。

★情绪转移，寻求升华

可以通过自己喜爱的集邮、写作、书法、美术、音乐、舞蹈、体育锻炼等方式，使情绪得以调适，情感得以升华。

★学会宣泄，摆脱压力

找一两个亲近的人、理解你的人，把心里的话全部倾吐出来，摆脱压抑状态，放松身心。

★学会幽默，自我解嘲

幽默和自嘲是宣泄积郁、平衡心态、制造快乐的良方。我们不妨采用阿Q的精神胜利法或幽默的方法来调整心态。

人需要保持知足常乐的人生态度。这样才会有一份好的心情。这种知足不是不上进，而是一种从虚荣、狭隘、担忧和焦虑中解脱出来的喜悦。有些人总是哀叹自己没有得到这样，没有得到那样，自己的条件如何差劲，他们总是哀叹自己的命运如何坎坷，但他们不知道，还有很多人远远不如他们，他们实在没有必要自寻烦恼。坏情绪都是自己造成的，人生就是好与坏的综合体，如果我们再不好好珍惜获得的好心情，那么我们的一生将与痛苦相伴。

人生在世，不可能事事得意，事事顺心。面对挫折能够虚怀若谷，大智若愚，保持一种恬淡平和的心境，这是人生的智慧。正如马克思所言："一种美好的心情，比十付良药更能解除生理上的疲惫和痛楚。"

远离仇恨的烈火

仇恨是人性的劣根，它隐藏在人性的深处，一旦触及便会迅速地膨胀，控制人的思想。根除它的关键是不要记仇，忘记它，如果可能则最好远离它。每个人心中都或多或少地埋有仇恨的火种，而我们所能做的，就是用人性美好的甘泉去浇灭那些忽闪忽隐的火星，切不能助长仇恨的地狱之火肆虐，并将自己无情焚毁。抛却心中的仇恨，我们才能享受心中的安详、静谧、和谐、从容……

古希腊神话中，有一位英雄叫海格力斯。一天他走在坎坷的山路上，发现脚边有个袋子似的东西很碍脚，海格力斯踩了那东西一脚，谁知那东西不但没被踩破，反而膨胀起来，并加倍地扩大着。

刚开始的时候，海格力斯并没有在意，于是他又踩了一下，谁知那个袋子又膨胀了起来。一来二去，海格力斯开始恼羞成怒了。海格力斯不停地踩，那个袋子不断地膨胀。

于是海格力斯操起一条碗口粗的木棒砸它，那东西竟然胀大到把路堵死了。

这时，山中走出一位老者，对海格力斯说："朋友，快别动它了，忘了它吧，离开它，远去吧！它叫仇恨袋，你不犯它，它便小如当初；你侵犯它，它就会膨胀起来，挡住你的路，与你敌对到底！"

于是海格力斯按着老者说的，不去想它，不去碰它，果然那个袋子越来越小，最后变没了。

人生在世，我们若长久地将仇恨带在身上，它便会如那个袋子一样，越来越大，堵住我们前进的脚步。仇恨有如烈火一般，伤人伤己。

一般充满仇恨的人都会有报复的心理。我们常常在自己的脑子里预设一些规定，认定别人应该有什么样的行为，如果对方违反规定就会引起我们的怨恨。其实，因为别人对我们的规定置之不理就感到怨恨，是一件十分可笑的事。大多数人都一直以为，只要我们不原谅对方，就可以让对方得到一些教训，也就是说：只要我不原谅你，你就没有好日子过。而实际上，不原谅别人，表面上是那人不好，其实真正倒霉的人是我们自己，生一肚子窝囊气不说，甚至可能连觉都睡不好，饭也吃不好，还可能气病了。这样看来，报复不仅让我们不能实现对别人的打击，反倒对自己的内心是一种摧残。

报复是一把双刃剑，它不但会伤害到别人，还会使你自己落入仇恨的陷阱，仇恨会使你看不到人间的关爱与温暖，即使在夏日也只能感受到严冬般的寒冷。

既然我们都举目共望同样的星空，既然我们都是同一星球的旅伴，既然我们都生活在同一片蓝天下，那我们为什么还总是彼此为敌呢？请不要忘记世间唯有四个字可使你和他人的生活多姿多彩，那就是"放弃仇恨"。

哈佛教授常教育学生："生存不是为了仇恨，不要将仇恨作为生存的意义，放弃仇恨，生命会更加有意义。"

在美国东部的一个州，有一位年轻的警察叫杰布。在一次追捕行动中，杰布被歹徒用冲锋枪射中右眼和左腿膝盖。3个月后，从医院里出来时，他完全变了个样：一个曾经高大魁梧、双目炯炯有神的英俊小伙现已成了一个又跛又瞎的残疾人。

这时，有线电台记者采访了他，问他将如何面对现在遭受到的厄运。他说："我只知道歹徒现在还没有被抓获，我要亲手抓住他！"

从那以后，杰布不顾任何人的劝阻，参与了抓捕那个歹徒的无数次行动。他几乎跑遍了整个美国。10年后，那个歹徒终于被抓获了，当然，杰布起了非常关键的作用。在庆功会上，他再次成了英雄，许多媒体称赞他是全美最坚强、最勇敢的人。

不久，杰布却在卧室里割脉自杀了。在他的遗书中，人们读到了他自杀的原因："这些年来，让我活下去的信念就是抓住凶手……现在，伤害我的凶手被判刑了，我的仇恨被化解了，生存的信念也随之消失了。"

放弃仇恨就需要爱。爱能够带来更多的爱，这是我们已经知道的事实，那么仇恨会带来什么呢？每一种情绪中都蕴涵着相应的能量，情绪的发作自然会伴随着能量的释放，这是一条真理。每种思想从孕育到成型都会在你的人生中留下或深或浅的痕迹。爱能够让我们感受到生命的温暖，而仇恨只会带给我们无尽的痛苦。

爱生爱，恨也便会生恨。当愤怒、暴躁、指责等负面情绪影响了一个人的心情时，这些内在的破坏能量就逐渐啃噬人们的身体，导致身体的病痛。然而人的情绪是有传染性的，它不仅仅只影响你一个人，甚至会对你身边的其他人造成消极的暗示，以至于形成一个相互影响的恶性循环，而你却是其中被拴得最牢固、最难以摆脱的一个。

爱是生命对生命的呼唤，而恨是死亡与死亡的牵绊，恨把世界变成悲惨的地狱，而爱则让世界变成美丽的天堂。所以，对理应去仇恨的对象，你也不能采取以怨报怨的方式，那只会让矛盾升级。

人生总有存在的意义，如果我们只为一个报复的目的而生存，那么当这个目的实现后，生命也就失去了意义。放弃仇恨吧，用宽容的心去对待遭遇的一切，你的生命才会更加有意义，生活才会更加丰富与多彩。

嫉妒是痛苦的制造者

嫉妒是痛苦的制造者，是在各种心理问题中对人伤害十分严重的，可以称得上是心灵上的恶性肿瘤。如果一个人缺乏正确的竞争心理，只关注别人的成绩，嫉妒他人，同时内心产生极度的怨恨，时间一久心中的压抑聚集，就会形成心理问题，对健康也会造成极大伤害。

何谓嫉妒呢？心理学家认为，嫉妒是由于别人胜过自己而引起情绪的负性体验，是心胸狭窄的共同心理。黑格尔说："嫉妒乃是平庸对于卓越才能的反感。"

嫉妒不是天生的，而是后天获得的。嫉妒有三个心理活动阶段：嫉羡——嫉忧——嫉恨。这三个阶段都有嫉妒的成分，是从少到多递增的。嫉羡中羡慕为主，嫉妒为辅；嫉忧中嫉妒的成分增多，已经到了怕别人威胁自己的地步了；嫉恨则是嫉妒之火已熊熊燃烧到了难以消除的地步。这把嫉恨之火，没有燃向别人，而是炙烤着自己的心，使自己没有片刻宁静，于是便绞尽脑汁去想方设法诋毁别人，使自己形神两亏。

波普曾经说过："对心胸卑鄙的人来说，他是嫉妒的奴隶；对有学问、有气质的人来说，嫉妒可化为竞争心。"坚信别人的优秀并不妨碍自己的前进，相反，却给自己提供了一个竞争对手，一个榜样，能给你前所未有的动力。

莎士比亚说："像空气一样轻的小事，对于一个嫉妒的人，也会变成天书一样坚强的确证，也许这就可以引起一场是非。"

哈佛学者说："嫉妒心是赶走友谊的罪魁祸首，也是将自己带入痛苦深渊的魔鬼。"因为嫉妒心重的人常自寻烦恼。嫉妒心是幸运和幸福的敌人。对于别人的好，平静地看待，真诚地祝福，这才是拥有幸福人生的秘诀。

自在生活，愉快工作，要想使自己的生活充满阳光，必须走出嫉妒的泥潭，学会超越自我，克服嫉妒心理。

★自我宣泄

有时面对生活和事业上的巨大落差，或社会的种种不公正现象，人们都难免会出现一时的心理失衡和嫉妒。这时，要是实在无法化解，可以适当宣泄一下。

★正确评价他人的成绩

嫉妒心有时往往是由于误解所引起的，即人家取得了成就，便误以为是对自己的否定。其实，一个人的成功是付出了许多的艰辛和巨大的代价的，人们给予他赞美、荣誉，并没有损害你，也没有妨碍你去获取成功。

★提高心理健康水平

心胸宽广的人，做人做事光明磊落，而心胸狭窄的人，容易产生嫉妒。嫉妒心一经产生，就要立即把它打消，以免其作祟。这就要靠积极进取，使生活充实起来，以期取得成功。

★客观评价自己

嫉妒是一种突出自我的表现。无论发生什么事，首先考虑到的是自身的得失，因而引起一系列的不良后果。所以当嫉妒心理萌发时，或是有一定表现时，要能够积极主动地调整自己的意识和行动，从而控制自己的动机和感情。这就需要冷静地分析自己的想法和行为，同时客观地评价一下自己，找出差距和问题。当认清了自己后，再重新认识别人，自然也就能够有所觉悟了。

弗朗西斯·培根说过："犹如野火毁掉麦子一样，嫉妒这恶魔总是在暗地里，悄悄地毁掉人间美好的东西！"一些人之所以嫉妒别人，一个重要的原因是自己不求上进，又怕别人超过自己，似乎别人成功了就意味着自己失败，最好大家都成矮子才显出自己高大。面对自己的嫉妒心，我们要将它早早地摒除在自己的心灵之外，以积极的心态去面对别人的优点。

嫉妒，会使我们失去内在的双腿，走在人间路上，没有支柱，寸步难行。嫉妒，是弱者的名字。它使我们无法肯定自己的尊贵，同样也丧失了欣赏别人的能力。

哲学家亚里士多德在雅典吕克昂学院从事教学、研究、著述期间，曾常与学生们一道探讨人生的真谛。有一次，一位学生问他："先生，请告诉我，为什么心怀嫉妒的人总是心情沮丧呢?"亚里士多德回答:"因为折磨他的不仅有他自身的挫折,还有别人的成功。"

可见,心怀嫉妒的人承受着双重折磨。所以,人生在世,一定要有一颗平和的心,切不可心怀嫉妒。人的嫉妒心像一把双刃剑,你举起它时,虽满足了伤害别人的目的,但也使得自己鲜血淋漓。

心理学家的观察研究证明,嫉妒心强烈的人易患心脏病,而且死亡率也高;而嫉妒心较少的人,心脏病的发病率和死亡率均明显低于前者,只有前者的1/3－1/2。此外,如头痛、胃痛、高血压等,易发生于嫉妒心强的人身上,并且药物的治疗效果也较差。所以我们一定要放宽心胸,不要和别人、更别和自己过不去。

做下面的测试,看看你的嫉妒心是否强烈。

你正和朋友一起走在森林里,遇见了巫婆,被她的魔法变成了动物的样子。你被变成了狐狸,那么朋友会被变成什么动物呢?

A. 松鼠

B. 兔子

C. 熊

D. 鹿

选A:你的嫉妒心较重,如果能发掘别人和自己的优点,嫉妒的强度也会自然地减弱;如果是自觉的嫉妒,其实是不要紧的;如果是不自觉的嫉妒,则会使你变得阴郁、可怕,所以要引起注意,调整自己的心理。

选B:你会在不知不觉中嫉妒朋友,如为什么他的考试成绩都比我好之类的,不过一般说来,任何人都拥有这种程度的嫉妒心。

选C:你是大大咧咧的人,所以你是不会嫉妒别人的。这是因为有自信,所以才不会嫉妒别人。

选D:选比自己还大的动物的人是宽容的。你不会嫉妒对方,而是会和朋友一起共享喜悦。

甩掉忧虑的包袱

忧虑是一种过度忧愁和伤感的情绪体验。忧虑在情绪上表现出强烈而持久的悲伤,觉得心情压抑和苦闷,并伴随着焦虑、烦躁及易激怒等反应。在认识上表现出负性的自我评价,感到自己没有价值,生活没有意义,对未来充满悲观；还表现在对各种事物缺乏兴趣，依赖性增强，活动水平下降，回避与他人交往，并伴有自卑感，严重者还会产生自杀想法。

你能猜出下面的诗是谁写的吗？

"这个人很欢乐/也只有他能欢乐/因为他能把今天/称之为自己的一天/他在今天里能感到安全/能够说/不管明天会多么糟/我已经过了今天。"

这几句话听起来很现代，但它的作者却是古罗马诗人何瑞斯，时间是在耶稣诞生的 30 年之前。

人性中最可怜的一件事就是，我们所有的人，都拖延着不去生活，我们都梦想着天边有一座奇异的玫瑰园，而不去欣赏今天开放在我们窗口的玫瑰。

我们为什么会变成这种可怜的傻子呢？"我们生命的小小历程是多么奇怪啊，"史蒂芬·李高克写道，"小小孩说，'等我是个大孩子的时候。'大小孩说，'等我长大成人以后。'等他长大成人了，他又说，'等我结婚以后。'可是结了婚，他们的想法又变成了'等到我退休之后'。等到退休以后，他回头看看他所经历过的一切，似乎有一阵冷风吹过来。他把所有的东西都错过了，而一切又一去不回头。我们总是无法及早学会：生命就在生活中，就在每一天和每一时刻里。"

一个人为什么会忧虑，其产生原因是多方面的，但主要是由于自我。正像英国作家萨克雷所说的："生活就是一面镜子，你笑，它也笑；你哭，它也哭。"忧虑也与一个人的社会经验的多寡有关。对社会、对他人的期望值过高，并且对实现美好愿望的艰巨性、复杂性又估计不足，于是当愿望与现实之间出现巨大落差时，即产生失落感，进而失望、失意或忧虑。

20 世纪 60 年代，意大利一个康复旅行团体在医生的带领下去奥地利旅行。在参观当地一位名人的私人城堡时，那位名人亲自出来接待。他虽已 80岁高龄，但依旧精神焕发、风趣幽默。

他说："各位客人来这里打算向我学习，真是大错特错，应该向我的伙伴们学习：我的狗巴迪不管遭受如何惨痛的欺凌和虐待，都会很快地把痛苦抛到脑后，热情地享受每一根骨头；我的猫赖斯从不为任何事发愁，它如果感到焦虑不安，即使是最轻微的情绪紧张，也会去美美地睡一觉，让焦虑消失；我的鸟莫利最懂得忙里偷闲、享受生活，即使树丛里吃的东西很多，它也会吃一会儿就停下来唱唱歌。相比之下，我们人却总是自寻烦恼，人不是最笨的动物吗？"

这位老人是快乐的，因为他懂得怎么去扫除忧虑。忧虑的人也许是各有各的忧虑，但快乐的人都是相似的。他们在面对人生的各种选择之时，总会选择让自己快乐的那一种。

忧虑是健康的杀手。曾写过《神经性胃病》一书的约瑟夫·孟坦博士说："胃溃疡的产生，其实不在于你吃了什么，而在于你忧虑什么。"也有著名的医学博士认为："胃溃疡通常是根据人情绪紧张的程度而发作或消失的。"之所以得出这样的结论，是因为许多专家在研究了梅育诊所胃病患者的纪录之后得到证实，有 4/5 的病人得胃病并非是生理因素，而是由于恐惧、忧虑、憎恨、极端的自私以及对现实生活的无法适应而患病的。根据《生活》杂志的报道，胃溃疡现居死亡原因名单的第十位。

柏拉图说过："医生所犯的最大错误在于，他们只治疗身体，不医治精神。但精神和肉体是一体的，不可分开处置。"

由于现代生活的节奏加快，各种信息铺天盖地地占满了我们的生活空间，在大脑一刻不得闲的情况下，精神首先感到的是这种无形的巨大压力，各种忧虑也随之而来。其实在我们产生的忧虑中大多是没有必要或不值得忧虑的，忧虑就如同散布在你生活的空气中的细菌一样，时刻威胁到我们的健康。但是与其他疾病不同的是，它是一个隐形杀手，你能感到它的存在，却看不到它的形状。消除它的方法也很简单，只要你的大脑不让它停留，那么它在你的心中便无法藏身。

忧虑对一个人具有一定的危害性，在生活中，一个经常处于忧虑状态中的人需要从以下 3 个方面进行心理治疗：

★要积极参与现实生活

如认真地读书、看报，了解并接受新事物，积极参加社会活动，学会从历史的高度看问题，顺应时代潮流，不要老是站在原地思考问题。

★要学会在过去与现实之间寻找最佳结合点

如果对新事物立刻接受有困难，可以在新旧事物之间找一个突破口，从新旧结合做起。

★充分发挥适当忧虑的积极功能

适当忧虑有一种让人深刻反思和不满于现状的积极功能。这方面的功能多一些，那么病态的过度忧虑就会减少。因此，也不应对忧虑行为一概反对，适当忧虑还是正常的。

下面来做一个小测试，看看你的忧虑程度如何？以下有 12 个小问题，请你从里面选择适合你的一项。

1. 请选择适合你的一项：

A. 我不感到悲伤

B. 我感到悲伤

C. 我始终悲伤，不能自制

D. 我太悲伤或不愉快，不堪忍受

2. 请选择适合你的一项：

A. 我从各种事件中得到很多满足

B. 我不能从各种事件中感受到乐趣

C. 我对一切事情不满意或感到枯燥无味

D. 我并不满足，也不觉枯燥

3. 请选择适合你的一项：

A. 我不感到有罪过

B. 我在相当长的时间里感到有罪过

C. 我在大部分时间里觉得有罪

D. 我在任何时候都觉得有罪

4. 请选择适合你的一项：

A. 我没有觉得受到惩罚

B. 我觉得可能会受到惩罚

C. 我预料将受到惩罚

D. 我觉得正受到惩罚

5. 请选择适合你的一项：

A. 我对自己并不失望

B. 我对自己感到失望

C. 我讨厌自己

D. 我恨自己

6. 请选择适合你的一项：

A. 我觉得自己并不比其他人更不好

B. 我要批评自己的弱点和错误

C. 我在所有的时间里都责备自己的错误

D. 我责备自己把所有的事情都弄坏了

7. 请选择适合你的一项：

A. 我没有任何想弄死自己的想法

B. 我有自杀想法，但我不会去做

C. 我想自杀

D. 如果有机会我就自杀

8. 请选择适合你的一项：

A. 我现在哭泣与往常一样

B. 我比往常哭得多

C. 我现在一直想哭

D. 我过去能哭，但现在想哭也哭不出来

9. 请选择适合你的一项：

A. 和过去相比，我现在生气并不更多

B. 我现在比往常更容易生气发火

C. 我觉得现在所有的时间都容易生气

D. 过去使我生气的事，现在一点都不能使我生气

10. 请选择适合你的一项：

A. 和过去相比，我对别人的兴趣减少了

B. 我对其他人没有失去兴趣

C. 我对别人的兴趣大部分失去了

D. 我对别人的兴趣已全部丧失

11. 请选择适合你的一项：

A. 我作决定和往常一样好

B. 我推迟作出决定的时候比过去多了

C. 我作决定比以前困难多了

D. 我再也不能作出决定了

12. 请选择适合你的一项：

A. 我工作和以前一样好

B. 要着手做事，我现在需要额外花些力气

C. 无论做什么，我必须努力催促自己才行

D. 我什么工作也不能做了

测试结果：

选择 A 占了 10 个以上：忧虑基本与你无关，你很知足快乐。

选择 B 占了多数：你有轻度忧虑，不十分严重。

选择 C 占多数：你已经有抑郁的毛病，需要及时调整。

选择 D 占多数：你患有严重的抑郁症，如果再不治疗，会发生危险！

撕破恐惧的面纱

恐惧是人类最大的敌人。不安、忧虑、嫉妒、愤怒、胆怯等，都是恐惧的又一种表现。恐惧剥夺人的幸福与能力，使人变为懦夫；恐惧使人失败，

使人流于卑贱；恐惧比什么东西都可怕。

恐惧能摧残一个人的意志和生命。它能影响人的消化系统、伤害人的修养、减少人的生理与精神的活力，进而破坏人的身体健康；它能打破人的希望、消退人的意志，使人的心力"衰弱"至不能创造或从事任何事业。

一个美国电气工人，在一个周围布满高压电器设备的工作台上工作。他虽然采取了各种必要的安全措施来预防触电，但心里始终有一种恐惧，害怕遭高压电击而送命。

有一天他在工作台上碰到了一根电线，立即倒地而死，他身上表现出触电致死者的一切症状：身体皱缩起来，皮肤变成了紫红色与紫蓝色。但是，验尸的时候却发现了一个惊人的事实：当那个不幸的工人触及电线的时候，电线中并没有电流通过，电闸也没有合上——他是被自己害怕触电的自我暗示杀死的。

故事中的主人公是被自己杀死的，是被自己的恐惧杀死的。每个人都有自己惧怕的事情或情景，而且不少事物或情景是人们普遍惧怕的，如怕雷电、怕火灾、怕地震、怕生病、怕失恋等等。但是，有的人的恐惧异于正常人，如一般人不怕的事物或情景，他怕；一般人稍微害怕的，他特别怕。这种无缘无故的与事物或情景极不相称、极不合理的异常心理状态，就是恐惧心理。它是一种不健康的心理，严重的恐惧心理会形成恐惧症。

恐惧心理，会严重影响一个人的学习、工作、事业和前途。为了自己的健康和进步，有严重恐惧心理的人必须下定决心，鼓足勇气，努力战胜自己不健康的恐惧心理。

★学习科学知识

一位心理学家说得好："愚昧是产生恐惧的源泉，知识是医治恐惧的良药。"的确，人们对异常现象的惧怕，大多是由于对恐惧对象缺乏了解和认识引起的。

★勇于实践

经常主动接触自己所惧怕的对象，在实践中去了解它、认识它、适应它、习惯它，就会逐渐消除对它的恐惧。例如，有的人惧怕登高、惧怕游泳、惧怕猫、惧怕毛毛虫等。害怕异性，可以尝试勇敢地去和异性交流，只要经常多实践、多观察、多锻炼、多接触，就会增长胆识，消除不正常的恐惧感。

★转移注意力

把注意力从恐惧对象转移到其他方面，以减轻或消除内心的恐惧。例如，要克服在众人面前讲话的恐惧心理，除了多实践多锻炼外，每次讲话时把自己的注意力从听众的目光、表情转移到讲话的内容上，再配合"怕什么！"等积极的心理作用，心情就会变得比较镇静，说话也能比较轻松自如了。

哈佛学者马尔登曾说过："人们不安和多变的心理，是现代生活多发的现象。"他认为，恐惧是人生命情感中难解的症结之一。面对自然界和人类社会，生命的进程从来都不是一帆风顺、平安无事的，总会遭到各种各样、意想不到的挫折、失败和痛苦。当一个人预料将会有某种不良后果产生或受到威胁时，就会产生这种不愉快情绪，并为此紧张、不安、忧虑、烦恼、担心、恐惧，程度从轻微的忧虑一直到惊慌失措。最坏的一种恐惧，就是常常预感着某种不祥之事的来临。这种不祥的预感，会笼罩着一个人的生命，像云雾笼罩着爆发之前的火山一样。

克服恐惧看起来非常困难，但改变却在一念之间。其实，生活中有很多恐惧和担心完全是由我们内心里想象出来的，想要驱除它必须在潜意识里彻底根除它。拿出一点勇气与行动给自己，就当是脱掉"胆小鬼"的帽子吧。告别恐惧的心理，才能爆破发出强烈而持久的创造力，否则我们将在极度恐慌中度过一年又一年，终无所成，还累坏了繁忙的大脑，让心脏承受不必要的负担。

下面测试看看你的恐惧心理。

共 10 题，每题 3 个备选，请从中选出适合的一项。

1. 你对包括双亲在内的长辈有没有害怕或敬畏过？

A. 对其中之一害怕过

B. 有时会有

C. 不记得有

2. 你总是对某件事存在力不从心的感觉吗？

A. 只要遇到困难我都会有此感觉

B. 当碰到无法处理的事，自己完全解决不了时会有

C. 我很自信，处理问题从来没有力不从心的时候

3. 你害怕过自己某天会失业吗？

A. 我经常为此忧心

B. 有时会

C. 从未有过这种担心

4. 你总是很在乎别人对自己形象的看法吗？

A. 是的，这对我很重要

B. 偶尔会的

C. 别人的看法对我没任何影响

5. 你对具有权威的人有何感受？

A. 总是感到恐慌，不想多见

B. 不愿意与其多接触

C. 对他们没什么特别的惧怕

6. 你对别人养的小宠物有什么想法？

A. 感到害怕

B. 它们让我有些不自在

C. 很可爱，从不害怕

7. 你忧虑过有一天你的恋人会离你而去吗？

A. 的确，我一直忧虑

B. 有时会担心

C. 我对彼此的感情非常自信

8. 你对自己的健康持什么样的观点？

A. 我一直在害怕自己会在不久之后得某种难以根治的病

B. 我有时会因自己生些小病而忧虑

C. 我一直很健康，没有这方面的忧虑

9. 你一般以什么样的心理状态为自己拿主意？

A. 总是在担心会出问题

B. 偶尔会有身心不宁之感

C. 很自信，认为不会有问题

10. 你对任何该做的事情都能负起责任吗？

A. 基本不是，责任能推就推

B. 如果应该是我的责任，我都愿意承担

C. 我愿意负起全责

评分标准：

A、B、C 分别为 1 分、2 分、3 分，计算总分。

结果分析：

10～14 分：你时常被恐惧心理所打扰。这会让你的生活少了很多平静和快乐，你可能因以前的某些失败，产生了一定的自卑心理，从此几乎害怕做任何事情。

15～24 分：你在一些关键场所或面临重大选择时会有恐惧心理。这在一定程度上也影响了你的生活。

25～30 分：你的心理是健康的，你勇往直前，无所畏惧，你的生活不会被恐惧打扰。

第二章 管理自我应具备的几种心态

希望：给自己种下"希望的种子"

在心中播下希望的种子，这样你就能够在艰苦的岁月里抱有一份希望，不至于被各种困难吓倒，最终走出困境，达到梦想的目标。世事无常，我们随时都会遇到困厄和挫折。当遇见生命中突如其来的困难时，你都是怎么看待的呢？不要把自己禁锢在眼前的困苦中，眼光放远一点，当你看得见成功的未来远景时，你就会不畏艰难险阻。

哈佛人说，希望是引爆生命潜能的导火索，是激发生命激情的催化剂。自己给生活带来希望的人，每天都将活得生机勃勃、激昂澎湃，我们将忘记叹息和悲哀，不再将生命浪费在一些无足轻重的小事上。

当我们处于厄运的时候，当我们面对失败的时候、当我们面对重大灾难的时候，只要我们仍能在自己的生命之杯中盛满希望之水，那么，无论遭遇什么样的坎坷和不幸之事，我们都能永葆快乐心情，我们的生命才不会枯萎。

我们要懂得给自己种下希望的种子，让它生根发芽。然后变成最美丽的大树。

二战时期，在纳粹集中营里，一个叫玛莎的犹太女孩写过这样一首诗：

这些天里我一定要节省，虽然我没钱可节省

我一定要节省健康和力量，足够支持我很长时间

我一定要节省我的神经我的思想我的心灵和我精神之火

我一定要节省流下的泪水

我需要它们安慰我

我一定要节省忍耐，在这些风暴肆虐的日子

在我的生命里我有那么多需要的

情感的温暖和一颗善良的心

这些东西我都缺少

这些我一定要节省

这一切，上帝的礼物，我希望保存

我将多么悲伤

倘若我很快就失去了它们

即使在随时都可能死去的时刻，玛莎仍然热爱着生命。她节省泪水、节省精神之火，用稚嫩的文字给自己弱小的灵魂取暖，用坚韧的希望照亮黑暗的角落。很多人在绝望中死去，而这个当时只有12岁的小女孩玛莎，终于等到了二战结束，看见了新生的曙光。

人在任何时候都不应该放弃希望，希望是生命的维系。只要一息尚存，就要追求、就要奋斗。无论面对怎样的环境，面对再大的困难，都不能放弃对生活的热爱。

内心充满希望，它可以为你增添一分勇气和力量，它可以支撑起你一身的傲骨。当莱特兄弟研究飞机的时候，许多人都讥笑他们是异想天开，当时甚至有句俗语说："上帝如果有意让人飞，早就使他们长出翅膀。"

我们生活在一个竞争十分激烈的社会，有时在某方面一时落后，有时困难重重，有时失败连连，有时甚至被人嘲笑……但无论什么时候，我们都不能放弃努力，要为自己播下希望的种子。

1942年，德国人围住列宁格勒。普京在回忆当时的情况时说，每天都有人饿死。饥饿让人变得疯狂。不少人看上了研究所的那些粮食，这可能是当时列宁格勒城中唯一储备大量粮食的地方。

驻守的军队来过，可是科学家说，这是种子，是苏维埃将来的希望，如果希望没了，那么国家就没了，无奈下驻守军队撤退了。

前线浴血奋战的将军也来过，他要把粮食全部交给军队，因为部队马上要坚持不住了，如果没有粮食，战士们都会饿死在战场上。但科学家说，这是种子，不能吃掉。将军暴跳如雷，但科学家告诉他们："当我们打退了德国人，农民们可以用这些种子过上幸福的生活。"将军听完，向科学家敬礼，然后带领士兵离开了。

几个月后，看守仓库的科学家饿死在粮堆旁。列宁格勒的那座粮仓，成为世界粮食史上的一个奇迹。

科学家保住了希望的种子，他留给后人的是无尽的财富与更大的希望。高情商的人都应该具备这样的心态。

在不断前进的人生中，凡是能看得见未来的人，也一定能掌握现在，因为明天的方向他已经规划好了，知道自己的人生将走向何方。留住心中的"希望种子"，相信自己会有一个无可限量的未来，心存希望，任何艰难都不会成为我们的阻碍。只要怀抱希望，生命自然会充满激情与活力。

以下建议可以让我们充满希望：

★越担惊受怕，就越会遭遇灾祸。因此，一定要懂得积极态度所带来的力量，希望和乐观能引导你走向胜利。

★即使处境危难，也要寻找积极因素。这样，你就不会放弃取得微小胜利的努力。你越乐观，克服困难的勇气就越会倍增。

★以幽默的态度来接受现实中的失败。有幽默感的人，才有能力轻松地克服困难，有更好的心态面对生活。

★既不要被逆境困扰，也不要幻想出现奇迹，要脚踏实地，坚持不懈，全力以赴去争取胜利。

★不管多么严峻的形势向你逼来，你也要努力去发现有利的因素，这样，自信心自然也就增强了。

★不要把悲观作为保护你的缓冲器。乐观是希望之花，能赐人以力量。

★当你失败时，你要想到你曾经多次获得过成功，这才是值得庆幸的。如果 10 个问题，你做对了 5 个，那么还是完全有理由庆祝一番，因为你已经成功地解决了 5 个问题。

★在闲暇时间，你要努力接近乐观的人，观察他们的行为。通过观察和学习，能培养自己乐观的态度，乐观的火种会慢慢地在你内心点燃。

生活中不可能总是阳光明媚的艳阳天，狂风暴雨随时都有可能来临。每一个人都要以一种勇敢的人生姿态去迎接命运的挑战，跌倒了再爬起来，坚持下去，种下希望的种子，就一定能成功。

一个人最大的危险是迷失自己，特别是在苦难接踵而至的时候。命运的天空被涂上一层阴霾的乌云，但高情商者始终高昂着那颗不愿低下的头。因为他心中有盏灯，能点亮所有的黑暗，那盏灯就是高情商者永远都不会放弃的希望。无论一个人多么不幸，无论生活有多么难，只要心中有希望，就一定能走出阴霾。

乐观：悲观者的天敌

哈佛告诉学生：积极向上的生活态度，对幸福生活的主动追求，需要你总是乐观，乐观的人总能以阳光的心态迎接生活。

牛顿曾说过："愉快的生活是由愉快的思想造成的，愉快的思想又是由乐观的个性产生的。"乐观的人总是变通地看待生活和问题，他们总能在困难和不幸中发现美好的事物。他们总向前看，他们相信自己，相信自己能主宰一切，包括快乐和痛苦。

玛格丽特·莫斯是新西兰一位建筑商的女儿，移居美国后，曾在休斯敦一家电视台工作，1990年起任CNN摄影记者。1992年6月，她被派往萨拉热窝进行战地采访。在那里，曾有多名记者丧生。

莫斯在萨拉热窝逗留6个星期，虽然每天都很危险，但是她热爱自己的工作，即使危险，她也勇往直前。然而好运没有一直伴着她。

一天清早，她正在车里，一颗子弹击穿车玻璃，正好击中她的脸部。这是致命的打击，子弹几乎掀掉了她的半边脸，她的颧骨被打得粉碎，牙齿没有了，舌头被打断。送到诊所时，大夫们直摇头，认为她不行了，肯定没存活的希望了。

然而，奇迹就发生了。经过20多次手术后，她又奇迹般地回到了工作岗位。这时的她，下颌仍无感觉，脸部还留着弹片，体重减轻了8公斤，她从一个美丽的女孩变成了一个面部狰狞的人。令大家吃惊的是，她要求重返萨拉热窝。

她幽默地说："说不定我还能在那里找回我的牙齿。"她甚至想认识一下当初袭击她的枪手。有人问她，见到那个枪手后怎么办。她说："我会请他喝一杯，问他几个问题，比方说当时距离有多远。"

莫斯面对厄运的乐观态度证明她是一个具有坚韧毅力的女孩，她还用幽默的态度对待悲剧，正是这种乐观的性格，使她能够迅速摆脱挫折的阴影，积极地投入到新的生活中去。

乐观是积极情绪，高情商的人都有一个乐观的心态，所以他们都是幸福的。其实幸福本没有绝对的定义，许多平常的小事往往能撼动你的心灵。能否体会幸福，只在于你的心怎么看待。想要拥有幸福的生活，就要怀有一颗乐观的心。

哈佛告诉学生：真正的快乐来自内心体验和乐观心态。而金钱、名车、豪宅等那些外部的条件并不能成为你真正快乐的来源。

我们要善于发现事情光明的一面。要想赢得人生、做一个高情商的人，就不能总把目光停留在那些消极的东西上，那只会使我们沮丧、自卑，徒增烦恼，还会影响我们的身心健康。结果，我们的人生就可能被消极的阴影遮蔽它本该有的光辉。

我们要选择正面，便能乐观自信地舒展眉头，面对一切。选择背面，我们就只能是眉头紧锁，郁郁寡欢，最终成为人生的失败者。悲观失望的人在挫折面前，会陷入不能自拔的困境；乐观向上的人即使在绝境之中，也能看到一线生机，并为此而努力。

爱默生经常以愉快的方式来结束每一天。他告诫人们："时光一去不返，每天都应尽力做完该做的事。疏忽和荒唐在所难免，要尽快忘掉它们。明天将是新的一天，应当重新开始，振作精神，不要使过去的错误成为未来的包袱。"

卡耐基先生有一次曾造访希西监狱，他对狱中的囚犯看起来竟然很快乐感到惊讶。典狱长罗兹告诉卡耐基：因为注重精神面貌的改造犯人都认命地服刑，尽可能快乐地生活。有一位花匠囚犯在监狱里一边种着蔬菜、花草，还一边轻哼着歌呢！他哼唱的歌词是：

事实已经注定，事实已沿着一定的路线前进，痛苦、悲伤并不能改变既定的情势，也不能删减其中任何一段情节，当然，眼泪也无济于事，它无法使你创造奇迹。那么，让我们停止流无用的眼泪吧！既然谁也无力使时光倒转，不如抬头往前看。

令人后悔的事情，在生活中经常出现。许多事情做了后悔，不做也后悔；许多人遇到了后悔，错过了更后悔；许多话说出来后悔，不说出来也后悔……人生没有回头路，也没有后悔药。过去的已经过去，你再也无法重新设计。一味后悔，只会让你错过未来的美好，给未来的生活增添阴影。

诗人胡德说：到处都有明媚宜人的阳光，勇敢的人一路纵情歌唱。即使在乌云的笼罩之下，他也会充满对美好未来的期待，跳动的心灵一刻都不曾沮丧悲观；不管他从事什么行业，他都会觉得工作很重要、很体面；即使他穿的衣服褴褛不堪，也无碍于他的尊严；他不仅自己感到快乐，也给别人带来快乐。

哈佛人要我们记住："人要看到事物阳光灿烂的一面。"这个世界应该更加光明、更加美好，如果我们懂得保持快乐是自己的责任，懂得开开心心地生活，那么，这个世界就会美妙多了。每天都快乐地生活，也是让别人幸福的最好保证。

哈佛学者说：高情商的人对生活抱一种乐观的态度，所以他们就不会稍有不如意，就自怨自艾。大部分终日苦恼的人，实际上并不是遭受了多大的不幸，而是自己的内心素质存在着某种缺陷，存在对生活的认识偏差。事实上，生活中有很多坚强的人，即使遭受不幸，精神上也会岿然不动。生活是喜怒哀乐之事的总和。我们必须清楚，不顺心、不如意，是人生不可避免的一部分，这些都不是我们个人的力量所能左右的。明白了这一点，我们就会对生活抱一种达观的态度，而当这种态度占据一个人的心灵后，他就拥有了阳光的心态。

你是个乐观主义者，还是个悲观主义者？你是透过亮丽的镜子，还是灰暗的镜子来看待人生？做完这套试题，你就明白了。

1. 如果半夜里听到有人敲门，你会认为那是坏消息，或是有麻烦发生了吗？

2. 你随身带着安全别针或一根绳子，以防衣服或别的东西裂开了吗？

3. 你跟人打过赌吗？

4. 你曾梦想过赢了彩票或继承一大笔遗产吗？

5. 出门的时候，你经常带着一把伞吗？

6. 你会用大部分的收入买保险吗？

7. 度假时你曾经没预订宾馆就出门吗？

8. 你觉得大部分的人都很诚实吗？

9. 外出度假时，把家门钥匙托朋友或邻居保管，你会把贵重物品事先锁起来吗？

10. 对于新的计划你总是非常热衷吗？

11. 当朋友表示一定会还时，你会答应借钱给他吗？

12. 大家计划去野餐或烤肉时，如果下雨你仍会按原计划行动吗？

13. 在一般情况下，你信任别人吗？

14. 如果有重要的约会，你会提早出门以防塞车或别的情况发生吗？

15. 每天早上起床时，你会期待美好一天的开始吗？

16. 如果医生叫你做一次身体检查，你会怀疑自己有病吗？

17. 收到意外寄来的包裹时，你会特别开心吗？

18. 你会随心所欲地花钱，等花完以后再发愁吗？

19. 上飞机前你会买保险吗？

20. 对未来的生活充满希望吗？

评分标准：

每道题答"是"得1分，答"否"得0分，计算总分。

结果分析：

0～7分：你是个标准的悲观主义者，看人生总是看到不好的那一面。解决这一问题的唯一办法，就是以积极的态度来面对每一件事和每一个人，即使偶尔会感到失望，你仍可以增加信心。

8～14分：你对人生的态度比较正常。不过你仍然可以再进步，只要你学会以积极的态度来应付人生的起伏，那么你的人生将充满幸福。

15～20分：你是个标准的乐观主义者。看人生总是看到好的一面，将失望和困难摆到一旁，不过过分乐观也会使你对事情掉以轻心，反而误事。

幽默：情绪的开心果

生活中需要幽默，幽默是高情商的表现，它更是管理自我应具备的心态。发现幽默，它是情绪的开心果；应用幽默，它可缓解矛盾，调节心情，促使心理处于相对平衡状态。著名的喜剧大师卓别林曾说："通过幽默，我们在貌似正常的现象中看出了不正常的现象，在貌似重要的事物中看出了不重要的事物。"

生活中的你，是整天一副严肃的表情，还是常能于妙趣横生中化干戈为玉帛呢？幽默并不仅仅是一种单纯的说笑，它还是一种智慧的迸发、善良的表达，是交往的润滑剂，更是一种胸怀和境界。幽默不仅能增加你和他人之间的友谊，更能使一些误解得到消除。幽默就像阳光一样，可以使这个世界变得温暖明媚。

幽默的人生是乐趣无穷的人生。学会和善于运用幽默，会令我们的工作、生活更为丰富和快乐。幽默的方式方法有多种，从其性质来看，有滑稽的、荒谬的，有出人意料的，有戏谑、诙谐、反讽、挖苦等。需要强调的是，运用幽默谈吐时，要考虑场合和对象。一般情况下，在日常社交场合中，可多用幽默；在学术性或政治性交往活动中则要慎用幽默，应注意不适当的幽默会削弱听众对主题的注意；对待敌人、恶人则要用讽刺性幽默，以便在用幽默讥讽、鞭挞对方的同时，又不至于失去风度。

一位年轻的画家拜访德国著名的画家阿道夫·门采尔，向他诉苦说："我真不明白，为什么我画一幅画只用一会儿工夫，可卖出去却要整整一年。""请倒过来试试吧，亲爱的。"门采尔认真地说，"要是你花一年的工夫去画它，那么只用一天，准能卖掉它。"那个画家笑了。

门采尔对画家所说的话不仅化解了那个画家的郁闷，而且幽默中蕴涵深刻哲理，让人们在笑声中增长智慧。

幽默在日常生活中是很重要的，它充当着调味剂，让我们的生活更加有滋有味。它能使严肃、紧张的气氛顿时变得轻松、活泼，它能让人感受到说话人的温厚和善意，使其观点变得很容易让人接受。

然而真正的幽默是充满智慧的。在日常生活中，常有人由于言语不慎而使我们身处窘境，或是向我们提一些非分的请求，或是问一些我们不好回答或暂时不知道答案的问题。此时，我们如果直接表明"不满意"、"不可能"或"无可奉告"、"不知道"，往往会给彼此带来不快。如果我们想从窘境中脱身而出，不妨借用幽默的力量。

有一次，萧伯纳为庆贺自己的新剧本演出，特发电报邀请邱吉尔看戏："今特为阁下预留戏票数张，敬请光临指教。并欢迎你带友人来——如果你还有朋友。"邱吉尔看到后立即复电："本人因故不能参加首场公演，拟参加第二场公演——如果你的剧本能公演两场。"邱吉尔善用幽默的特点由此可见一斑。

不仅在生活中如此，即便是在政治上，邱吉尔也能够将这种智慧应用自如。邱吉尔有一个习惯，即洗澡后裸着身体在浴室里来回踱步，以事休息。

二战期间，一次，邱吉尔来到白宫，要求美国给予军事援助。当他正在白宫的浴室里光着身子踱步时，有人敲浴室的门。"进来吧，进来吧。"他大声喊道。

门一打开，出现在门口的是罗斯福。他看到邱吉尔一丝不挂，便转身想退出去。"进来吧，总统先生。"邱吉尔伸出双臂，大声呼喊，"大不列颠的首相是没有什么东西需要对美国总统隐瞒的。"看到此景的罗斯福会心一笑，也被邱吉尔的机智幽默所折服。

就是通过这样直白坦率而又幽默的方式，邱吉尔最终赢得了美国总统的信任，让美国和英国结成了同盟，从而帮助自己的国家走出了困境。邱吉尔的幽默是一种智慧的力量。

然而，幽默并非天生就有，而是需要自己用心培养。那么，怎样培养幽默感呢？

★首先要领会幽默的真正含义

幽默不是油腔滑调，也非嘲笑或讽刺。正如有位名人所言：浮躁难以幽默，装腔作势难以幽默，钻牛角尖难以幽默，捉襟见肘难以幽默，迟钝笨拙难以幽默，只有从容、平等待人、超脱、游刃有余、聪明透彻，才能幽默。

★观察幽默的人

我们观察幽默的人，其实从他们身上学会幽默的节奏。幽默的人其实都有一种节奏，你可以通过现场观察来学习。你有意识或者无意识地就学会了别人的这种模式，用一种新的思维方式来替代过去的缺少幽默的方式。因此，我们的生活中一定要有一些幽默的人存在，或者是我们制造一些幽默的人存在——去读马克·吐温的作品，读钱钟书和林语堂，我们也可以尝试着用一种幽默的眼光去读那些名著。俗话说熟读唐诗三百首，不会作诗也会吟，当我们熟读幽默大师的作品时，我们自己的节奏也就会变得幽默了。

★扩大知识面

幽默是一种智慧的表现，它必须建立在丰富的知识基础上。一个人只有拥有了审时度势的能力、广博的知识，才能做到谈资丰富，妙言成趣，从而作出恰当的比喻。因此，要培养幽默感，必须广泛涉猎，充实自我，不断从浩如烟海的书籍中收集幽默的浪花，从名人趣事的精华中撷取幽默的宝石。

★打破常规模式

如果我们总是处在一成不变的环境中，很容易变得审美疲劳，自然也就缺少了很多幽默的活力。如果我们能偶尔改变一下自己的处境，或者是结识一些新的朋友，我们会发现值得自己高兴的事情有很多。

★陶冶情操

乐观面对现实，幽默是一种宽容精神的体现。要善于体谅他人，要使自己学会幽默，就要学会宽容大度，克服斤斤计较，同时还要乐观。乐观与幽默是亲密的朋友，生活中如果多一点趣味和轻松，多一点笑容和游戏，多一份乐观与幽默，那么就没有克服不了的困难，也不会出现整天愁眉苦脸、忧心忡忡的痛苦者。

★允许自己变成"次等人"

很多人缺少幽默感，就是因为自尊心过于强烈，不允许别人对自己开一点点玩笑。有时候朋友之间会因为好玩而相互地"损"一下，如果你因此而大发雷霆，那么大家都会把你当成地雷敬而远之。正如一次调查所言，没有人愿意和缺少幽默感的人约会。如果我们不允许自己暂时性地变成"次等人"，那么我们就不能自嘲、处于尴尬之中，这样我们也就难以看到自己身上幽默的潜力。

★培养敏锐的洞察力

提高观察事物的能力，培养机智、敏捷的能力，是提高幽默的一个重要方面。只有迅速地捕捉事物的本质，以诙谐的语言作出恰当的比喻，才能使人们产生轻松的感觉。当然，在幽默的同时还应注意，重大的场合总是不能马虎，不同问题要不同对待，在处理问题时要极具灵活性，做到幽默而不俗套，使幽默为人们的精神生活提供真正的养料。

感恩：是一种生活态度

感恩源于一颗懂得珍惜的心灵，更是一种被放大的爱。因为拥有感恩之心的人会主动回馈命运的恩赐，那些爱则会以辐射状向四周散发，惠及身边每一个需要帮助的人。最初，这种感恩之心可能只是一种内在的精神修炼，但是时间长了，便会成为一种惠及他人的广阔胸怀。

懂得感恩的人，不会只把感恩之心停留在精神层面，他们会通过各种方式的行为来回馈命运的恩赐，即使只是对卑微生命的悲悯，却也承载着他们的一番心意。

"我的手还能活动；我的大脑还能思维；我有终生追求的理想；我有爱我和我爱着的亲人与朋友；对了，我还有一颗感恩的心……"

谁能想到这段豁达而美妙的文字，竟出自一位在轮椅上生活了30余年的高位瘫痪的残疾人——世界科学巨匠霍金。

命运之神对霍金，在常人看来是苛刻得不能再苛刻了：他口不能说，腿不能站，身不能动。可他仍感到自己很富有：一根能活动的手指，一个能思考的大脑……这些都让他感到满足，并对生活充满了感恩之心。因而，他的人生是充实而快乐的。

与霍金相比，我们有的人什么也不缺，要手有手，要脚有脚，要金钱有金钱，可生活给了他一点磨难，他就开始怨天尤人了。这样的人没有感恩之心，快乐也就与他失之交臂。

感受和感激他人恩惠的能力，是我们维护自己的内心安宁感、提高自己的幸福充裕感必不可少的心理能力。"滴水之恩，当涌泉相报"的原意就是告诉人们要知道回报。在社会中，知道感谢，怀有一颗感恩之心是很必要的，可促进社会各成员、群体、阶层、集团之间的关系相处融洽、协调，促进人与人之间互相尊重、信任、帮助。

在一个小镇上，饥荒让所有贫困的家庭都面临着危机。小镇上最富有的人要数面包师卡尔了，他是个好心人。为了帮助人们度过饥荒，他把小镇上最穷的20个孩子叫来，对他们说："你们每一个人都可以从篮子里拿一块面包。以后你们每天都在这个时候来，我会一直为你们提供面包，直到你们平安地度过饥荒。"

那些饥饿的孩子争先恐后地去抢篮子里的面包，有的为了能得到一块大点的面包甚至大打出手。面包师注意到一个叫格雷奇的小女孩儿，在别人抢完以后，她才到篮子里去拿最后的一小块面包，她还亲吻面包师的手，感谢他为自己提供食物，然后拿着它回家。面包师想："她一定是回家和自己的家人一起分享那一小块面包，多么懂事的孩子呀！"

第二天，格雷奇拿着面包到家后，当她妈妈把面包掰开的时候，一个金币从面包里掉了出来。妈妈惊呆了，对格雷奇说："这肯定是面包师不小心掉进来的，赶快把它送回去吧。"小女孩儿拿着金币来到了面包师家里，对他说："先生，我想您一定是不小心把金币掉进了面包里。"面包师微笑着说："我是故意把这块金币放进最小的面包里的。你是一个懂得感恩的女孩子，这块金币算是对你的奖赏。"

故事告诉我们，要想拥有幸福的生活，首先就要怀有一颗感恩的心。有一颗感恩的心，才更懂得尊重：尊重生命、尊重劳动、尊重创造。有一颗感恩的心，会让我们的社会多一些宽容与理解，少一些指责与推诿，多一些和谐与温暖，少一些争吵与冷漠，多一些真诚与团结，少一些欺瞒与涣散……

如果你改变不了世界，那就改变你自己吧，换一种眼光去看世界，你会发现所有的磨难其实都是促进你生命成长的"清新氧气"，都是值得你感恩的。

怀着感激去生活，我们便拥有了一份理智、一份平和、一份进取，才不会浮躁、不会抱怨、不会悲观，更不会放弃，人们常说，保持微笑可以延缓衰老，使我们更显年轻，而常怀感激则会使我们的心永远充满希望，生机盎然。

巴西是一个足球王国，大人小孩都喜欢踢足球。在里约热内卢的一个贫民窟里，有这样一个男孩，他非常喜欢足球，可是又买不起，于是就踢塑料盒，踢汽水瓶。

碰巧有一天，当他在一个干涸的小池塘里猛踢一只猪膀胱时，被一位足球教练看见了，他发现这男孩子踢得很是那么回事，便送给他一只足球。小男孩得到足球后踢得更卖劲了，不久，他就能准确地把球踢进远处随意摆放的一只水桶里。

这时，圣诞节快到了，男孩的妈妈说："我们没有钱买圣诞礼物送给我们的恩人，就让我们为他祈祷吧。"小男孩跟妈妈祷告完毕，向妈妈要了一只铲子跑了出去，他来到教练别墅前的花圃里，开始挖坑。

男孩正在吃力地挖坑的时候，教练从别墅里走了出来，他问小孩在干什么。小男孩抬起满是汗珠的脸蛋，说："教练，圣诞节到了，我没有礼物送给您，我愿给您的圣诞树挖一个树坑。"

过了 3 年后，这位 17 岁的小男孩在 1958 年世界杯上率领巴西队第一次捧回金杯。一个原本不为世人所知的名字——贝利，随之传遍世界。小贝利用自己的实际行动，表达了对教练的爱心和感激，他因此也得到教练的喜爱和培养，最终成为世界球王。

哈佛学者告诉我们，没有没意义的生活，只有不懂感谢的人。生活中有许多人值得我们去感谢：朋友、家人、老师、同事，甚至是陌生人……

感恩之心会给我们带来无尽的快乐。为生活中的每一份拥有而感恩，能让我们知足常乐。感恩是把所有的拥有看做是一种荣幸、一种鼓励，在深深感激之中产生回报的积极行动，与他人分享自己的拥有。感恩之心使人警醒并积极行动，更加热爱生活，创造力更加活跃；感恩之心使人向世界敞开胸怀，投身到仁爱行动之中。没有感恩之心的人，永远不会懂得爱，也永远不会得到别人的爱。

拥有感恩之心的人，会随时得到快乐，正如康德所说："在晴朗之夜，仰望天空，就会获得一种快乐，这种快乐只有高尚的心灵才能体会出来。"

而一个不知道感恩的人，只会向别人索取，而不能给予社会什么，他只能是一个自私自利的人，更严重的是，他们会因此更觉得生活缺少快乐，无法相互给予。他们将无法融入社会大家庭，甚至，他们的生存将会受到威胁，以致产生极端心理，做出危害社会的行为。

懂得感恩并怀有一颗感恩的心，便如那聚焦镜，把周围人的关爱收集到自己的心里，在阳光下，享受着阳光带来的温暖；而在没有阳光的时候，会用蕴藏在心中的暖意给自己取暖，等待着阳光的再次到来。虽身处一样的红尘，可懂得感谢的人却拥有更多的温暖和幸福。

如果你有一颗感恩的心，你会对你所遇到的一切都抱着感激的态度，这样的态度会使你消除怨气。早上起来的时候，你看到窗外的阳光，你会感恩；吃一块面包，你会感恩；接到朋友的电话，你会感恩；在树上看到一只鸟在唱歌，你会感恩；看到猫咪睡在你的床头，你会感恩；然后你的一天乃至你的一生，就在这感恩的心情中度过，那你还有什么不幸福的呢？

包容：海纳百川的度量

人与人之间需要包容，包容是海纳百川的度量，包容更能让我们去影响他人，从而成就自己。

服装界有名的商人史瓦兹是一个善于容人的经营者，他的成功就和他善于包容不同个性人才的品格有很大关系。

史瓦兹刚入服装行业的时候，有一次他拿着样衣经过一家小店，却无缘无故地被店主讥讽嘲笑了一通，说他的衣服只能堆在仓库里，再过10年也卖不出去。史瓦兹并未反唇相讥，而是诚恳地请教，这小店主说得头头是道。

史瓦兹大惊之下，愿意高薪聘用这位怪人。没想到这人不仅不接受，还讽刺了史瓦兹一顿。史瓦兹没有放弃，运用各种方法打听，才知道这小店主居然是一位极其有名的服装设计师，只是因为他自诩天才、性情怪僻而与多位上司闹翻，一气之下发誓不再设计服装，改行做了小商人。

史瓦兹弄清原委后，三番五次登门拜访，并且诚心请教。这位设计师仍然是火冒三丈，劈头盖脸地骂他，坚决不肯答应。史瓦兹毫不气馁，常去看望他，经常和他聊天并给予热情的帮助。这位怪人到最后也很不好意思了，终于答应史瓦兹，但是条件非常苛刻，其中包括一旦他不满意可以随意更改设计图案，允许他自由自在地上班。史瓦兹都一一答应。果然，这位设计师虽然常顶撞史瓦兹，让他下不了台，但其创造的效益很巨大，帮助史瓦兹建立了一个庞大的服装帝国。

善于容人就要掌控好自己的情绪，这样才可能去容忍他人个性上的缺点。这位设计师的脾气不可谓不怪异，甚至有点恃才傲物，但是史瓦兹慧眼识金，懂得他的价值所在，对他的缺点和不足都一一宽容，使他帮助自己走上了事业的成功之路。

林肯的强敌斯坦顿因为某些原因而憎恨他，斯坦顿想尽办法在公众面前侮辱他，毫不保留地攻击他的外表，故意制造事端为难他。尽管如此，当林肯当选美国总统，需要选一位最重要的参谋总长时，他没选别人，而选了斯坦顿。

当消息传出时，一片哗然，街头巷尾议论纷纷。林肯不为所动，他回答说："我认识斯坦顿，我也知道他从前对我的批评，但为了国家前途，我认为他最适合这份职务。"果然，斯坦顿为国家以及林肯做了不少的事。

过了几年，当林肯被暗杀后，许多颂赞的话语都在形容这位伟人。然而，所有颂赞的话语中，要数斯坦顿的话最有分量了。

他对躺在福特戏院里的林肯说："这里躺着有史以来最完美的统治者。"

林肯总统的一生是仁爱的象征，他用宽容这种高贵的力量征服了一个又一个政治对手，有许多人还因此成为他的忠实追随者。当时的战争部长斯坦顿，以及著名的拖延将军麦克莱伦等，他都用一颗博大的心来宽恕他们的辱骂与诅咒，并最终赢取了他们的支持和拥护。

气量是一种高尚的人格修养，一种成大事的大将风度。气量实际上反映了一个人的素养和品性。气量的真正内容是宽容，用博大的态度对待他人，就等于给自己送了一份价值不菲的礼物。生活里多一点宽容，生命就会多一份空间和爱心，多一分温暖和阳光。

包容是心与心的交融，无语胜有声；包容是仁者的虔诚，是智者的宁静。正因为深邃的天空容忍了雷电风暴一时的肆虐，才有风和日丽；辽阔的大海容纳了惊涛骇浪一时的猖獗，才有浩渺无垠。

一个人20多岁时被人陷害，在牢房里待了10年。后来冤案告破，他终于走出了监狱。出狱后，他开始了几十年如一日的反复控诉、咒骂："我真不幸，在最年轻有为的时候遭受冤屈，在监狱度过本应最美好的一段时光。那样的监狱简直不是人居住的地方……"

75岁那年，在贫病交加中，他终于卧床不起。弥留之际，牧师来到他的床边："可怜的孩子，去天堂之前，忏悔你在人世间的一切罪恶吧……"牧师的话音刚落，病床上的他声嘶力竭地叫喊起来："我没有什么需要忏悔，我需要的是诅咒，诅咒那些施与我不幸命运的人……"

牧师问："你因受冤屈在监狱待了多少年？离开监狱后又生活了多少年？"他恶狠狠地将数字告诉了牧师。牧师长叹了一口气："可怜的人，你真是世上最不幸的人，他人囚禁了你区区10年，而当你走出监牢本应获取自由的时候，你却用心底里的仇恨、抱怨、诅咒囚禁了自己整整50年！"

记恨的心理对我们的情绪起了不可低估的作用。有人今天记恨这个，明天记恨那个，结果朋友越来越少，对立者越来越多，严重影响人际关系和社会交往，最终成为"孤家寡人"。

人与人之间常常因为一些彼此无法释怀的坚持，而造成永远的伤害。如果我们都能从自己做起，开始包容地看待他人，就能让自己活得更自在、更轻松。别忘了，帮别人开启一扇窗，也是让自己看到更完整的天空。

包容是一种大度，一种豁达。包容心能够容纳万物，能够包含太虚。心旷为福之门，心狭为祸之根。心胸坦荡，不以世俗荣辱为念，不为世俗荣辱所累，不为凡尘琐事所扰，不为痛苦烦闷所惊，就会活得轻松、潇洒、磊落、舒心。

面对许多不愉快的事情，如果我们都能够换位思考，那么矛盾就会趋于缓和，误会也能消融。当你熟悉的人伤害了你时，想想他往日在学习或生活中对你的帮助和关怀，以及他对你的一切好处，这样，心中的火气、怨气就会大减，就能以包容的态度谅解别人的过错或消除相互之间的误会，化解矛盾，和好如初。这样，包容的是别人，受益的是自己。无论在学习和生活中遇到何种不顺利的事情，你都可以在一言一行之间，显示出包容、仁爱的心态，你将因此受用一生。

包容，意味着你有良好的心理。包容，对人对己，都可成为一种无需投资便能获得的精神补品。学会包容不仅有益于身心健康，而且对赢得友谊、保持家庭和睦、婚姻美满，乃至事业的成功都是必要的。多一点包容，少一些计较，有了一颗坦荡的心，无论做任何事，都会感到愉快而宁静。

豁达：衡量风度的标尺

在生活中，常常会见到这样一类人：他们受到一点委屈便斤斤计较、耿耿于怀；听到别人的批评就接受不了，甚至痛哭流涕；对学习、生活中一点小失误就认为是莫大的失败、挫折，长时间寝食难安；人际交往面窄，只同与自己一致或不超过自己的人交往，容不下那些与自己意见有分歧或比自己强的人……这些人就是典型的狭隘型性格的人。

其实为人处世，要有"豁达大度"的胸怀。豁达，即性格开朗；大度，即气量宏大。合起来就是说，我们在处理人际关系时，要气量宽宏，能够容人。气量和容人，犹如器之容水，器量大则容水多，器量小则容水少，器漏则上注而下逝，无器者则有水而不容。

气量大的人，能和各种不同性格、不同脾气的人都处得来；能兼容并包，听得进批评自己的话；也能忍辱负重，经得起误会和委屈。

牛顿考入大学。当时，他还是个年仅18岁的少年。有幸得到导师伊萨克·巴罗博士的悉心教导。巴罗是当时知名的学者，他把毕生所学毫无保留地传授给了牛顿。牛顿大学毕业后，继续留在该校当研究生，不久就获得了硕士学位。

又过了一年，牛顿26岁，巴罗以年迈为由，辞去数学教授的职务，积极推荐牛顿接任他的职务。其实巴罗这时还不到花甲，更谈不上年迈，他辞职是为了让贤。从此，牛顿就成了学校公认的大数学家，还被选为三一学院管理委员会成员之一，在这座高等学府中从事教学和科研工作长达30年之久。他的渊博学识和辉煌的科学成就，都是在这里取得的。

而牛顿这些成绩的取得与巴罗博士的教导、让贤密不可分。可以说，牛顿的奖章中，巴罗也有一半。

在这个故事中，巴罗用他的豁达和大度为我们做了很好的榜样。一个人若有宽宏的度量，他的身边就会集结起大群的知心朋友。大度，表现为对人、对友能求同存异，以事业上的志同道合为交友基础。大度，也表现为能听得进各种不同意见，尤其能认真听取相反的意见。大度，还要能容忍朋友的过失，尤其是当朋友对自己犯有过失时，能不计前嫌，一如既往。大度，更应表现为能够虚心接受批评，发现自己的过失便立即改正，和朋友发生矛盾时，能够主动检查自己，而不文过饰非，推诿责任。大度者，能够关心人、帮助人、体贴人，责己严，待人宽。

雨果曾说过："没有豁达就没有宽容。无论你取得多大的成功，无论你爬过多高的山，无论你有多少闲暇，无论你有多少美好的目标，如果没有宽容心，你仍然会遭受内心的痛苦。世界上最大的是海洋，比海洋更大的是天空，比天空更大的是人的胸怀。"

豁达的度量，从根本上说是来自一个人宽广的胸怀。一个人倘若没有远大的生活理想和目标，其心胸必然狭窄，就像马克思所形容的那样：愚蠢庸俗、斤斤计较、贪图私利的人，总是看到自以为吃亏的事情。眼睛只盯着自己的私利，根本不可能有豁达和宽容的胸怀和度量。"心底无私天地宽"，只有从个人私利的小圈子中解放出来，心里经常装着更远、更大目标的人，才能具备宽广的胸怀，领略到海阔天空的精神境界。

然而豁达不仅表现在与人交往中，也表现在对人生的豁达上。

在戴尔·卡耐基小的时候，有几年旱灾非常严重。那时整个美国经济大萧条，农民受到更大的煎熬，没有人知道到底是什么原因让春天该来的雨缺席了，使新种的玉米和小麦得不到雨水的滋润。卡耐基的父亲把他所存下来的一点点积蓄都花在做种子用的玉米上了。

卡耐基看到家里最后的一点钱都换成了种子，他一直在担心，父亲怎么敢将种子撒在那片土地上，种子可能会干枯而一无所获。于是，他问父亲："为什么要冒这个险呢？"

"不会冒险的人永远不会成功！"这是父亲的哲学。只要无惧于尝试，就没有人会彻底失败。

然而，小河里的水日趋减少并干涸，随后，整个夏季被大旱折磨着，河流干枯了，鱼儿一条条死去，最可怕的是，谷物全都枯萎了。

到了秋天收获时，卡耐基的父亲从这半英亩土地上仅获得了半辆货车都不到的玉米。卡耐基忘不了父亲那晚在餐桌前的一段话："仁慈的上帝，感谢您让我今年什么都没有失去，您把种子还给了我，谢谢您！"

这是对人生的一种豁达，如果，卡耐基的父亲没有一颗豁达的心，一心只想着狭隘的得与失，那么他们或许连仅有的收获都没有。

那么，我们要怎么做才能克服狭隘、豁达处世呢？

★待人要宽容

在生活中，人与人之间难免会出现一些磕磕碰碰，如有的人伤了自己的面子，有的人对自己抱有成见等等。遇到这些事情，我们应该宽容大度以促使他人反躬自省。如果针锋相对，互不相让，就会把事态扩大，甚至激化矛盾，于己于人都没有好处。"退一步海阔天空"，我们应该以这种胸怀，妥善处理日常工作、生活中遇到的问题，这样才能处理好人际关系，更好地享受工作、学习、生活的乐趣。

★办事要理智

很多人不够成熟，遇事易受情绪控制，一旦受了委屈，遇到挫折，容易失去理智而做出一些蠢事傻事来。因此，遇事都要先问问自己："这样做对不对？这样做的后果是什么？"多问几个为什么之后，就可以有效地避免"豁出去"的想法和做法，避免更大冲突的发生。

★处世要豁达

凡事要想开一些，要胸怀宽广，能容人，能容事，能容批评，能容误解。遇到矛盾时，只要不是原则性问题，都可以大而化小、小而化了。即使有人故意"冒犯"自己，也应以团结为重，冷静对待和处理。

哈佛学者说："豁达一点，我们的生活会更美好！"

真诚：真正的快乐

哈佛告诉学生：真正的人格魅力是真诚的自我表露。当你把自己最真实的一面真诚地显示给别人时，你就赢得了信任。

真诚是一种自发、自愿的行为，真诚的心是透明的，没有杂质，它告诉身边的人：我没有撒谎，也没有伪装，我所说的和做的都是自然情感的流露。真诚的人被别人误解了，也会伤心难过，但是至少对自己的心负了责任，无愧于自己。

一位年老的国王膝下无子，便决定从全国所有的孩子中选择一个人来继承他的王位。他把臣民们召集在一起，当众给每个孩子一包花种子，承诺说，

3个月内谁能种出最美丽的花朵，就把王位给谁。

每个孩子都小心翼翼地侍弄着属于自己的那包花种。一个黑瘦的小男孩也是，但是他要帮家里干活，只是在每天早上和晚上的时候去看看花盆。3个月的时间很快就到了，他的花盆里却什么都没有长出来。他很伤心。

他妈妈说："既然国王作出了这个承诺，就算不能够赢得王位，你也应该去给个答复。"

小男孩点点头，抱着空空的花盆到了王宫。那里花团锦簇，其他孩子们手中的花一盆比一盆娇艳，小男孩更羞愧了。

这时，国王走了出来，看着这么多花，似乎心情也很好。他走到愁眉苦脸的小男孩身边，问："我的孩子，你怎么了？"

小男孩低着头说："我已经很努力地照顾它了，可还是什么都没有。我来，只是想给你一个交代。"

老国王满意地点点头，然后当众宣布说，他的王位将由这个小男孩继承。因为那些种子都是煮过的，根本不可能开出花来。

用真诚的心对待别人，你才无愧于别人，也无愧于自己。真诚的人，不会弄虚作假，所以他们可以敞开心扉，不怕别人置疑。

真诚伴随所有人，人生离不开真诚，任何人无论怎样伪装掩饰也会流露真性情，因为人总有放松的时候。但是，也有些人习惯阿谀奉承、逢场作戏，每次面对他人时都要戴上面具，日子久了，面具就成了他们的一部分。有一天，当他们想真诚地对待某个人时，自己也不相信自己了。这样的人，不是活得太可悲了吗？所以，请尽量真诚地对待他人，或许他们会误解你一时，但是总有一天他们会看见真正的你。

哈佛刚毕业的女大学生乔瑟琳到一家公司应聘财务会计工作，面试时即遭到拒绝，因为她太年轻，她说："请再给我一次机会，让我参加完笔试。"主考官看她很真诚，答应了她的请求。结果，她通过了笔试，由人事经理亲自复试。

通过交谈人事经理知道她没有工作经验，便直接说："今天就到这里，如有消息我会打电话通知你。"乔瑟琳从座位上站起来，向人事经理点点头，从口袋里掏出一美元双手递给人事经理："不管是否录取，都请给我打个电话。"

人事经理问："你怎么知道我不给没有录用的人打电话？""您刚才说有消息就打，那言下之意就是没录取就不打了。"

人事经理对年轻的乔瑟琳产生了浓厚的兴趣，问："如果你没被录用，我打电话，你想知道些什么呢？""请告诉我，在什么地方我不能达到你们的要求，我在哪方面不够好，我好改进。""那一美元……"

没等人事经理说完，乔瑟琳微笑着解释道："给没有被录用的人打电话不属于公司的正常开支，所以由我付电话费，请你一定打。"人事经理马上微笑着说："我现在就正式通知你，你被录用了。"

乔瑟琳被录用一方面因为她的聪明，但另一方面就是她的真诚，她真诚地对待这份工作，真诚地对待面试她的人。而恰恰是这份真诚，才打动了考官与人事经理。

真诚，是为人的根本。那些取得巨大成功的、高情商的人都有许多共同的特点，其中之一就是为人真诚。道理其实很简单，因为如果你是一个真诚的人，人们就会容易了解你、相信你，不论在什么情况下，人们都知道你不会掩饰、不会推托，都知道你说的是实话，都乐于同你接近，因此你也就容易获得好人缘。

以诚待人，能够在人与人之间架起一座信任之桥，能向对方心灵彼岸靠近，从而消除猜疑、戒备心理，彼此成为知心朋友。

想成为一个高情商的、真正管理好自我的人，真诚是最基本的品质。我们可以从生活中的小细节来体现真诚：

★坦率回答问题

不想暴露自己的弱点，以免降低自己在对方心目中的形象是人之常情。因此有不少人在人前绝不肯承认自己对某个问题不知道，反而装出一副很了解的样子。实际上，对于自己不知道的事情，坦率地说不知道，可以强烈地给人以正直、诚实的印象。

★失误后不辩解

有了失误千万不要为自己辩解，而应诚恳地道歉，然后提出弥补过错的方法。即使无法挽回的事情，也要表示尽量减少损失。这样可以体现你强烈的责任感和诚意，令人刮目相看。

★遵守诺言

不遵守诺言往往使人感到你不诚实。如果你许下了诺言，或者像开玩笑似的作过承诺，对方并不抱有希望，而你一旦忠实地做到了，必定使对方感到意外，也可以使你的诚实更加突出、醒目。

★做陷入逆境者的忠实听众

人们在陷入逆境、心中烦闷、焦躁不安的时候，往往借说话来调解心情。此时，你千万不要急于劝说、安慰他，搞不好会使他更加烦闷，陷入恶性循环之中，要做一个忠实的听众，真诚的倾听者，这样会从不同程度上减少对方的痛苦。

热情：激情的种子

西塞罗说得好："做人如同制酒，坏酒禁不住时间的考验，容易变酸发臭，而好酒却会更显芳香。一旦拥有了热情，我们能够在满头银发时依然保持心灵上的年轻，正如墨西哥湾过来的北大西洋暖流滋润了北欧的土地一样。"热情是激情的种子，人如果没有了热情，生命就像一口枯井，了无生趣。

当你充满热情地起床，充满热情地吃早餐时，你在这美好的一天里将会大有作为。一天虽然只是一生的一小部分，但是你只要有许多美好的一天，你就会有一个美好的一生。热情比感冒更容易传染，你一旦有了它，就会散布给你的家人与朋友，而每个人都会因此受益。

热情虽然是激情的种子，但是热情与激情还是有所不同。激情可能是来自于一时的兴趣，可能是出于好奇，或者是对别人的羡慕，对陌生事物的新鲜感，带着你不知不觉地前进。在追求的过程中，如果那份激情还能继续推动你前进，那么你真是一个幸运的人，因为这份激情已经成了对生活的热情。激情，是一根小小的火柴，可以把整个火炬点燃；而热情，正是那把火炬，它不是一时的心血来潮，而是像熊熊燃烧的火炬，路途中遇到的挫折都会被燃成灰烬。

卡耐基说："一个年轻人最让人无法抵御的魅力，就在于他满腔的热忱。"在年轻人的眼里，未来只有光明，没有黑暗，即使会遇到险境，最终也可以转危为安。他不知道世界上还有"失败"这两个字；他相信，人类历史过程中所有的劳作，都是为了等待他的出现，等待他成为真善美的使者。

哈佛学者告诉我们：热情，是一种无法抗拒的力量。每一个深陷困境，备受折磨的人都不能没有它。对生活充满热情的人都有着积极的心态、积极的精神状态。

在人群当中，热情是用一种极富感染力的表达方式来表示对别人的支持的。热情的人，无论碰到什么事情，都能够以积极的心态去面对、去行动。

俄罗斯的一位女大学生说她是凭借热情赢得工作的。她从秘书学校毕业出来，想找一份医药秘书的工作，由于她缺少这方面的工作经验，面试了好几次都没有成功，她就开始运用热情原则。在她去面试的途中，她给自己打气说："我要得到这个工作。"她说，"我懂这个工作。我是一个勤快而好学的人，我能够做好这个工作。医生将会视我为不可缺少的人。"她一再对自己重复这些话。她充满信心地走进办公室，并且热情地回答医生的问题，医生也就雇用了她。几个月以后医生告诉她，当他看到她的申请上写着没有任何经验的时候，他决定放弃她，只是给她一次形式上谈话的机会而已，但是她的热情使他觉得应该试用她看看。她把热情带进了工作，最终成为一名很好的医药秘书。

热情的人总是面对朝阳，远离黑暗。因而，他们不但性格灿烂，而且命运也是铺满阳光的，即使是危难之时，他们也总是能转危为安。因为不仅命运之神青睐他们，人们也愿意把友谊奉送给感染自己的人，热情像是真善美的使者，热情的人就像一只吉祥的鸟儿，传递给人间幸运的福音。

一个人成功的因素很多，而其中一个重要原因就是热情，这也是高情商人必备的情操。热情是出自内心的兴奋，能散发、充满到整个人。事实上一个热情的人，等于是有神在他的内心里。热情也就是内心里的光辉——这种炽热的、精神的特质深存于内心。

如果一个人能以精益求精的态度、火热的激情，充分发挥自己的特长来生活与工作，那他做什么都不会觉得辛苦；如果一个人鄙视、厌恶自己的生活与工作，那他一定会失败。

没有热情的生活，就是没有完全体验生活的奇观异景、喜怒哀乐和悲欢离合。饱含热情的生活会使你体会到你的心智正在发挥到极致。把热情化作前进的动力，它就是驱使你超越障碍、实现梦想的能量。

如果你将热情一天又一天地注入你的生活和事业中，想象一下，你的生活将会变得多么丰富多彩。当你根据你的人生目标确定了你的活动和计划并发扬你天生的强项和喜好后，热情将随期而至。此时你将开始用睁大的眼睛，看到充满希望、奇迹和喜悦的每一天。

平静：万事平常心

哈佛告诉学生：宝贵的平常心会让你宠辱不惊。一个人，无论成败，只要能拥有一颗宁静的心，他就是幸福的。

平常心贵在平常，波澜不惊，生死不畏，就像于无声处听惊雷，平常心是一种超脱眼前得失的清静心、光明心。贫贱不能移，富贵不能淫，威武不能屈。安贫乐富，富亦有道。

　　无论处于何种环境下，都能拥有平常心，那一定是个了不起的人，不是个圣人，也是个贤人。只要我们努力，就能够以平常心去对待纷杂的世事和漫长的人生，至少也能够做到以平常心跨越人生的障碍。所以平常心，看似平常，实不平常。

　　一位澳大利亚商人到东南亚去旅游，他住在海边的一个小渔村里。他注意到那里有一位渔民，每天在大海中打捞几条鱼便回来。

　　商人很奇怪，问："你为什么不多花些时间多捕一些鱼呢？"

　　渔民说："这些鱼已经够我吃的了，何必多操那份心呢？"

　　商人问："那你每天还有那么多时间都干些什么？"

　　渔民说："回来和孩子们玩一会儿，和老婆聊聊天，和老哥们一起喝喝酒。"

　　商人告诉渔民："如果你能按照我说的去做，也许你会生活得更好。"

　　商人又说："你在大海中多停留一会儿，抓到更多的鱼，可以赚到更多的钱。有了钱之后，你可以拥有一只大船，甚至一支船队。你就会拥有大量金钱，有了钱之后你可以去洛杉矶甚至纽约。"

　　渔夫问："到那儿做什么呢？"

　　商人说："到了那里，你可以做更大的生意，变成一个大富翁。"

　　渔夫问："那么，再然后呢？"

　　商人哈哈大笑："然后你就可以退休啦！到时你可以搬到你家乡的小渔村去住。每天睡到自然醒，出海随便抓几条鱼，和孩子玩儿玩儿，与老婆说说话，到了黄昏再和老哥们儿喝喝酒，你的一生就算过去了。"

　　渔夫说："可我现在就在过这样的生活啊。"

　　商人沉默了。

　　万事平常心，并不是只满足现在，而是放下过多的欲望，这样的生活才不会有痛苦。平淡、平常才是人们最终想追求的生活。

　　世界就像座城堡，城里的人想逃出来，城外的人想冲进去。身居繁华都市的人，往往追求悠闲平静的田园生活；身在林深竹海的乡下人，却向往灯红酒绿的都市生活。其实，平静是福，真正生活在喧嚣吵闹的都市中的人们，可能更懂得平静的弥足珍贵，与平静的生活相比，追逐名利的生活是多么不值得一提。平静的生活是在真理的海洋中，在波涛之下，不受风暴的侵扰，保持永恒的安宁。

　　环境影响心态，快节奏的生活，无节制地对环境的污染和破坏，以及令人难以承受的噪声等等都让人难以平静，环境的搅拌机随时都在把人们心中的平静撕个粉碎，让人遭受浮躁、烦恼之苦。然而，生命的本身是宁静的，只有内心不为外物所感，不为环境所扰，才能做到像陶渊明那样身在闹市而无车马之喧，正所谓"心远地自偏"。平常心是一种心态，是生命盛开的鲜花，是灵魂成熟的果实。平常心，在于修身养性，平静便无处不在。只要有一颗看淡荣辱之心，追求自然者，便能心胸开阔，不被生活物质诱惑，坦荡自然。

在果园的核桃树旁边，长着一棵桃树，它的嫉妒心很重，一看到核桃树上挂满的果实，心里就觉得很不是滋味。

"为什么核桃树结的果子要比我多呢？"桃树愤愤不平地抱怨着。"你不要无端嫉妒别人啦，"长在桃树附近的老李子树劝诫道，"难道你没有发现，核桃树有着多么粗壮的树干、多么坚韧的枝条吗？如果你也结出那么多的果实，你那瘦弱的枝干能承受得了吗？"

自傲的桃树可听不进李子树的忠告。桃树命令它的树根尽力钻得深些、再深些，要紧紧地咬住大地，把土壤中能够汲取的营养和水分统统都吸收上来。它还命令树枝要使出全部的力气，拼命地开花，开得越多越好，而且要保证让所有的花朵都结出果实。

它的命令生效了，第二年花期一过，这棵桃树浑身上下密密麻麻地挂满了桃子。桃树高兴极了。可是，充盈的果汁使得桃子一天天加重了分量，渐渐地，桃树的树枝、树权都被压弯了腰，连气都喘不过来了。它们纷纷向桃树发出请求，赶快抖掉一部分桃子，否则就要承受不住了。可是桃树不肯放弃即将到来的荣耀，它下令树枝与树权要坚持住，不能半途而废。终于有一天，不堪重负的桃树发出一阵哀鸣，紧接着就听到"咔嚓"一声，树干齐腰折断了。尚未完全成熟的桃子滚满了一地，在核桃树脚下渐渐地腐烂了。

桃树的教训是深刻的，即要用一颗平常心对待生活。悲剧的诱因在于嫉妒，其根源在于缺少平常心。拥有平常心，你也就拥有了人格魅力。平常心是颗宠辱不惊的心，它能够使你视金钱如粪土，视功名为过眼烟云。

拥有平常心，你就会奋发进取。平常心是颗尊重别人的心，就是尊重别人的劳动、人格、理想、信仰等。尊重使自己无形间得到好的修养，感受到精神的美。平常心是颗坚强的心，不畏泥泞路，不怕风雪夜。它使人始终奋勇向前，永不倒下。

第三章　培养有益生活的情商

培养正直

从"正直"的字面意思来说，"正"是指符合标准方向，不偏斜；"直"是不弯曲，不偏斜。"正"与"直"合起来的意思就是公正、直爽。正直的道德内涵是十分丰富的，它既是一种公正的道德意识，又是一种高尚的道德情感，也是一种纯正的思想作风和正当的道德行为。正直的实质是为公还是为私的问题，为公为正，为私为邪；秉公为直，偏私为恶。正直和邪恶是对立的。

在英语中，"正直"一词的基本词义指的是完整。在数学中，整数的概念表示一个数字不能被分开。同样，一个正直的人也不能把自己分成两半，他不会心口不一，想一套，说一套——因为实际上他不可能撒谎；他也不会表里不一，信一套，干一套——这样他才不会违背自己的原则。正是由于没有内心的矛盾，才给了一个人额外的精力和清晰的头脑，使他必然地获得成功。

正直是一种最完美、崇高的感情。它高于一切，能够让真相显现、让坏人得到惩罚，但这一切的前提是：你必须有足够的勇气战胜阻碍正义的屏障，这些障碍包括权威、私利、虚荣等很多因素。

哈佛教育学生的准则中有一条是：对自己负责。如果你能通过自己良心的考验，就请坚持下去。英国学者阿瑟·戈森说，正直的人都是抗震的，他们似乎有一种内在的平静，使他们能够经受住挫折，甚至是不公平的待遇。他还说，正直意味着有勇气坚持自己的信念。这一点包括有能力去坚持你认为是正确的东西，在需要的时候义无反顾，并能公开反对你认为是错误的东西。

一位神父很苦恼，事情的起因是由于一个男人在他面前做过一次忏悔。

"实话相告，我是个杀人犯。"那男人坦白说，他是一起杀人案中真正的凶手，而该案的嫌疑犯已被逮捕并判处死刑。神父本应该向警察局报告这件事的真相，可是他的教规严禁将忏悔者的秘密泄露给他人。

他不知如何是好。如果就这样保持沉默，一个无辜的人即将冤死，这会使他良心不安。但是要打破教规，这对于发誓将一生献给上帝的他来说，无论如何也做不到。他陷入了进退两难之中。

最后，他决定保持沉默。于是，他来到另一个神父朋友的面前忏悔。

"我将眼看着一个无辜的人被处死……"

他陈述了事情的来龙去脉。

这位神父朋友也为难了。想来想去，他也决定保持沉默。为了逃避良心的谴责，他又向另外一个神父忏悔……

在刑场上，神父问死囚："你还有什么要说的吗?"

"我没有罪，我冤枉!"死囚叫道。

"这我知道。"神父回答，"你是无辜的，全国的神父都知道。但是，我们有什么办法呢?"

真是可悲，神父受到教规的限制而放弃了对正义和真理的遵从，其代价就是令一个无辜的人走向刑场，而所有知道真相的神父都将在良心的谴责中度过一生。

哈佛教育有一个重要的理念就是做你自己认为正确的事，不要去在意耳边"苍蝇"的吵闹。世界上有许多名不副实的人，在别人眼中的形象和他本人可能是两种人。有些人觉得人言可畏，所以尽量跟随着别人的想法走，却不去考虑事实应该是怎样的。问题的关键在于，你是在意别人对你的看法呢，还是坚持心中的真理呢?

正直之所以可贵，就是很少有人能坚持己见，听取自己心中的意见，拒绝别人的建议，不做自己不情愿做的事。只要你自己认为可以坦然地面对自己，那么也同样能够从容地面对他人。名声有可能是人为造出来的，它的虚和实都很难弄明白，只有你自己才知道自己究竟是一个怎样的人。

所以，只要自己问心无愧，又何必管别人怎么看呢? 而且真理总有一天会展示在人们面前，就算只有你心中明白，你也可以坦然自若地继续自己的生活。

那么怎么做一个正直的人呢?

★做一个敢做敢当的人

泰戈尔说："当你把所有的错误关在门外，真理也就被拒绝了。"人非圣贤，孰能无过，况且就是圣贤也都有犯错误的时候。一个人犯了错误并不可怕，可怕的是明明知道自己错了，却不知道悔改，不敢承认错误。所以，要做一个敢作敢当的人，这样自身才会有魅力。

★面对诱惑，做事要有原则

品格高尚是每个成功者必备的要素之一，因为它激发起各种各样的伟大情怀。拓展视野，即使面对各种恶劣环境，它也能控制你的意志，让你成为受人尊敬的人。

★踏踏实实做人，实实在在办事

天道酬勤，不要光耍嘴皮子、好逸恶劳，要勤字当头，尽心尽力、尽职尽责才能成就大事业。不要小事不想做，大事做不了，对工作拈轻怕重好高骛远。干事业要先扫一屋，才能扫天下，要从现在做起，从小事小节做起，从点滴细节做起，做老实人、讲老实话、办老实事才是长久之根本。做人一定先问自己是否实实在在。

★做人做事要正派，堂堂正正才是处世之基，立足之本

身正才能安魂梦稳，品行端正做人才有底气，做事才会硬气。心底无私天地宽，表里如一襟怀广。正直的人做事不文过饰非，不偷奸耍滑，不阳奉阴违，平等待人，公正处世才会赢得他人的信赖和尊敬。

★做个诚实的人

社会上常常有这样的人，他们圆滑机巧，善于八面玲珑，言不由衷。看起来他们工作卖力，成绩斐然，却拥有一个失败的人生，因为他们这种虚伪的性格使他们交不到一个知心朋友。有的人也许没有辉煌的成绩，没有耀眼的光芒，可他们却因自己诚实可靠的品格赢得了真正的机会，铸造了不一样的人生，这就是做一个诚实的人的收获。

培养诚实

人们都知道变色龙这种爬行动物，它们为了保护自己，会时刻变化自己身体的颜色，来和周围的树木花草的颜色一致，让天敌难以发现。变色龙的变色能力，对于它们保护自己来说实在是太有帮助了。

在我们的生活中，其实也存在着像变色龙一样的人。而和变色龙所不同的是，这些人善变不是为了保护自己的生命，而是虚伪，表里不一，让别人很难知道他们心里真正想的是什么，从而欺骗他人。对于虚伪的人，大家都非常痛恨。而虚伪的人又往往像变色龙一样，将自己隐藏得很深，让人难以发现，有时候我们甚至把这些人当做自己的好朋友。

正因为这样，很多人都上过虚伪之人的当。可见，面对虚伪，我们绝不能"同流合污"，我们要做的只能是在内心中树立坦诚正直的信念，让自己成为一个表里如一的人。

　　诚实是一种高尚的品格，它可以让一个人的心灵变得尊贵，品格变得高尚。一个能够对自己和他人都保持诚实的人，他一定可以实现更高的理想。谎言和欺骗也许会暂时让人戴上耀眼的光环，但光环一旦撤去，他必将暗淡无光。在考试和学术科研中，不诚实的言行在哈佛会备受人们的鄙薄。

　　2005年3月8日，哈佛大学商学院取消了119名申请者的入学资格，理由是这些申请者在学校发放录取通知书之前，利用一个在线申请软件的安全漏洞侵入了学校网站，使用"黑客"手段侵入学校网站偷看录取结果。

　　哈佛商学院院长基姆·克拉克对此发表声明说："这种行为是不道德的，这是对诚信的严重违背，没有辩解的余地。任何申请者一经发现有此行为，将不予录取。"克拉克还说，商学院培养学生的标准是：品格正直、判断力准确且道德高尚。

　　这只是哈佛的一个教学事件，而这个事件恰恰体现了哈佛的教育宗旨：合格的学生必须是以诚信为前提的。哈佛学子富兰克林曾经说过："平凡人最大的缺点，是常常觉得自己比别人高明。"正因为大家都有这样的缺点，于是每个人都抱着投机取巧的心态，大家尔虞我诈，到最后聪明反被聪明误。

　　如果我们希望自己能成为一个品行高尚的人，那么无论何时都请选择与诚实为伍。对别人诚实，同时也对自己诚实，你会发现这才是你最大的利益和财富！

　　诚实守信是做人的根本，哈佛送学子一句话："不是人人都能成为伟人，但人人都能做一个诚实守信的人，只有诚实守信，才能拥有朋友和欢乐。"

　　一个人不诚实地面对自己和他人，就无法真正拥有成功。内心不诚、不真的人，最终必将显露真面目，从而失去信用这一成功的资本。哈佛告诉学生，诚实是一个人最基本的品质，只要拥有了诚实，你便拥有了成功的可能。

　　哈佛学者说："培养一个诚实的人，远比纵容一个欺诈的硕士要严肃重要得多。"那么我们从哪些方面来培养成一个诚实的人呢？

　　★诚实最基本的一点就是不欺骗他人

　　一个无诚信的人就是丧失了品德，是一个身心不健康的人，这不仅伤害了自己，也伤害了他人，可以说就是骗子，这样的人不但得不到他人的信赖，在社会上也无法立足，这样的人很难交到知心的朋友。不管我们在哪里，都要具备诚信。

　　★诚实不仅是说，也要行动

　　诚信的同时还要学会谨慎，不能对他人坦白对自己对他人不好的事，一颗诚实的心还需要谨慎，谨慎他人，当别人信任自己时，也要小心。诚信需要坚持，只有坚持才能保持自己不变的品德，在诚实中可以改善自己的身心，磨炼自己的耐力，这不是一个两全其美的事吗？

★自觉培养诚信的品质，在工作与生活中表现如一

有重要事情或遇到麻烦事要及时主动听取意见，争取指导。不掩盖真相或因虚荣心而说谎欺骗别人。

★为人诚实，待人诚恳

以诚信取信于人，对人光明磊落，开诚布公，诚实无欺，不欺人也不自欺。有错误诚恳检讨，真诚道歉。信守承诺，说到做到，言行一致，不口是心非，阳奉阴违。珍惜名誉，能自觉抵制金钱等不良因素的诱惑，不昧良心骗人。

一个诚实的人，他是纯真的、稳定的、健康的，体现出一种理想的道德力量和意志力量，为他人所信赖。诚实会升华你的人品，让更多的人支持你，让你去取得更大的成功。

诚实是衡量人品行是否高尚的一把尺子，这把尺子适用于所有人。诚实不仅是一个人品行的证明，同时，它还能使人树立起对家庭、对工作、对朋友、对社会的强烈责任感。因此，不管时代怎样发展，不管社会怎样变迁，你都不要忘记：诚实是做人的根本，诚实是一切美德的根本。要想获得别人的信任与尊重，你首先应该做到诚实。

诚实是一种能够打动心灵的品质，诚实的美德即便是从小孩子的身上表现出来，也会在周围的人中产生积极的影响。我们在生活中常常会遇到各种诱惑，但只要秉持住了诚实这条原则，就一定可以战胜诱惑，拒绝做它的俘虏。这也是哈佛提倡的处世智慧。哈佛教授爱默生认为，品格是一种内在的力量，它的存在能直接发挥作用，而无需借助任何手段。

"诚实守信"是我们每天的必修课。无论什么时候，什么场合，这四个大字永远伴我们而行，诚实守信是一个人最基本的道德修养。它让我们的人生变得更加辉煌，更加灿烂。

培养独立性格

哈佛大学欣赏的是敢想能做、性格与众不同的学生，以及他们由此表现出来的优秀才能。另外，哈佛大学之所以为社会作出如此大的贡献，也是因为在人才培养及创新方面有一套比较成熟的、与众不同的方法，其中一点就是培养学子的独立性格。

独立行走，让猿终于成为万物灵长；只有扔掉手中的拐杖，你才可以走出属于自己的路。人生的轨迹不需要别人定度，只有自己才能为自己的人生画布着色。去除依赖，独立完成人生的乐谱，相信你定能奏响生命雄壮的乐章。有的人，总是存在极强的依赖心理，习惯依靠拐杖走路，尤其是依靠别人的拐杖走路，最终的结局是他将一无所有。那么我们就需要从小培养独立性格。

美国总统西奥多·罗斯福十分注重培养孩子们的独立人格。西奥多·罗斯福有句名言："在儿子面前，我不是总统只是父亲。"他反对孩子们依靠父母过寄生生活，他让孩子们凭自己的本事自食其力。

他的大儿子20岁时去欧洲旅行，一个多月的时间就把带的路费差不多花光了。临回家前他遇到了一匹非常好的马，正好它的主人要卖掉它。他太爱这匹马了，于是就把自己最后的一点路费拿出来，买下了这匹马。

没钱的大儿子这时只有打电报给父亲，希望父亲能寄点路费让他回家。罗斯福很快给大儿子回了一封电报，上面写着："你和你的马游泳回来吧！"无奈之下，儿子只好又卖掉了马。

在罗斯福的家训中，"独立"一直被作为最鲜明的主题，孩子们从父亲那里得到的是严格的教育。罗斯福经常告诉孩子们：每个人都是独立的个体，要有自己的思想，要做自己的主人，这样才能一步步走向成功。培养独立性格还体现在"自己动手的快乐"。

琼斯从不爱买别人做的玩具，他更喜欢自己动手做，因为他觉得这个过程让他很快乐。但是他的小伙伴迈克却认为，除非花很多钱，否则这个玩具一文不值。

一天，迈克向琼斯炫耀他的木马："快看我的木马，我花了1美元才买到！多漂亮啊！"琼斯很羡慕，仔细地观察木马，他决定自己做一个！在木匠的帮助下，琼斯很快自己做了一匹漂亮的木马。他跑去找迈克："瞧，这是我的木马！""哦，它真漂亮，你在哪儿买的？"迈克问。"这不是买的，是我动手做的！"琼斯回答道。迈克羡慕不已地看着这个漂亮的木马。此后，琼斯通过努力，还拿到了学校里的最高奖学金。

漂亮的小木马在小琼斯的努力下完成了。那我们有没有像琼斯一样，自己动手尝试做过东西呢？不动手，就永远体会不到自己动手的快乐。不动手，不独立，总是依靠别人帮助的人，永远也体会不到自己完成作品时的雀跃心情！

哈佛教授总是教育学生：一个杰出的人，是不会依赖别人的，因为他不会让懒惰有机可乘；也只有杰出的人，才更懂得享受自己动手时的美妙体验。

生活中最大的危险，就是依赖他人来保障自己。"让你依赖，让你靠"，就如同伊甸园的蛇，总在你准备赤膊努力一番时引诱你。它会对你说："不用了，你根本不需要。看看，这么多的金钱，这么多好玩、好吃的东西，你享受都来不及呢……"这些话，足以抹杀一个人意欲前进的雄心和勇气，阻止一个人利用自身的资本去换取成功的快乐，让你日复一日原地踏步，止水一般停滞不前，以至于你到了垂暮之年，只得终日为一生无为悔恨不已。

怎么培养一个人的独立性格呢？

★加强自我意识

自我意识是对自己身心活动的觉察。自我意识就是自己对于所有属于自己身心状况的认识。由于个体能洞察自己的思想和行动，因而能对自己的行为进行调节和控制。自我意识的成熟被认为是个性基本形成的标志，它在人的社会化过程中具有相当重要的地位。自我意识是个体社会化的结果，同时，自我意识的形成和发展又进一步推动个体的社会化。

★积极主动

积极主动能让你克服惰性，把注意力集中于未来。在遇到阻力时，想象自己在克服它之后的快乐；积极投身于实现自己目标的具体实践中，你就能坚持到底。

★下定决心

独立性格的体现多表现在遇到事情的决定上，只要我们下定决心，并做出行动，那么事情就成功一半了。美国罗得艾兰大学教授詹姆斯·普罗斯把实现某种转变分为四步：抵制——不愿意转变；考虑——权衡转变的得失；行动——培养意志力来实现转变；坚持——用意志力来保持转变。

雨果曾经写道："我宁愿靠自己的力量打开我的前途，而不愿求有力者的垂青。"只要一个人是活着的，他的前途就永远取决于自己，成功与失败，都只系于他自己身上。而依赖作为对生命的一种束缚，其实是一种寄生状态。

英国历史学家弗劳德说："一棵树如果要结出果实，必须先在土壤里扎下根。同样，一个人首先需要学会依靠自己、尊重自己，不接受他人的施舍，不等待命运的馈赠。只有在这样的基础上，才可能做出成就。"

抛开拐杖，自强自立，这是所有成功者的做法。其实，当一个人感到所有外部的帮助都已被切断之后，他就会尽最大的努力，以坚忍不拔的毅力去奋斗，而结果，他会发现：自己可以主宰自己命运的沉浮。

培养责任感

　　负责是高情商者成功的关键，成功的优秀人士大多是这样的人：具有高度责任心，工作态度认真，永远抱有激情。一个不负责的人永远不可能获得成功，他如同一个莽汉，对自己的行为不加约束，不加重视，做事既没有严谨负责的精神和态度，也没有清晰的规划，最终只能接受失败的下场。相反，一个有强烈责任感的人，就像一个有计划的工程师，时时刻刻尽力让事情朝着自己想要的方向发展，从而取得成功。

　　曾经荣获普利策奖的詹姆斯·赖斯顿是在第二次世界大战期间应聘到《纽约时报》的。在此之前，他亲历了德国纳粹对伦敦所进行的狂轰滥炸。孤身一人工作在战火纷飞的伦敦的詹姆斯·赖斯顿非常想念妻子和3岁的儿子。在给儿子的信中，詹姆斯这样写道：

　　"我周围这些生活在紧张之中的人们，大都有了一种更加强烈的责任感。他们更具爱心，做事更懂得为他人考虑，与此同时，他们也日益坚强起来。他们在为超越他们自身的理想而作战。我觉得那也是你应该为之而努力的理想。

　　"我想向你强调的是，一个人必须承担他应该承担的责任。这场战争爆发于一个不负责任的年代。我们美国人在本世纪第一次大战快要结束的时候，并没有承担自己的责任。当这个世界需要我们把理想的种子广为播撒的时候，我们却退却了……

　　"因此，我请求你接受你自己的责任——把美国创建者的梦想变为现实，为着生你养你的这个国家的前途而努力奋斗……简朴人生，勿忘责任。"

　　世界上的伟人们，随着他们一步步走向成功，他们往往需要负起更大的责任，并以他们的勤奋与才智完成各自的时代使命。

　　哈佛告诉学生：当你降临到这个世界上的那一刻，你就要负起责任。责任并不是一种强加的义务，而是对一个人的基本要求。无论在什么时候，都要勇敢地负担责任，对自己如此，他人更是如此。

　　责任心承载着一个人的人格，只有负起责任的时候，你才能找回做人的根本。特别是你犯了错误之后，更应该担当起责任。马克·吐温曾说过："我们生到这个世界上来是为了一个聪明和高尚的目的，所以必须好好地尽我们的责任。"一个没有责任感的人，对自己都不能负责，更不要说对他人负责了。从此刻起，认真考虑你身上的责任，然后在一言一行中尽自己的责任。

在一家皮毛销售公司，老板吩咐亨利、杰克、戴维去做同一件事情：去供货商那里调查一下皮毛的数量、价格和品质。

亨利只用了 10 分钟就回来了，他并没有亲自去调查，而是向下属打听了一下供货商的情况就回来汇报了。30 分钟后，戴维也回来汇报，他亲自到供应商那里了解了皮毛的数量、价格和品质。杰克 120 分钟后才回来汇报，原来他不但亲自到供货商那里了解了皮毛的数量、价格和品质，而且根据公司的采购要求，将供货商那里最有价值的商品作了详细的记录，并且和供应商的销售经理取得了联系。在返回的途中，他还去了另外两家公司了解那里的皮毛商业信息，将 3 家供货商的情况作了详细的比较，最后还制订出了最佳的购买方案。

三个人，三段时间，三种态度，三个效果。显然最后的杰克是最有责任感的，因为他懂得这不仅是为了公司，更是为了自己。

一个人平庸不要紧，如果这个人掌握了成功的关键——负责，对自己的生活与工作负责，那么，将来在生活与事业上一定会有所成就。成功者具有强烈的责任感。一个没有责任感的人，即使是天才也成就不了事业。

负责更多的不是体现一个人的学识、水平和能力，而是体现一个人的品格，体现一个人的价值观和思想境界，是一个人成功的关键所在。一个人要想在事业上有更好的表现，在生活上有更明显的改善，那这就一定要在工作中和生活上对自己的行为负起责任。人一旦树立了这样的思想意识，就会发现以前认为困难的事情，现在会变得轻松起来。越是认真负责，收获的就越多。

一群男孩在公园里做游戏。有个"倒霉"的小男孩抽到了士兵的角色。他要接受所有长官的命令，而且要按照命令去完成任务。

"现在，我命令你去那个堡垒旁边站岗，没有我的命令不准离开。"

"是的，上校。"小男孩快速、清脆地答道。

时间一分一秒地过去了，小男孩的双腿开始发酸，双手开始无力，天色也渐渐暗下来，却还不见"长官"来解除任务。

一个路人经过，看到正在站岗的小男孩，惊奇地问道：

"你一直站在这里干什么呢？"

"我在站岗，没有长官的命令，我不能离开。"小男孩答道。

"你，站岗？"路人哈哈大笑起来，"这只是游戏而已，何必当真呢？"

"不，我是一名士兵，要遵守长官的命令。"小男孩答道，"其实，我很想知道我的长官现在在哪里。你能不能帮我找到他们，让他们来给我解除任务。"

路人答应了。过了一会儿，他带来了一个不太好的消息：他们都走了。

正在这时，一位军官走了过来，他了解完情况后，便以上校的身份郑重地向小男孩下命令：结束任务，离开岗位。

军官对小男孩的执行态度十分赞赏。他心里想：这个孩子长大以后一定是个出色的军人。他对工作岗位的责任意识太让人震惊了。

军官想得一点也没错，成年后的小男孩在第二次世界大战中立下赫赫战功，两次荣登《时代》杂志的封面，他就是迄今为止美国历史上最后的一位五星上将——布莱德雷将军。

布莱德雷将军的成功与他坚守责任的品质不无关系，因为军人的职责，更加需要坚守。面对一个在游戏中随意下达的任务，布莱德雷也能不打折扣地坚持完成，可想而知，对待其他更重要的责任，他会完成得更加出色。人生就是一场负重的远征，背负越多的责任，我们获得的成功也就越大。

培养责任感不容易，需要我们从小事、不起眼的事情做起，并要负起重要的责任。负责是成功的关键，我们要把责任看成是自己的义务，看成是自己迈向成功的一段阶梯。只要我们履行好自己的义务，努力走完这段阶梯，成功就在我们面前。

培养勇气

勇气是产生于人的意识深处的对自我力量的确信，是对自我能力能战胜一切的信念，是相信自己可以面对一切紧急状况，处理一切障碍，并能控制任何局面的信心，是穿越重重险阻，历经磨难走向成功的意志。勇气，是一种阳光般的力量，源自于自我潜意识深处的积极暗示。

森林中所有的小动物，一直都快乐地生活着。这片广阔的森林，从来没有发生过什么大的事故。

一日，天神心血来潮，想要测试森林中动物对于危机的应变能力，便从空中挥下了一道闪电，刺眼的电光击中森林中最大的一株树木，惊慌的动物们拼命向森林的外缘奔逃。但它们却不知道，当闪电击中那棵大树，大火燃起的同时，在森林四周，早已由大火引来了无数贪婪的肉食猛兽，它们正张开大口、流着馋涎，等候这些小动物们自己送上门来。

在这片森林的所有动物当中，只有一只小松鼠和其他的动物不同。它没有选择逃难，而是奋不顾身地向着大火冲了过去。小松鼠在森林中一个即将被烈火烤干的水塘中，将自己瘦小的身子完全沾湿，然后再冲进火场，拼命抖洒着身上沾的水珠，希望能缓解正在毁灭森林的火势。

这时，天神化身成为一位老人，站在小松鼠的面前，问道：“孩子，你难道不知道你这样的做法根本没有用吗？”小松鼠说道：“也许我的力量不足以灭火，但我相信凭着我的努力，至少可以减少森林中几只小动物的丧生。”

只听得老者一声大笑，小松鼠的周遭突然变得清凉无比，大火在一瞬间消失无踪。

温斯顿·邱吉尔说：“一个人绝对不可在遇到危险的威胁时，背过身去试图逃避。若这样做，只会使危险加倍。但是如果立刻面对毫不退缩，危险便会减半。绝不要逃避任何事物，绝不！”

巴顿说过：“要无畏、无畏、无畏。记住，从现在起直至胜利或牺牲，我们要永远无畏。”要获得成功少不了胆量，也少不了勇气。一个永不丧失勇气的人是永远不会被打败的，因为他坚信乌云过后就是阳光。

在现实生活中，许多事情都需要勇气作支撑。放弃需要勇气，拒绝需要勇气，尝试需要勇气，冒险需要勇气，有时甚至连说话都需要勇气。一个人如果缺乏勇气，就失去了承担责任的基础，就只能在他人的庇护之下生存，无法面对人生的任何压力和挑战。

所以当生活遭遇困境时，我们不必寻找借口和理由来逃避，只需拥有一点点勇气，我们的世界就会变得不一样。对此，哈佛心理学教授乔治·桑比那说：“勇敢的精神，是一个人最不可缺失的元素。因为人类哪怕每一个微小的进步，都需要勇气作为先导。”

听说英国皇家学院公开张榜为大名鼎鼎的教授戴维选拔科研助手，年轻的装订工人法拉第激动不已。但临近选拔考试的前一天，法拉第被意外通知，取消他的考试资格，因为他只是一个普通工人。

法拉第气愤地赶到选拔委员会。但委员们傲慢地嘲笑说：“除非你能得到戴维教授的同意！”法拉第顾虑重重，但为了自己的人生梦想，他还是鼓足了勇气站到了戴维教授家的大门口。教授家的门扉紧闭着，法拉第在教授家门前徘徊了很久，终于“笃笃笃笃”敲响了教授家的大门。一位面色红润、须发皆白、精神矍铄的老者正注视着法拉第：“门没有闩，请你进来。”

“教授家的大门整天都不锁吗？”法拉第疑惑地问。

“当你把别人锁在门外的时候，也就把自己锁在了屋里。我才不当这样的傻瓜呢。"他就是戴维教授。他将法拉第带到屋里坐下,聆听了这个年轻人的叙说和要求后,写了一张纸条递给法拉第:"年轻人,你带着这张纸条去,告诉委员会的那帮人说戴维老头同意了。"

最后,法拉第走进了英国皇家学院那高贵而华美的大门。

勇气是成功的敲门砖,成功之门往往都是虚掩的,它总是留给那些有勇气去使自己强大的人。我们知道,不恐惧不等于有勇气;勇气是你尽管害怕,尽管痛苦,但还是继续向前走。

心理学家斯科特·派克也说:"在这个世界上,只要你真实地付出,就会发现许多门都是虚掩的!微小的勇气,能够完成无限的成就。"斯科特同时说:"如果你幸运地与生俱来就有勇气这种品性,那么很值得恭贺;如果你还没有养成这种性格,那么尽快培养吧,人的生命很需要它!"勇气,是一个人成功的必备素质,同时是我们成长中注入生命的"活水之源"。

一位父亲很为他的儿子苦恼,儿子都已经十五六岁了,一点男子汉气概都没有。他去拜访一位老者,请求这位老者帮他训练他的小孩。

老者说:"你把小孩留在我这里5个月,在这5个月里不允许你来看他。5个月后,我一定可以把你的小孩训练成一个真正的男人。"

5个月后,小孩的父亲来接小孩。老者安排了一场武术比赛来向父亲展示这5个月的训练成果,与小孩对打的是教练。教练一出手,这小孩便应声倒地。但是小孩刚倒地,便立刻又站起来接受挑战,倒下去又站起来……如此来来回回总共20多次。

老者问父亲:"你觉得你小孩的表现够不够男子气概?""我简直羞愧死了,想不到我送他来这里受训5个月,被人一打就倒。"父亲回答。老者说:"我很遗憾你只看到表面的胜负,你没有看到你的儿子那种倒下去立刻站起来的勇气和毅力,那才是真正的男子气概!"

勇气是一种敢于面对现实、不怕困难、勇于进取、积极争取胜利的优秀品质。勇气是一种战胜恐惧的有力武器,是克服害怕失败、害怕丢脸等恐惧心理最有力的武器。勇气还可以教人在遇到挫折时,不畏惧,不回避,勇敢面对,接受一切挑战,战胜困难,赢得成功。勇气是一种神奇的东西,我们用得越多,收获也越多。只要我们勇敢地去行动、去尝试,要么收获成功,要么收获经验,更重要的是,我们会收获可贵的信心。

勇敢是高情商者必备的素质。只有那些自信、做事不退缩、勇敢而富有冒险精神的人,才能成就伟大的事业。在如今生存竞争激烈的社会里,那些做事缺乏勇气的年轻人到哪里都会受到排挤。

大凡向往成功的年轻人，不但要做到意志坚定，还要迅速把握机会，鼓起勇气，立即行动。那些不相信自己、不敢把握机会的人，永无出头之日。如果一个青年人生性胆怯、缺乏自信、遇事总犹豫不决、故步自封、没有判断力、毫无冒险精神，那他的一生一定会在死气沉沉、毫无希望可言的日子里度过。

哈佛教授告诉学生：有了勇气，才有了力量，才有了胜利的可能。勇气来源于哪里？来源于人的内心力量。有了勇气，随之而来的是证明勇气的智慧。拥有勇气的人是无法战胜的，因为无论何时他们总是充满希望，并以坚韧不拔的意志一路披荆斩棘向前行，直至到达目的地。

培养同情心

人性中总有些根深蒂固的本性。无论在我们看来对方是如何自私，他总是会对别人的命运感兴趣，会去关心别人的幸福，尽管他可能除了因看到别人幸福而感到高兴外一无所得。这种本性就是怜悯和同情。

德国文学家奥维巴哈说："人和人之间，没有除爱以外的财产。"怜悯和同情是人类与生俱来的原始情感，是当我们看到、感受到他人的不幸遭遇时所产生的感情。这种人性中固有的感情绝不是良善君子的专属，尽管他们可能对此最为敏感，但即使是一个罪大恶极、无视一切社会规范的无赖也会心怀一定程度的同情心。

一天，一个贫穷的小男孩为了攒够学费正挨家挨户地推销商品。劳累了一整天却只得到一角钱。他决定向下一户人家讨口饭吃。

当一位美丽的女孩打开房门的时候，这个男孩紧张了，他没有要饭，只乞求给他一口水喝。这位女孩看到他很饥饿的样子，就拿了一大杯牛奶给他。男孩慢慢地喝完牛奶，问道："我应该付多少钱？"女孩回答道："一分钱也不用付。妈妈教导我们，施以爱心，不图回报。"

几十年后，那位年轻女子得了一种罕见的重病，当地的医生对此束手无策。最后，她被转到大城市医治，由专家会诊治疗。当年的那个小男孩如今已是大名鼎鼎的霍华德·凯利医生了。当看到病历上所写的病人的地址时，一个奇怪的念头霎时间闪过他的脑际。他马上起身直奔病房。

来到病房，凯利医生一眼就认出床上躺着的病人就是那位曾帮助过他的恩人。他为她做了手术而且成功了。凯利医生要求把医药费通知单送到他那里，在通知单的旁边，他签了字。当医药费通知单送到这位特殊的病人手中时，她不敢看，因为她确信，治病的费用将会花去她的全部家当。最后，她还是鼓起勇气，翻开了医药费通知单，旁边的那行小字引起了她的注意，她不禁轻声读了出来："医药费：一满杯牛奶。霍华德·凯利医生"。

善良的小女孩的一次同情心，换来了她一辈子的幸福，这是人间最美丽、最动人的爱。

有意于提高自己情商的人应记得常对别人奉献自己的同情心和爱心，常帮助别人。而且当我们为别人付出的时候，本身就体验到了生命的快乐和富足。为别人付出你的爱心，就是种下一片希望，就会有硕果累累的一天，就能品尝到丰收的喜悦。

哈佛告诉学生：帮助他人就是帮助自己，要时刻保持一颗同情心。我们不能对身处困境的人熟视无睹，那种丧失了同情心的人同时也会把自己推进冷漠的世界。

从前，有一位百万富翁整天向别人吹嘘自己是如何如何具有同情心。这天，一位十分贫穷的农夫来到富翁家中，向他讲述自己的贫穷以及人生遭遇的凄惨，他讲得是那么真切生动，这位百万富翁感到从来没有这么被感动过。他眼泪汪汪地对自己的佣人说："哦！汤姆，赶快把这个家伙赶出去，他讲的故事实在太凄惨了，我的心都快碎了！"

富翁整天向别人吹嘘自己的同情心，然而当他真正面对凄惨的农夫时，虚伪的本质就暴露无遗了。因为，他的行动与他的言辞恰恰相反，恰恰体现出了他残酷无情的一面。

我们永远无法直接或是真切地感受到别人所承受的痛苦和所遭遇的磨难，我们只能设身处地地想象。依靠想象，我们以为自己也正在经受那种痛苦、以为自己也曾经历那种磨难，体内与之产生共鸣，随之以为自身已经全然感受到了他人的那种痛苦（即使这并不是他人真正的感受，而且可能相较更轻），并与之合二为一，于是内心泛起无数的伤痛和酸楚。所以当想起别人的感受时，我们会觉得内心伤痛，我们会像抚平自己的伤痛一样去帮助别人从伤痛中走出来。

提升自己的善良品质，进而会形成一种良好的社会风气。这种与人为善的品德，正是人类生存所需要的美德。谁没有需要别人帮助的时候呢？只要人人都付出一点爱，世界将变得更加美丽更加精彩。

第四篇　激励自我

——创造完美人生

理性灵魂有下列性质：它观察自身，分析自身，把自身塑造成它所选择的模样，它自己享受自己的果实——它达到自己的目的而不管生命的界限终于何处。无论它在哪里停止，它都使置于它之前的东西充分和完整。

——《沉思录》

第一章　脚踏实地的梦想家

设计自己的蓝图，将目标实现

欲成就一番不平凡的事业，拥有一个成功的人生，必须要对自己的职业生涯有个合理规划。因为，只有这样你才会有一个坚定的目标，并且能够扬长避短，朝着这个目标持续前进。

我们可以想象一下，当你背着一个包走在路上，突然前方出现了一堵厚厚的墙，你要怎样去做呢？第一，你会觉得很遗憾，所以掉头回去；第二，可以从包中掏出大锤，砸碎墙然后走过去；第三，先把背包扔过去，然后自己再想办法过去。在这三种情景中，只有第三种做法能保证人一定可以翻墙而过，为什么呢？因为你必须要拿回自己的背包，现在它被扔过去了，所以务必要想办法越过墙，可以砸碎它，可以钻过去，可以绕过去，可以翻过去，或者想出一个没有人尝试过的点子。这和目标设定的原理是一样的，一旦目标设定了，它就会帮助人们重塑现实。

有一位成功人士，他在小学六年级的时候，考试得了第一名，老师送他一本世界地图，他好高兴，跑回家就开始看这本世界地图。

看得入神的时候，突然有人从浴室冲出来，围着一条浴巾，用很大的声音对他说"你在干什么？"他抬头一看，原来是爸爸，他说："我在看地图上的埃及！"父亲跑过来"啪、啪"给他两个耳光，然后说："赶快生火！看什么埃及地图？"打完后，踢他屁股一脚，把他踢到火炉旁边去，用很严肃的表情讲："我给你保证！你这辈子绝不可能到那么遥远的地方！赶快生火！"

他当时看着爸爸，呆住了，心想：爸爸怎么给我这么奇怪的保证，真的吗？我这一生真的不可能去埃及吗？20年后，他第一次出国就去埃及，他的朋友都问他："到埃及干什么？"那时候还没开放观光，出国是很难的。他说："因为我的生命不要被保证。"所以他就自己跑到埃及旅行。

有一天，他坐在金字塔前面的台阶上，买了张明信片给他爸爸。他写道："亲爱的爸爸：我现在在埃及的金字塔前面给你写信，记得小时候，你打我两记耳光，踢我一脚，保证我不能到这么远的地方来。"

哈佛告诉它的学生们：你的生命，要靠自己去雕琢。你要选择自己的生活道路，确定人生的目标，也就是为自己"人生道路怎么走""朝着什么方向走""最终要达到什么目的"进行设计。被别人"保证"，并且照着别人的"保证"去做的人，他的生命注定只能平淡无奇，碌碌无为。只有对自己的生命历程充满激情和幻想的人，才会不断地超越自己，达到一个又一个高峰。

经常设定目标的人在控制其他事情上也会做得很成功。因为通过设定目标可以帮助人聚焦。一个人有时会觉得自己找不准方向，更别说是到达目的地了，但是聚焦能帮助一个人找准方向，并且带来成功所必需的内部和外部资源。目标的重要性不言而喻，一旦设定了目标，不管是私下还是公开，自身和周围的环境都会发生改变。同样，设定目标对个人的表现和幸福感都有好处，如果做事更有目的性，一切皆有可能。

在我们大声说出自己的打算后，计划也将随着空气的流动而飘逝，不能留下永久的记录或证据表明我们自己说过什么。更进一步的研究发现，把自己的打算记录下来，将有助于我们坚持实现自己的目标。无数的研究结果表明，一旦我们将自己的目标和抱负变成书面的东西，我们将它们变成现实的机会便会大大增加。这是因为在记录的过程中，我们头脑中的抽象思维需要转变成为具体的书面语言——这一过程让我们的计划和具体实施方法变得更加详尽、更加现实。

为了防患于未然，我们应该经常问自己这样一个问题："我的下一份工作会是什么？"其后你根据周围情况的变化和你现在工作的新需要，还有未来的潮流来决定你 1 年以后将从事什么工作，5 年以后从事什么工作。

我们可以为生命做出计划，如拟订 10 年、5 年、3 年计划；或拟订最接近此刻的长期一年的计划；最后是短期计划，如一月、一周、一天。

★订出一生大纲

你这一辈子要做什么？当然，有很多事只能订出个大概，但你可以好好选择自己所喜欢做的事。你退休后要做什么？你的第二阶段要怎么过？也许你要终日徜徉于山水之间。如果现在你还不到 30 岁，以后也不想退休，那就不必为这些烦恼。

★20 年大计

有了大概的人生方向，就可以拟订细节。第一步是 20 年。订下这 20 年内你要成为什么样子，有哪些目标完成。然后想想从现在起，20 年后你要成为什么样的人。

★10 年目标

20 年大计一定要 20 年才能完成吗？不一定。你越富裕，就能越快达到目标。

★5 年计划

只需要一台计算器和几秒钟时间，你就知道 5 年内要赚多少钱。

★3 年计划

3 年是重要的一环，一生大计通常只是简单的方向，而 3 年计划是最重要的决定点。

★下年计划

这是你每周至少要检视一次的预算表和工作计划。每年都要有计划，尽量简单扼要，以数字为主。像赚得的金额、认识的人数等。12 个月的计划不是论文，而是行动大纲。

★下月计划

认真地执行下个月的计划。以每月 15 号开始算起，是最适合的日子。

★下周计划

这对大多数人而言，这是时间计划的关键所在。

★明日计划

这是最具体的生命计划。

你将成为你期待的样子

哈佛学者告诉我们："你想成为什么样的人，就能成为什么样的人。"无论任何时候，你都要经常用这句话来鼓励自己，直到它变成你的一部分，成为习惯。最终，你会发现，自己真的会成为当初想要的那样的人。

你想成为什么样的人，你就能成为什么样的人。因为，当你有了一个明确的目标之后，你会在心里产生一种坚定的信念，并且不断地激励自己朝着那个目标前进。虽然，并不是百分之百你想成为谁就成为谁，但是，它的真正意义在于你对它的信念。因为只要你觉得可能，它就会变成可能。就好像爱迪生发明灯泡一样，虽然失败了 2000 多次，但他还是坚持尝试，因为，在他的心里，始终相信"可能"，相信自己一定能办到。

法国富翁巴拉昂去世后，《科西嘉人报》刊登了他的一份特别遗嘱：我曾是穷人，但当我走进天堂时，我却是一个大富翁。在跨入天堂之门前，我不想把我的致富秘诀带走。在法兰西中央银行，有我一个私人保险箱，那里面藏有我的秘诀。保险箱的三把钥匙在我的律师和两位代理人手中。谁若能通过回答"穷人最缺少的是什么"而猜中我的秘诀，他将得到我的祝贺。他可以从那只保险箱里荣幸地拿走 100 万法郎。

遗嘱刊出后，《科西嘉人报》收到大量信件，答案五花八门。一年后，也就是巴拉昂逝世周年纪念日，律师和代理人按巴拉昂生前的交代，在公证部门的监督下打开了那只保险箱。在 48561 封来信中，一位叫蒂勒的小姑娘猜对了巴拉昂的秘诀。蒂勒和巴拉昂的答案都是：穷人最缺少的是梦想，也就是成为富人的梦想。穷人最缺少的不是金钱、机会，穷人最缺少的是梦想，贫穷使他们安于现状，他们扼杀了自己成为富人的梦想，所以他们才一次次地与财富失之交臂。

所以，如果你想摆脱目前的生活状况，请告诉自己你会成为富翁，你将要生活在富裕的环境中，确立这样的信心后，冷静、坚定、自信地守护你的理想，只要你相信它，也相信自己，它就一定能成为现实。

一位著名的科学家曾到一所学校做过这样一个研究：他对一个班上的一些孩子说，你们是天才，智商非常高。又对另外一些孩子说，你们的智力水平一般。15 年后，那些被认为是高智商的孩子果然取得了很高的成就。而那些被认为智力水平一般的孩子成就的确很平凡。后来科学家发表言论说，那时候他只是随便说说，其实那些孩子们的智力水平都差不多。那些被认为是"高智商"的孩子之所以能取得不凡的成就，就是因为受到了科学家的暗示——我是天才，因而，在日后的生活中，他们时时处处都以此为标准来要求自己，并且不断地朝着更好的方向发展，他们果然成了优秀人才。

可以看出，那些认定自己能成为优秀的人都很自信，自信表明了一种对自我能力、优势的认可与肯定，自信可以使一个人认为自己有能力冒风险，接受各种挑战和工作任务，提出要求并尊重承诺。自信是一个人无论面对挑战还是各种挫折时，通过完成一项任务或采用某种有效手段完成任务所表现出来的信念。自信的人通常对自己的各种判断和结论信心十足，尽管他人可以给予自己建议、引导和帮助，但是一到下结论的时候，却必须是自己出面，而且不容置疑。自信的人永远想成为优秀的，并成为自己期待的样子。

哈佛大学的教授常常在课堂上用下面的这个故事来教育学生：你想要成为什么样的人，你就能成为什么样的人，并以此来鼓励学生树立远大的目标。

当亨利·福特在底特律生产汽车并进行试车的时候，许多人都冷嘲热讽，认为汽车是昂贵不实用的东西，谁会为了那个"会跑的铁盒子"掏腰包呢？

然而福特并不为所动，并且信心十足地预言："在不久的将来，汽车会跑遍整个地球。"当然，福特的预言成了事实。这之后，福特在开发引擎的时候，又面临困难。福特想要制造一个8汽缸的引擎，当他把构想蓝图出示给工程师们时，遭到了一致的反对。工程师们告诉他，根据理论，8汽缸引擎的制作是不可能的。

但福特却坚信可行，他要求不管花多少时间和代价，一定要开发出来。在福特的坚持下，工程师们整整花了一年多的时间，经过不断地研究和试验，终于完成8汽缸V型引擎的制造。

福特的成功告诉我们，如果你是一个自信的人，那么你的成功可能性就大为增加。当一个人对自己充满自信时，就会发现自己有了很大的转变，干劲增强了，工作比过去做得更多更好，人际关系也会朝着好的方向转变等。所以，当你相信自己能行的时候，你就会成为你期待的样子。

有些人想法很平凡，就觉得自己以后不会有太大的成就，只能碌碌无为。如果你曾经有过这样的想法，那么，不妨从现在开始改变，要记住——你想成为什么样的人，就能成为什么样的人。

永不放弃信念

在人生的历程中，我们总会遇到很多困难。正因为有了无所不在的困难和挫折，我们内在的自我潜能才能得到更深层次的挖掘和利用，如果生活总是一帆风顺，那我们就不会获得更大的进步。所以，逃避困难的行为不仅是不现实的，而且还不利于我们自身的进步和发展。为此，我们不仅不能逃避困难，而且还应该以更加积极的心态来主动迎接困难，通过自己坚持不懈的努力最终克服困难、实现目标。

许多成功者基本的特质，就是有坚持自己信念的勇气，如果你能够始终坚持自己的信念，相信谁也无法动摇。信念是成功的基石，要有坚定的信念。因为不管是伟人还是凡人，都会表现出消极与积极的情绪。作为一个成功的人，他不只要克服自卑、超越自卑，并且要有坚定的信念，能合理地调节心理承受力，在压力下把事情做好。

在实践中，一些人唯一缺乏的是坚持自己信念的勇气。一个人必须具有追求成功的执著与坚持的品格才行，否则就会因为没有自信而失败。坚持到底，是执著的必备要素，也是成功的重要条件。如果失去了这些条件，即使你才识渊博，技能熟练，也无法成功。

拿破仑曾说："我成功，是因为我志在成功。"身高不足 160cm 的拿破仑之所以能够成为改写欧洲历史的人物，并让大不列颠及北爱尔兰联合王国的维多利亚女王的王子"在伟大的拿破仑墓前下跪"，正是因为他志在成功的性格。

上学时，他把自己的主要精力用在阅读书籍上。到 15 岁毕业时，拿破仑由于各科成绩都特别优异，获得少年军校保送的机会，进入位于巴黎三月校场的军官学校，开始接受第二阶段的军事教育。

在巴黎军校，一般学生通常要花 2 至 3 年时间才能通过考试，获得担任军官职务的资格，但是拿破仑在第一学年结束时便与其他两人一起通过了军官资格考试，并在刚满 16 岁时成为了炮兵少尉，就这样，他开始了戎马生涯。

俄国著名的文学家高尔基曾把意志的薄弱和信心的缺乏称为"人最凶恶的敌人"，很多成功人士在回忆的时候说，在奋斗之初，他们就相信他们总有一天会成功，于是便抱着"我就要登上巅峰"的积极态度来进行学习和工作，最终凭着坚定的信心达到了目标。

卡勒先生说："许多青年人的失败，都应归咎于他们没有恒心。"的确如此，大多数青年，虽然都颇有才情，也都具备成就事业的能力，但他们缺少恒心、缺少耐力，只能做一些平庸安稳的工作，一旦遭遇些微的困难、阻力，就立刻退缩下来，裹足不前。可见，具有不屈不挠、百折不回的精神，是获得胜利的基础。

成功者的特征是：绝不因受到任何阻挠而颓丧，只知道盯住目标，勇往直前。世上绝没有一个遇事迟疑不决、优柔寡断的人能够成功。获得成功的前提就是坚持。人们最相信的就是意志坚决的人，当然意志坚决的人有时也许会碰到困苦、挫折，但他绝不会惨败得一蹶不振。我们常常听到别人问："他还在继续干吗？"这就是说："那个人的前途还没有绝望呢！"

在心理学上，信念是指人们对基本需要与愿望强烈的坚定不移的思想情感意识。信念是行为的基础，是个体动机目标与其整体长远目标相互的统一，没有信念人们就不会有意志，更不会有积极主动性的行为。信念是一种心理动能，其行为上的作用在于通过内在的一种能量激发人们潜在的精力、体力、能力、智力，以实现与基本需求、欲望、信仰相应的行为志向。

英国文学家萧伯纳揭示了拿破仑取得成功的秘密：志在必得的信心使一个人得以征服他相信可以征服的东西。假如你也想和那些成功者一样做一番事业，先问问自己是否拥有他们这种志在成功的信心和士气。

有一年，一支英国探险队进入撒哈拉沙漠的某个地区，在茫茫的沙海里跋涉。阳光下，漫天飞舞的风沙像烧红的铁砂一般，扑打着探险队员的面孔。口渴难耐，心急如焚——大家的水都没了。这时，探险队长拿出一只水壶，说："这里还有一壶水，但穿越沙漠前，谁也不能喝。"一壶水，成了穿越沙漠的信念之源，成了求生路上的心理寄托。水壶在队员手中传递，那沉甸甸的感觉使队员们濒临绝望的脸上，又露出坚定的神色。

终于，探险队顽强地走出了沙漠，挣脱了死神之手。大家喜极而泣，用颤抖的手拧开那壶支撑他们的精神之水——缓缓流出来的，却只是满满一壶的沙子！

炎炎烈日下，茫茫沙漠里，真正救他们的，又哪里是那一壶沙子呢？他们执著的信念，已经如同一粒种子，在他们心底生根发芽，最终领着他们走出了"绝境"。

在这个世界上，所有的成功者，最初都是从坚守一个小小的信念开始的。只要心中有了信念，就没有闯不过的"火焰山"，没有战胜不了的艰险。

信念是一种巨大的动力，它可以推动你去做别人认为不可能做成的事情。人类最"凶险"的敌人其实永远是人类自己。因此，人要改变自己，就需要时时处处充满信念，既要在内心肯定自己，也要在行动上表现出来。

给自己一份坚定的信念，可以支撑灵魂不倒。有信念就有力量，石油大王洛克菲勒曾经说过："即使拿走我现在的一切，只要留给我信念，我就能在10年内又夺回它。"虽然洛克菲勒并没有真经历过失而复得，可我们却不得不相信，信念在影响着我们的生活。

一个没有信念的人，就好比少了马达的汽艇，注定要在大海中沉没。信念让我们明确了人生的意义和方向，信念是人人可以支取，且取之不尽的；信念像一张早已安置好的滤网，过滤我们所见的世界；信念也像脑子的指挥中枢，指挥我们的脑子，照着所相信的，去看事情的变化。信念是决定我们潜能发挥程度的关键，有信念在人生之路上牵引，你必将无往不胜。

有这样一句话：人生因信念而伟大。也就是说，一个人走在通向成功的途中，他可以一无所有，但不能没有信念。一个人若想成功，首先要明白自己最渴望达到的理想是什么，一个信念、一个野心、一个企盼、一个悬在眼前的目标……这些对于未来的人生有着重要意义。信念和人类的关系，就好像蒸汽机和火车头的关系，信念是行动的主要推动力。

哈佛告诉我们，信念是人性中最坚强的东西，缺少了它们，人就很难经得起各种打击。的确，世界上没有任何力量像信念这样，影响着我们的生活。人生到底是喜剧收场还是悲剧落幕，是成功辉煌还是黯然神伤，全在于你抱着什么样的信念。

罗曼·罗兰曾说过："人生最可怕的敌人就是没有坚强的信念。"人生如歌，信念如调。没有调的歌永远不能成为真正的歌，没有信念的人生永远都是没有意义的人生。人生需要信念。有了信念，才可以使你拨开云雾，见到光明，见到希望；有了信念，才可以使你乘风破浪，驶向成功的彼岸。

锁定目标，坚定信仰

每一个奋斗成才的人，无疑都会有一个选择、确定目标的问题。心中拥有目标，便会使自己不会太留意与之不相关的烦恼，不会与之计较，这会使你变得豁达、开朗。一个人之所以伟大，首先在于他有一个伟大的目标。

有了目标，人们才会下定决心攻占事业高地；有了目标，深藏在内心的力量才会找到"用武之地"。若没有目标，绝不会采取真正的实际行动，自然与成功无缘。

目标是获得成功的基石，是成功路上的里程碑。目标能给你一个看得见的靶子，一步一个脚印去实现这些目标，你就会有成就感，就会更加信心百倍，向高峰挺进。

成功，是每一个追求者的热烈企盼和向往，是每一个奋斗者为之倾心的夙愿。在目标的推动下，人就能够被激励、鞭策，处于一种昂扬、激奋的状态下，去积极进取、创造，向着美好的未来挺进。

对于暂时的困难、短暂的痛苦，一般人是能够忍受的，但当希望较小而痛苦又旷日持久时，那些没有拥有持久心态的人便不能坚持了。卡耐基指出："世界上大部分的重大事情，都是由那些在似乎一点希望也没有时，仍继续努力的人们所完成的。"

著名的发明家爱迪生也是一个具有持久心的人。每当他发明一件东西的时候，他都要忍受别人的讥笑和指责，因为他的观念太新了，别人无法接受，有不少人把他的新奇发明视为洪水猛兽。但是，爱迪生能够忍受任何的讥笑，他努力地为自己的发明寻找依据，并争取别人参与试验和试用。相传他在发明电灯的过程中，为寻找适合做灯丝的材料，曾先后试验过 1000 种材料。当别人嘲笑他的时候，他却回答："在失败 999 次的同时，我又找到了 999 种不能用电来发光的材料。"

没有任何东西可以取代信仰。只凭聪明的人，不能够成功，因为只有聪明而不能成功的人实在太多了。发展了麦当劳连锁快餐的韦郭先生，他曾经讲过一段关于信仰的话，他说，"只凭天分是不能够成功的，因为怀才不遇的人在这个世界上也着实不少。教育也并不能够取代毅力和忍耐力，在今日的社会中，不是有很多自暴自弃的读书人吗？只有坚定的信仰，才是成功的要素。"

世界上根本没有成功的秘诀，如果有的话，就只是两个：第一个是坚持到底，永不放弃；第二个就是当你想放弃的时候，回过头来照着第一个秘诀去做：坚持到底，永不放弃。

目标是一种持久的热望，是一种深藏于心底的潜意识。它能长时间调动你的创造激情，调动你的心力。你一旦拥有这种强烈的愿望，就会产生一种原子能般的动力，就会有一种钢铸般的精神支柱。一想到它，你就会为之奋力拼搏，就会尽力完善自我，在艰难险阻面前，决然不会轻易说"不"字。为了目标的实现，去勇敢地超越自我，跨越障碍，踏出一条坦途。

戈德15岁时，偶然听到年迈的祖母非常感慨地说："我这一生没什么目标，如果我年轻时能多尝试一些事情就好了。"

戈德决心自己绝不能到老了还有像老祖母一样无法挽回的遗憾。于是，他立刻坐下来，详细地列出了自己这一生要做的事情，并称之为"约翰·戈德的目标清单"。

他总共写下了127项详细明确的目标。里面包括了10条想要探险的河、17座要征服的高山。他甚至要走遍世界上每一个国家，还想要学开飞机、学骑马。他甚至要读完《圣经》，读完柏拉图、亚里士多德、狄更斯、莎士比亚等10多位大学问家的经典著作。

他的目标中还有要乘坐潜艇、弹钢琴、读完大英百科全书。当然，还有重要的一项，他还要结婚生子。

戈德每天都要看几次这份"目标清单"，他把整份单子牢牢记在心里，并且倒背如流。

戈德的这些目标，即使在半个多世纪后的今天来看，仍然是壮丽且不可企及的。那他究竟完成得怎么样呢？

在戈德去世的时候，他已环游世界4次，实现了127个目标中的103项。他以一生设想并且努力达到目标，述说他人生的精彩和成就，并且照亮了这个世界。

正如美国成功学家拿破仑·希尔所言："你过去或现在的情况并不重要，

你将来想获得什么成就才最重要。除非你对未来有理想，否则做不出什么大事来。一有了目标，内心的力量才会找到方向。"可以说，一个人的成功，首先在于他有一个目标，并坚定目标。

那么我们怎样正确地对待方向呢？

★心中拥有目标，给人生存的勇气，它能在困苦艰难之际赋予我们坚韧不拔的毅力。有了具体目标的人通常少有挫折感。因为比起伟大的目标来说，人生途中的波折就是微不足道的了。因此，拥有科学的目标可以优化人生进程。

★由于目标事物存在脑海某处，所以即使我们从事别的工作，潜意识里依然暗自思量图谋对策。遂在不觉之间接近目标，终于梦想成真。拥有目标的人成大功立大业的几率，无疑要比缺乏志向的人高。目标激励人心，产生活动能源。

★实现目标好像攀登阶梯一般，以循序渐进为宜，尽管前途险阻重重，也要自我勉励，不断作出更大的挑战。当时认为不可能做到的事情，往往几年之后，出乎意料地简单达成了。

记着每天给自己一个希望

每天给自己一个希望，就是给自己一个目标，给自己一点信心。生命是有限的，但希望是无限的，只要我们不忘每天给自己一个希望，我们就一定能够拥有一个丰富多彩的人生。

珍惜每一个属于自己的日子，不在今天后悔昨天，不在今天挥霍明天。走好每一步，过好每一天。每天，都让自己有一个全新的开始，每天给自己一个希望，并努力去实现。

在课堂上，哈佛教授曾给学生讲过这样一件事情。美国有一所小学的毕业生在当地警察局的犯罪记录是最低的，后来一位研究者通过对该校毕业生的问卷调查，得到了一个奇怪的答案——因为该校的学生都知道铅笔有多少种用途。

在这所学校，新生入学后接受的第一堂课就是：一支铅笔有多少种用途。在课堂上，孩子们明白了铅笔不仅有写字这种最普通的用途，必要时还能用来做尺子画线；作为礼品送人表示友爱；当做商品出售获得利润；笔芯磨成粉后可做润滑粉；演出时也可临时用于化妆；削尖的铅笔还能当做自卫的武器……

通过这一课，学生们懂得了：拥有眼睛、鼻子、耳朵、大脑和手脚的人更是有无数种用途，并且任何一种用途都足以使一个人生存下去。这种教育的结果是，从这所学校毕业的学生，无论他们的处境如何，都生活得非常快乐，因为他们永远对未来充满希望。

每天给自己一个希望，我们就能够充满士气地面对自己的生活，而不是将时间花费在无尽的悲哀和苦闷上。生命有限但希望无限，每天给自己一个希望，我们就能够拥有一个丰富多彩的人生。

哈佛人之所以有一个良好的心态，那是因为他们都知道一个道理：每一天的太阳都是崭新的。每一天都会带给我们新的希望。

有希望就会有期待，当我们养成一个习惯，每天期待一件惊喜的事发生，那么我们的期待，也就没有一天会落空。也就是说，我们期待得愈多，得到的意外喜悦就愈多。如果一个人心中整天都装满了希望，那么他还有什么理由去叹息、去悲哀、去烦恼？

居里夫人曾经说过："我的最高原则是：不论遇到什么困难，都绝不屈服。"生活中时常会出现不顺的时刻，折磨人的逆境在所难免。记住，在任何时候，都不要放弃希望，即使再困难的境况，也要坚持用心拥抱希望，最终你会迎来雨过天晴的那一天。

绝不能放弃希望，不仅如此，还要每天都给自己一个希望。只有希望不断，你才能有源源不断的力量，才能追求到更美好的明天。

1942年寒冬，纳粹集中营内，一个孤独的男孩正从铁栏杆向外张望。恰好此时，一个女孩从集中营前经过。她将一个红苹果扔进铁栏。一只象征生命、希望和爱情的红苹果。

第二天，男孩又到铁栏边，她又来了，手里拿着红苹果。这动人的情景又持续了好些天。

终于，有一天，男孩眉头紧锁对心爱的姑娘说："明天你就不用再来了。他们将把我转到另一个集中营去。"说完，他伤心地转身而去。从此以后，每当痛苦来临，女孩那恬静的身影便会出现在他的脑海中，他似乎看到了希望。即使深处痛苦之中，他也感到每天都充满希望。

1957年的某天，美国。两位成年移民无意中坐到一起。"大战时您在何处？"女士问道。"那时我被关在德国的一个集中营里。"男士答道。"我曾给一位被关在德国集中营里的男孩递过苹果。"女士回忆道。男士猛吃一惊，他问道："那男孩是不是有一天曾对你说，明天你就不用再来了，他将被转移到另一个集中营去?""啊!是的。"男士盯着她的眼:"那就是我。"

后来,他们结婚了,成为最幸福的夫妻。

在这个世界上,有许多事情是我们难以预料的,但我们并不应该因此而陷入绝望。我们不能控制际遇,却可以掌握自己;我们无法预知未来,却可以把握现在;我们不知道自己的生命到底有多长,却可以安排当下的生活;我们左右不了变化无常的天气,却可以调整自己的心情。只要活着,就有希望。

美国人派吉的诗《只为今天》,能够让我们有所借鉴。

只为今天,我要很快乐。

只为今天,我要让自己适应一切,而不去试着调整一切来适应我的欲望。

只为今天,我要爱护我的身体。

只为今天,我要加强我的思想。

只为今天,我要用三件事来锻炼我的灵魂:我要为别人做一件好事;我还要做两件我并不想做的事,只是为了锻炼自己。

只为今天,我要做个讨人欢喜的人,外表要尽量修饰,衣着要尽量得体,说话低声,行动优雅,丝毫不在乎别人的毁誉。

只为今天,我要试着只考虑怎么度过今天,而不把我一生的问题都在一次解决。因为,我虽能连续十二个钟点做一件事,但若要我一辈子都这样做下去的话,那就会吓坏了我。

只为今天,我要订下一个计划,我要写下每个钟点的计划。

只为今天,我要心中毫无惧怕,只用微笑面对一切。

寻找前进的助推器——自我激励

哈佛告诉学生:自我激励是人生路上必不可少的生存技巧。学会了为自己加油,就没有再能打败你的敌人。因为,最可怕的事情就是自己打败自己。

人们心中的希望与理想梦幻相比,常常更有价值。希望常常是将来事实的预言,更是人们做事的指导,希望能衡量人们目标的高低,效能的多寡。有许多人容许自己的希望慢慢地淡漠下去,这是因为他们不懂得坚持着自己的希望就能增加自己的力量,就能实现自己的梦想。

实际上,没有什么事情是"不可能"的。成功学大师卡耐基年轻时的理想是成为一名作家,但由于家境贫穷他未能接受很好的教育,所以,有朋友告诉他成为作家的梦想"不可能实现"。于是，年轻的卡耐基存钱买了一本最好的、最完全的、最漂亮的字典，他做了一件奇特的事，他找到"不可能"（impossible）这个字，用小剪刀把它剪下来，然后丢掉。于是他有了一本没有"不可能"的字典。

汤姆生下来的时候，只有半只左脚和一只畸形的右手。但心态好的汤姆从来没有因为自己的缺陷而自卑，他认为，别的男孩能做到的事情，他也一定能做到。

后来当他开始踢橄榄球时，他发现自己居然能把球踢得比任何一个在一起玩的男孩子都远。于是他请人为自己专门设计了一只鞋子，并参加了踢球测验。最后，他得到了冲锋队的一份合约。

但教练却婉转地告诉他，他不具有做职业橄榄球员的条件，建议他去试试其他的事业。但是他并没有因此而放弃，而是申请加入了新奥尔良圣徒球队，他坚信自己能够做得和其他人一样，甚至更好。教练虽然心存怀疑，但是汤姆的执著打动了他，于是他把汤姆留在了队里。此后，他除了每天训练，他还每天都鼓励自己一定能行，因为他认为世界上没有什么不能的事，只看你做不做。

两个星期后，教练对汤姆的好感加深了，因为在一次友谊赛中他踢出了55码远而得了高分。这种情形使他获得了专为圣徒队踢球的工作，而且在那一季中他为球队踢得了99分。

胜利后，球迷狂呼乱叫，为踢得最远的一球而兴奋，这是只有半只脚和一只畸形的手的球员踢出来的！

"真是难以相信。"有人大声叫，但是汤姆只是微笑。记者问他为什么会创造这般奇迹的时候，他告诉记者"今天告诉自己，我能行"。

自我激励具有鼓舞人心的创造性力量，它鼓励人们去尽力完成自己所要从事的事业。进行自我激励，足以增进人的希望，使人尽量发挥他的才干，令其达到最高的境界。积极的心态，可以战胜低下的才能，可以战胜阻碍成功的仇敌。即使看似不可能的事情，只要抱定希望，努力去做，持之以恒，终有成功的一天。

只要努力，一切都可以改变，因为你的体内拥有无穷无尽的潜能，它能够使你克服身体的残疾，填充心理的缺陷，所以，永远也不要消极地认为什么事情是不可能做到的。

一个喜欢棒球的小男孩在生日时得到一副新的球棒。他激动万分地冲出屋子，大喊道："我是世界上最好的击球手！"他把球高高地扔向天空，举棒击球，结果没中。他毫不犹豫地第二次拿起了球又喊道："我是世界上最好的击球手！"这次他打得更带劲。但又没击中，反而跌了一跤，擦破了皮。男孩第三次站了起来，再次击球。这次准头更差，连球棒也丢了。他望了望球棒道："嘿，你知道吗，我是世界上最伟大的击球手！"

后来，这个男孩果然成了棒球史上罕见的神击手。是自己的赞美给了他力量，是赞美成就了小男孩的梦想。

常给自己鼓掌，善于驾驭自己命运的人，是最幸福的。在生活的道路上，我们必须善于作出抉择：不要总是让别人推着走，不要总是听凭他人摆布，而要勇于驾驭自己的命运，调控自己的情感，做自我的主宰，做命运的主人。

当你遭遇挫折、困难而沮丧，正想放弃你之前所要达到的目标时，如果有一个热情的同伴给你鼓励、给你帮助，你会重新焕发出热情，就像打开一个能量的开关，继续保持前进的信心和毅力。

三只青蛙掉进鲜奶桶中。第一只青蛙说："这是命，我注定要灭亡在这里了。"于是它盘起后腿，一动不动等待着死亡的降临，这只青蛙最后死了，

第二只青蛙说："这桶看来太深了，凭我的跳跃能力，是不可能跳出去了。今天死定了，天要亡我啊！"于是，它沉入桶底淹死了。

第三只青蛙打量着四周说："真是不幸！但我的后腿还有劲，我要逃出去，我不会死在这里，外面的世界还很精彩。我要找到垫脚的东西，跳出这可怕的桶！"

于是，这第三只青蛙一边划一边跳，慢慢地，奶在它的搅拌下变成了奶油块，在奶油块的支撑下，这只青蛙奋力一跃，终于跳出了奶桶。正是不放弃希望救了第三只青蛙的命。

人最怕的就是胡思乱想、自我设置障碍，这不仅会让你失去理智，往往还会使你误入歧途。这种人的结局是悲哀的，因为他们不懂得自我肯定与自我激励，总听天由命，最后苦的还是自己，而结局肯定会比他们想象的还要糟。

《致加西亚的信》的作者哈伯德强调说："我欣赏的是那些能够自我管理、自我激励的人，他们不管老板是不是在办公室，都能一如既往地勤奋工作，因而他们永远都不可能被解雇。"只有那些永不满足，无论在什么时候都懂得自我激励和激励别人的人，才能最早收获成功。

有方向要坚定，没方向要试行

人生是受目标驱使的。当我们很小的时候，我们看到别人走路、讲话、读书、骑车等，我们就下定决心也要学会这些本领。虽然我们或许并不是有意识地这样做，但我们确实是为自己树立了目标。尽管达到这些目标不是件容易的事，但我们还是要努力取得成功，没有目标的人则永远不可能找到前进的道路。

哈佛告诉学生：我们应当坚信，只要朝着自己的目标不断向前，肯定会有好的结果。一个人除非对自己的目标有足够的信心，否则目标很难实现，如果你没有方向，那就需要试行，在摸索中找到属于自己的方向。

德鲁·吉尔平·福斯特是哈佛大学迄今为止唯一的一位女校长，她还是一名历史学家。

作为一位历史学家，她善于用历史的眼光看待现实。她认为当今世界处在不断的变化之中，因此高等教育也必须适应不断变化的世界形势。她被称为历史上第一位具有"《纽约时报》最为推荐的畅销书作者"称号的校长。

她曾经说："人们目前所面临的选择是，怎样去定义成功才能使它具有或包含真正的幸福，而不仅仅是拥有金钱和荣誉。人们害怕，报酬最丰厚的选择，也许不是最有价值的和最令人满意的选择。但是人们也担心，如果作为一个艺术家或是一个演员，一个人民公仆或是一个中学老师，该如何才能生存下去？然而，人们可曾想过，如果你的梦想是新闻业，怎样才能想出一条通往梦想的道路呢？难道你会在读了不知多少年研，写了不知多少毕业论文终于毕业后，找一个英语教授的工作？"

答案是：你不试试就永远都不会知道。但如果你不试着去做自己热爱的事情，不管是玩泥巴还是生物还是金融，如果连你自己都不去追求你认为最有价值的事，你终将后悔。人生路漫漫，你总有时间去给自己留"后路"，但可别一开始就走"后路"。

生活中，很多人面临毕业后择业的选择。在面对择业的时候，不要徘徊和迷茫，在人生关键的十字路口，首先要清楚自己想做什么和能做什么，把自己的特长和能力挖掘出来，再选择适合自己的职业，然后坚定地走下去，就会闯出一片新天地。此外，在选择自己的职业时一定要把自己的兴趣爱好考虑进去，一个人只有在做自己喜欢的事情时才能感受到快乐和幸福。

虽然，很多时候我们已经很努力，可是成绩并不显著，这就是弄错了方向的缘故。自己不擅长的事，想做好一定很难，所以做事前一定要选对方向。"没有比漫无目的地徘徊更令人无法忍受的了。"这是《荷马史诗》中的《奥德赛》里的一句至理名言。

高尔夫球教练也总是说："方向是最重要的。"其实，不怕人们选错方向，而是怕选错方向后还盲目地前进。然而在现实生活中，有很多人都做着毫无方向的事情，过着漫无目的的生活。这种没有方向的人生注定是失败的人生。

在你的日常生活和学习中，你会发现，许多人似乎是不分白天黑夜地埋头苦干。但是，当你问他们这样是为了什么的时候，他们大多会以摇头作答，甚至无言以对。因此，事实上，他们虽然在拼命干，却对自己的明天与未来一无所知。他们没有目标，所以，他们一无所知、一无所获。

在人生的竞技场上，无论一个多么优秀、素质多么好的人，如果没有确立一个鲜明的人生目标，也很难取得事业上的成功。许多人并不乏信心、能力、智力，只是没有确立目标或没有选准目标，所以没有收获成功。这道理很简单，正如一位百发百中的神枪手，如果他漫无目标地乱射，也无法在比赛中获胜。

没有正确方向且不去寻找方向的船很容易在大海中迷失方向，古罗马哲学家塞涅卡曾说过："有人活着没有任何目标，他们在世间就像河中的一棵小草，他们不是行走，而是随波逐流。"可见，缺乏目标的人是不可能取得成功的，等待他们的只有失败。

所以，每个人都需要有一个方向，并要坚定的走下去。也许我们在选择的进程中会有短暂的迷失，而这就需要我们不断地试行。

比赛尔是西撒哈拉沙漠中的一颗明珠，每年有数以万计的旅游者来到这儿。可是在肯·莱文发现它之前，那里是一个封闭而落后的地方。比赛尔的人没有一个走出过大漠。

肯·莱文当然不相信这种说法。他用手语向这儿的人问原因，结果每个人的回答都一样：从这儿无论向哪个方向走，最后都还是转回出发的地方。为了证实这种说法，他做了一次试验，从比塞尔村向北走，结果三天半就走了出来。

比塞尔人为什么走不出来呢？肯·莱文想弄清楚原因，最后他只得雇一个比塞尔人，让他带路。10天过去了，他们走了大约1300公里的路程，第11天的早晨，他们果然又回到了比塞尔。

这一次肯·莱文终于明白了，比塞尔人之所以走不出大漠，是因为他们根本就不认识北斗星。在一望无际的沙漠里，一个人如果凭着感觉往前走，一定会走出许多大小不一的圆圈。

肯·莱文在离开比塞尔时，告诉当地人："只要你们白天休息，夜晚朝着北面那颗星走，就能走出沙漠。"这里的人照做了。结果3天之后他们果然来到了大漠的边缘。

这个故事对你是否有一些启发呢？根据成功者的经验，一个人无论处于何种年龄，他真正的人生之旅，是从设定有为之奋斗方向的那一天开始的，以前的日子，只不过是在绕圈子而已。一个人如果没有正确的奋斗方向，就只能在人生的旅途上徘徊，永远到不了目的地。正如空气对于生命一样，方向对于成功也有绝对的必要性。

英国诗人华兹华斯在大学的第一年里，花了很多时间来独自思考，余下的时间则与朋友们在一起。他对未来的生计经常感到忧郁而恐惧，这在他的诗中曾有流露：

最强烈的，是我心中的奇怪感觉，

似乎我不应当活在那个时刻，

与那个地方格格不入。

同年夏天，他回到心爱的湖区，突然醍醐灌顶。在《序曲》中，他回忆道，在一夜"舞蹈和欢声笑语"之后，他在黎明之际走回家：

我得说，亲爱的朋友，

我的心充盈满溢，

我从没立下任何承诺，

但那誓约已早为我而定。

上天把我未知晓的约定告诉我，

我应是献身的圣灵，

否则就是犯下大罪，

我继续在祝福中行走，

那祝福甚至至今还在。

从那一刻起，华兹华斯知道了他真正的生涯所在。就这样，抱着对未来生涯的明确目标，怀着留下一块纪念碑的雄心壮志，开始追求他的毕生的事业。

人生的方向，因人而异，各有不同。找准方向，是让我们根据自己的实际情况，确立一个合理的目标，而不是不切实际地空想；找准方向，我们才能在生命的征程中沿着轨迹稳步前行；找准方向，我们才能用一生的力量，实现自己的梦想。人生的方向，需要用心去找，愿每个人都能找准自己的方向。

困难不是用来怕的，而是用来战胜的

俄罗斯有一句谚语："铁锤能打破玻璃，更能铸造精钢。"如果你像钢一样，以足够的坚强作为打造的品质，勇敢克服眼前的困难，那么这些困难正好可以磨炼你的意志和力量。

世间事，如果一切顺顺利利、尽如我意，按照我们当初的计划与预期发展，人生该有多好；世间事，如果一切平平稳稳、"一加一等于二"，能够种什么就必定能收获什么，人生该有多么的惬意。然而，偏偏事与愿违，世间事就是多了这么一分冥冥中无可抗拒的神奇，使我们永远无法预知未来；世间事就是多了这么一分冥冥中无可避免的外界主导力量，使我们永远无法全然地掌握，而必须面对千变万化的"不可预知"。

哈佛校训中有一条是：挫折与苦难随时会找上我们任何一个人，我们不是要被他们打倒、打败，而是把它们当做激励我们前进的动力，面对困境时需要巨大的勇气，有这种直面人生苦难的勇气，就有超越苦难，迈向成功的魄力。

美国人曾做过一个有趣的调查，发现在所有成功的企业家中，平均每位都有 3 次破产的记录。即使是世界顶尖高手，失败的次数毫不比成功的次数"逊色"。拥有高情商的人，即便身处逆境，也总能保持风度，获得成功。

有一个人的简历是这样的：

22 岁生意失败。

23 岁竞选州议员失败。

24 岁生意再次失败。

25 岁当选州议员。

26 岁情人去世。

27 岁精神崩溃。

29 岁竞选州长失败。

31 岁竞选选举人团失败。

34 岁竞选国会议员失败。

37 岁当选国会议员。

46 岁竞选参议员失败。

47 岁竞选副总统失败。

49 岁竞选参议员再次失败。

51 岁当选美国总统。

这个人就是林肯。

林肯被称为美国历史上最伟大的总统之一，但就是这么一位解放黑奴、统一全国的总统，一生经历了太多的风风雨雨。很小的时候就丧母，贫困与艰难没有击倒他，他在充满苦难的人生废墟中坚强地站了起来！他成了名垂千古的人物，在受人敬仰的背后有多少辛酸的泪水我们不得而知。

有的人成功了，是因为他们能够坚强地面对失败，而有的人失败了，是因为他们面对困难一蹶不振，失去了继续拼搏的勇气。在困难面前摔倒是难免的，最关键的是你能够重新站起来，并且承受一次又一次的摔倒，这样坚持到底，才能取得胜利。"战胜困难"，看起来是一句鼓舞克服危机者最好的话，但是要真正实现起来，需要的是自我鼓励的品质和勇气。

1967 年夏天，美国跳水运动员乔妮·埃里克森在一次跳水事故中身负重伤。除了脖子之外，脖子以下全都瘫痪。从此她被迫结束了自己的跳水生涯，离开了那条通向跳水冠军领奖台的路。

她绝望过。但现在，她拒绝了死神的召唤，开始冷静思索人生的意义和生命的价值。她借来许多介绍前人如何成才的书籍，一本一本认真地读了起来。通过大量的阅读，她终于领悟到：我不可否认已经瘫痪了，我将告别跳水台，而且是永远！但人生就是要接受一些无法改变的事，并且我还可以做点别的。

因为有许多人即使身体受到了巨大的摧残，却在另外一条道路上获得了成功，他们有的成了作家，有的创造了盲文，有的创造出美妙的音乐，我为什么不能？于是，学文学。她的家人及朋友们又劝她了："乔妮，那会苦了你自己的。"她是那么倔强、自信，她没有说话，她想起一家刊物曾向她约稿，要她谈谈自己学绘画的经过和感受，她用了很大气力，可稿子还是没有写成，这件事对她刺激太大了，她深感自己写作水平差，必须一步一步来。这是一条充满荆棘的路，可是她仿佛看到艺术的桂冠在前面熠熠闪光，等待她去摘取。

是的，这是一个很美的梦，乔妮要圆这个梦。又经过许多艰辛的岁月，这个美丽的梦终于成了现实。1976 年，她的自传《乔妮》出版了，轰动了文坛，她收到了数以万计热情洋溢的信。两年又过去了，她的《再前进一步》一书又问世了，该书以作者的亲身经历告诉残疾人，应该怎样战胜病痛，立志成才。后来，这本书被搬上了银幕，影片的主角就是由她自己扮演，她成了青年们的偶像，成了千千万万个青年自强不息、勇于战胜困境的榜样。

在困境中无所畏惧，正是高情商的体现。高情商者都是敢于正视现实、勇于与现实作斗争的人，他们都有一部血与泪交织着的艰辛的奋斗史。现实是残酷的，而正是因敢于直面残酷而精彩、美丽。只有在困难的熔炉中不断锤炼，才能锻造出高品质的钢。正视现实，最重要的就是要正视困难。

在人生的道路上，谁都会遇到困难和挫折，就看你能不能战胜它。战胜了，你就是英雄，就是生活的强者。挫折、逆境并不可怕，可怕的是你心中产生了悲观的思想。如果那样的话，任何人都不能帮你什么。相反，在面对挫折、逆境时，如果你用积极的心态去面对它，那么，任何不利因素都不会成为你人生路上的绊脚石。

著名的作家芬妮·赫斯特的奋斗史就是一部信念的历程史。

她1915年底带着成为一位名作家的梦想来到了纽约，但纽约给她的第一份礼物就是失败。她每天都写稿子，邮到各大报社，但是可悲的是她邮出去的文章都被退回。面对这种打击，她没有放弃，她坚信有一天会有人欣赏自己的文章，她仍怀着梦想不停地写作，走遍了纽约的大街小巷，奔波于各个杂志社、出版社之间。当希望还是很渺茫的时候，她没有放弃，只是对自己说：我一定能战胜这些困难。

她没有像别人那样，碰到一次退稿就放弃了，因为她决心要赢。4年之后，她终于有一篇故事刊登在周六的晚报上，之前该报已经退了她36次稿。随后，她得到的回报更是一发而不可收拾。出版商开始络绎不绝地出入她家的大门。再后来是拍电影的人发现了她。

无数次失败相加等于成功，无数次的困难造就了成功，这是芬妮·赫斯特告诉我们的一个道理。事实上，很多人在失败后不是没有尝试过通过其他手段继续努力，他们也采取过行动，也有过辉煌的奋斗史。他们没有成功的原因之一就是他们轻易让自己的奋斗永远成为历史了。他们轻言放弃，他们在困难面前退缩了，他们的一切都因为放弃而黯然失色。

我们不妨分析一下成功者，我们会发现他们走过的道路，都与失败顽强地抗争过；当挫折降临的时候，他们都坚定地说一句"还要干，绝不放弃"，都是以铮铮铁骨挺了过来。

成功只属于坚韧不拔并为之付出汗水的人。因为成功者大多会以这种精神来创造未来。也许你身处劣势,但如果你坚持不懈,黄土也会变成金子,沙漠也会变成绿洲。

人们在成长过程中难免会遇到挫折和困难,在困难面前跌倒是很正常的,关键是你是否能够重新从挫折中站起来,不被困难所击垮。只有能够承受一次次困难和挫折的人才能够坚持到底、取得胜利。软弱的、低情商的人会输给苦难,总是哭哭啼啼、悲悲戚戚地抱怨别人,这样就会丧失了本性,成了无用之人。坚强的、高情商的人,即使受了磨折,也能忍耐,无论多苦也咬紧牙关,没有失去勇气,心里一直想着:记住现在,把磨难作为自己的经验教训,磨难是用来战胜的。

苦难是信念的试金石

人生路漫漫,充满了鲜花,也充满了荆棘;充满了幸福,也充满了痛苦。不测是时时刻刻都存在的,学业的失意、疾病的折磨、自信的受损、亲人离去的悲痛……在踏上人生路途的时候,我们就应该明白前途的坎坷。要接受温润的春和赤烈的夏,就必须接受清冷的秋和寒冽的冬。

但有些人一旦遭遇困难就会对自己的追求产生怀疑,并有可能半途而废;但有些人一旦认定自己的目标,就绝不放手,顽强拼搏的精神在他们的身上得到完美的体现。成功的一个很重要的因素,就是心中有崇高的信念,当这个信念变作一种信仰深植于你的心中时,你便不会把目标轻易放弃。苦难和困境,对你来讲正是考验信念是否顽强的机会。

人世间一切卓越的功勋和伟大业绩的建成,都是坚强的信念的结果。当遇到挫折和困境时只要你心中有一个坚定的信念,努力坚持下去,就一定可以渡过难关。

菲尔德是一个登山爱好者,他非常喜欢爬山。他有一个愿望,那就是决心遍游各座名山。他也按着这个愿望一一实现。

有一次,在攀登一座山时,他以为很顺利,却没想到脚下的岩石突然松动滑落,菲尔德猝不及防,被重重地摔到山崖底下,被人送进医院,他在医院昏迷了一个月。当他醒过来时,发现自己少了一条腿。

这个打击让爱好登山的菲尔德崩溃,然而在迷茫后,他又重新找到了希望。他认为苦难让他更加成熟,更加坚定自己登山的愿望。养好伤后的菲尔德拖着那条残腿,决定再去征服那座山崖。有人见了,对他说:"你已经失败了一次，并且付出了惨重的代价，难道就不怕再一次失败吗？"

"我并没有失败，"菲尔德坦然地拍着那条残腿说，"我把上次的失败看成是通向成功的垫脚石，它告诉我，下一次，你得小心一点，否则别想登上山顶。现在，至少在爬同一座山的时候，我知道应该当心什么了。这次我一定可以成功的。"

哈佛智慧教导学生：世界上的任何事物都有其价值，苦难也一样。苦难并不是故意捣乱我们的生活，而是在挑剔我们身上的不足，帮助我们走上成功之路。

在现代社会，写信或者和朋友告别时，人们总喜欢说"祝你一帆风顺""一路平安""一切顺利"等，从这些祝语中我们可以看到大家都希望日子过得顺顺利利、平平安安的，没有谁会喜欢苦难，渴望经历苦难。但事实上，万事如意只是人们的美好愿望，每个人在一生中，总会经历这样或那样的苦难，只不过是轻重多寡各不相同罢了。一位智者说过："没有苦难的人生不是真正的人生。"

美国现代成人教育之父、著名心理学家卡耐基说，障碍与失败，是通往成功的两块最牢靠的垫脚石。确实如此，成功往往是从失败中孕育出来的。这个世界上能够一帆风顺走向成功的人少之又少，大多数成功人士都是经过摸爬滚打才探索到正确之路。实践是检验真理的唯一标准，苦难是检验信念的试金石。

甘地是一位矮小的瘦弱的老头，手无缚鸡之力，却能带领印度人民走向独立。

就其外在形象而言，甘地真的无法与"圣雄"联系起来，更难使人想到他有王者般的威严。提及他，人们自然而然地会联想到这样的形象：身材矮小，体质瘦弱。就是这样一位其貌不扬的男子，却拥有钢铁般的意志，并为一个民族的自由构造了一套特殊的模式。这位将毕生精力置于非暴力不合作运动的政治家，几乎是在没有除印度以外的政治权威的支持下，孤身一人从事民族解放事业。

他的非暴力抵抗运动和独立热情加速了英国殖民主义在印度的灭亡。假如没有坚定的信念和意志，很难想象他能够将自己的事业进行到生命的最后一刻。他有一种高尚的人格，这种人格是一种不可抗拒的力量，是一种令人折服的魅力，而这种力量和魅力来源于他的不懈追求，来源于艰苦生活的种种磨炼，来源于永闪光辉的坚强意志。这是甘地生命中的闪光点。

信念成就了这些伟人的辉煌，正是因为在苦难之中不屈不挠，坚守自己的信念，使他们的人生由此而变得绚烂而伟大。而苦难，就是信念的试金石，它所磨炼出的是人生的光辉和美丽。

一个不容忽视的现实：顺境中的人往往"苗而不秀，秀而不实"。那是因为"温室"里的幼苗经不起风吹雨打。所以，一帆风顺的人生肯定不是完整的人生，因为缺少了苦难，就缺少了生活的磨炼，也缺少了积累人生无价财富的机会。俗话说，火石不经摩擦就不会迸发出火花。同样，人若不遭遇苦难，生命之火就不会绚烂。苦难并不可怕，它可以培养人的意志，给人以信心、毅力和勇气。

一位著名的雕刻师准备塑造一座庞大浮雕，然而他也确信，浮雕一诞生，将震惊世界。经过精挑细选，他看上一块质感上乘的石头，开始雕刻。没想到才拿起锉刀敲几下，这块石头就痛不欲生，不断哀嚎："好痛，好痛，我不要做浮雕了，别让我承受痛苦了。"师傅只好停工，让其躺在地上，另外再找了一块质感差一点的石头重新雕刻。只见这块较差的石头，任凭刀琢棒敲，一概咬紧牙根坚韧承受，默然不出一语。师傅渐入佳境，在精雕细琢下，果然雕成了极品，大家惊叹为杰作，从此，远近驰名。

不久，无法忍受雕刻之痛的那块石头，被人废物利用，铺在通往浮雕的马路上，人车频繁经过，又要承受风吹雨打，实在痛苦不堪，石头内心愤愤不平，质问浮雕，说道："你资质比我差，却享尽人间礼赞，我却每天遭受凌辱践踏、日晒雨淋，凭什么？"浮雕只是微笑，说："你天资虽好，却耐不住雕琢之苦，怎能抱怨别人呢？"

如果把生命比做一把披荆斩棘的"刀"，那么挫折就是一块不可或缺的"磨刀石"，为了使生命这把"刀"更加锋利，就必须勇敢地接受挫折的磨砺！

大文豪高尔基曾说："苦难是人生最好的大学。"生活中，不是因为苦难本身有多么神秘和令人向往，而是因为经历了苦难后，人就会愈挫愈坚，无往不胜。

其实对于每一个人来说，苦难都可以成为礼物或是灾难，你无须祈求上帝保佑、菩萨显灵，选择权就在你自己手里。一个人的可贵之处，就是不轻易被苦难压倒，不轻易因苦难放弃希望，不轻易让苦难伤害自己蓬勃向上的心灵。

在低情商的人眼里，苦难是魔鬼；在高情商的人眼里，苦难则是天使。苦难让我们变得坚强，苦难让我们始终保持着清醒的头脑，苦难让我们知道一切都是如此来之不易，苦难能更加坚定了我们的信念。

要执著于梦想

哈佛法学院教授德里克·博克是位非常受人尊敬的人，他是哈佛学子的榜样。他说："我早已致力于我决心保持的东西。我将沿着自己的路走下去，什么也无法阻止我对它的追求。"伟大的目标产生无穷的精力，把这份精力执著下去，梦想便翩然而至。那些高情商的、成功的人，在他们的内心深处，都有一个坚定的信念。因为信念是所有奇迹的萌发点，是造就人生奇迹的伟大力量。

康拉德·希尔顿开始涉足旅馆业时，手头只有 5000 美元。希尔顿来到了当时因发现石油而聚集了无数冒险家的得克萨斯州。

一天，希尔顿来到马路对面的一家名为"莫布利"的旅馆想住上一晚，谁知旅馆门厅里的人群就像潮水似的争着往柜台挤。希尔顿了解到这家旅馆要出售，他想，他的机会来了。

希尔顿在仔细查阅了莫布利旅馆账簿的基础上，决定买下这家旅馆。经过一番讨价还价，卖主最后同意以 4 万美元出售。之后，雄心勃勃的希尔顿又与人合伙买下了华斯堡的梅尔巴旅馆、达拉斯的华尔道夫旅馆。希尔顿的旅馆业开始蒸蒸日上。但他并不满足，他决定要建造自己的新旅馆。

1925 年 8 月 4 日，"达拉斯希尔顿大饭店"终于落成，举行了隆重的揭幕典礼。在阿比林、韦科、马林、普莱思维尤、圣安吉诺和拉伯克等地相继建起了希尔顿饭店。希尔顿的事业越做越大。他成立了希尔顿饭店公司，把所有的连锁店统一起来。他决心向更广阔的世界扩展。

1954 年 10 月，希尔顿创造了他一生中最辉煌的一页，用 1.1 亿美元的巨资买下了有"世界旅馆皇帝"美称的"斯塔特拉旅馆系列"，这是一个拥有 10 家一流饭店的连锁饭店。这是旅馆业历史上最大的一次兼并，也是当时世界上耗资最大的一宗不动产买卖。

希尔顿终于登上了美国旅馆业大王的宝座。但他没有止步，而是放眼世界旅馆事业，成立了国际希尔顿旅馆有限公司，将他的旅馆王国扩展到世界各地。如今"希尔顿"已遍布全球。希尔顿的事业跃上了新的巅峰，成了世界旅馆之王。

每个奇迹的背后，总是始于一种伟大的信念，一种坚强的意志。或许没有人知道今天的这个想法将会走多远，但是，只要我们放下心头的疑惑，沉下心来坚定自己的信念并且努力付诸行动，那么就一定能够碰触到心中的梦想。在实现梦想的过程中，我们无法回避挫折，只能面对。只能在挫折中坚持到底，坚定执著梦想，直到击败挫折。

事情发生在40年前，当时赛尼·史密斯只有6岁。上小学时，有一天，老师玛丽·安小姐给学生们布置作业，让大家说出自己未来的梦想。赛尼一口气就说出两个：一个是拥有一头属于自己的小母牛，另一个是去埃及旅行。当问到一个名叫杰米的男孩时，他一下子没想出自己未来的梦想。所以，杰米用3美分向拥有两个梦想的赛尼买了一个去埃及旅行的梦想。

40年过去了，赛尼·史密斯在商界小有成就。他去过很多地方，但是他从来没有去过埃及。作为一个守信用的人来说，他不能去埃及，因为他已经把这个梦想卖掉了。所以，他决定赎回那个梦想。然而，经联邦法院认定，那个梦想已经价值3000万美元。

买梦想的杰米说："小时候我是个穷孩子，没有梦想。然而，自从我买到梦想后，我彻底改变了。我的儿子现在在斯坦福大学读书，我想也是得益于这个梦想。因为从小我就告诉他，我有一个梦想，那就是去埃及。现在我在芝加哥拥有6家超市，总价值超过2500万美元。我想，如果我没有那个去埃及旅行的梦想，我是绝对不会拥有这些财富的。"

要花3000万美元赎回一个以3美分卖出去的梦想，在有些人看来也许没有必要。然而，赛尼·史密斯却发誓说，哪怕花两个3000万，也要将那个梦想赎回。因为，现在他才明白，人的一生中最珍贵的东西就是——梦想。

美国著名作家杜鲁门·卡波特说："梦想是心灵的思想，是我们的秘密真情。"梦想有一种巨大的魔力，能够不断召唤着你前进。因此，无论你的梦想怎样模糊，也不管你的梦想看似多么的不可思议，只要你勇敢地听从梦想的召唤，正视它，并坚持不懈地走下去，就能使梦想变成现实。

或许，只要是在那里许愿并执著努力的人都实现了他们的梦想。所以我们要以一份矢志不渝的执著去获得属于自己最幸福的梦想，或许那也同样很辛苦，可是这才是快乐的人生，不管是贫穷还是富裕，找到自己的天空才是幸福的梦想。

执著自己的梦想，因为梦想需要执著来实现。漫漫人生路，不如意者十有八九，怨天尤人无济于事。只有在执著中不断进取，不断超越，才能让我们的人生道路更加宽阔，才能让我们的未来大放异彩。

第二章　调整心态，成功在望

执著与固执只在一念之间

执著是一种很好的品质，但有的时候并不一定是好事。有些时候，执著过头了，就会变成固执，无论是做人，还是做事，都要学会理智。因为，我们只有靠理智才会找到方法，才会获得一条捷径。有些时候执著与固执只在一念之间。

哈佛学者告诫我们：固执地坚守某一样事物，并且不愿有丝毫的改进，往往容易偏离目标，铸成大错。

做人做事都不可以太固执，应该充分考虑他人的意见，因为没有一个人的思想总是正确无误的。执著地追求某一样东西，是需要智慧的，如果不切实际地坚持一己之见，不接受新事物，也不愿作丝毫的改进，那么，所追求的目标肯定很难实现。

许多人常咬紧"青山"不放松，绝不言放弃，最后却是头破血流、两败俱伤。事实上，换一个角度，找一下方法，将会"柳暗花明又一村"。人们无一例外地被教导过，做事情要有恒心和毅力，比如："只要努力、再努力，就可以达到目的。"你如果按照这样的准则做事，你就会不断地遇到挫折和产生负疚感。由于"不惜代价，坚持到底"这一教条的原因，那些中途放弃的人，常常被认为"半途而废"，令周围的人失望。

在美国，有两个贫苦的农夫，每天都要翻过一座大山去耕地，以维持生计，他们很辛苦地生活，每天都在做梦想为有钱人。这个愿望感动了上帝，上帝打算给他们一些意外财富。

有一天他们在回家的路上发现两大包棉花，两人喜出望外，因为在当时，棉花的价格比粮食要高很多，如果将这两包棉花卖掉，足可使家人一个月衣食无忧，他们都喜出望外，认为这是上帝赐福。当下两人各自背了一包棉花，匆匆赶路回家。

走着走着，其中一个农夫看到山路上扔着一大捆布，他在想，会不会又是一袋棉花呢？想到这，他就急迫地走近细看，竟是上等的细麻布，足足有十几匹。他欣喜之余，没想到会有这样的好事儿，都让自己给撞上了，在欢喜之际，他和同伴商量，一同放下背负的棉花，改背麻布回家。

然而他的同伴却有不同的看法，认为自己背着棉花已经走了一大段路，自己已经浪费了很多精力了，都走到这里了，要丢下棉花，岂不枉费自己先前的辛苦，所以他坚持不换麻布。发现麻布的农夫怎么劝，同伴都不听，没办法，他只能自己竭尽所能地背起麻布，继续前行。

又走了一段路后，背麻布的农夫望见林子里闪闪发光，走近一看，地上竟然散落着数坛黄金，我的天哪！心想这下真的发财了，赶忙邀同伴放下肩头的棉花，改为挑黄金。

他同伴仍是不愿丢下，他认为这是执著，并且怀疑那些黄金不是真的，劝他不要白费力气，免得到头来空欢喜一场。

发现黄金的农夫只能自己挑了两坛黄金，和背棉花的伙伴赶路回家。走到山下时，无缘无故下了一场大雨，两人在空旷处被淋了个湿透。更不幸的是，背棉花的农夫背上的大包棉花吸饱了雨水，重得完全无法背动，那农夫不得已，只能丢下一路辛苦舍不得放弃的棉花，空着手和挑金子的同伴回家去了。

坚持是一种良好的品性，可是问题在于，如果这个目标错误，而他仍要奋力向前，而且又自以为自己意志坚定、态度坚决，那么，由此导致的恶劣后果，恐怕比没有目标更为可怕。因为，在错误的道路上，过分坚持会导致更大的错误。成功者的秘诀是随时检视自己的选择是否有偏差，合理地调整目标，放弃无谓的坚持，轻松地走向成功。

我们无法改变生存的外在环境，但是我们可以转换一下自己的思维，适时改变一下思路，只要我们放弃了盲目的执著，选择了理智的改变，就有可能开辟出一条别样的成功之路。世界上没有死胡同，关键就看你如何去寻找出路。有一句话说得好："横切苹果，你就能够看到美丽的星星。"当你在生活中遭遇困境的时候，学着换一种眼光和思维看问题，相信你一定能够化逆境为顺境，化困境为机遇。

其实，有些事情，你虽然付出了很大努力，却发现自己却处于一个进退两难的境地，你所走的路线也许只是一条死胡同。这时候，最明智的办法就是抽身退出，寻找其他的成功机会。

没有果敢的放弃，就没有辉煌的选择。与其苦苦挣扎，撞得头破血流，不如潇洒地挥挥手，勇敢地选择放弃。

法国的一个乡村下了一场非常大的雨，洪水开始淹没全村。一位非常虔诚的神父在教堂里祈祷，眼看洪水已经淹到他跪着的膝盖了。这时，一个救生员驾着舢板船来到教堂，跟神父说："神父，快！赶快上来！不然洪水会把你淹没的！"神父说："不！我要守着我的教堂，我深信上帝会救我的。上帝与我同在！"

过了不久，洪水已经淹过神父的胸口了，神父只好勉强站在祭坛上。这时，一个警察开着快艇过来，跟神父说："神父，快上来！不然你真的会被洪水淹死的！"神父说："不！我要守着我的教堂，我相信上帝一定会来救我。你还是先去救别人好了！"

又过了一会儿，洪水已经把整个教堂淹没了，神父只好紧紧抓着教堂顶端的十字架。一架直升机缓缓飞过来，丢下绳梯之后，飞行员大叫："神父，快！快上来！这是最后的机会了！"

神父还是意志坚定地说："不！我要守着我的教堂！上帝会来救我的。"神父刚说完，洪水滚滚而来，固执的神父被淹死了。

有些坚持是正确的，但有些坚持是致命的错误，如故事中的神父一样。固执只会让我们走向痛苦的深渊。在人生的每一个关键时刻，应审慎地运用智慧，作最正确的选择，坚持正确的执著。

不切实际地一味执著，是一种愚昧与无知，而放弃则是一种智慧。固执自我是我们迈向成功的绊脚石。我们想要跨越生命中的障碍，达到某种程度的突破，向理想中的目标迈进，需要有"放下自我（执著）"的智慧与勇气，去迈向未知的领域。当环境无法改变的时候，你不妨试着改变自己。因为只有懂得变通，懂得顺应潮流，才能找到一条生存之道。学会转换思维，灵活地跨越生命中的各种障碍，对一个人的成长是至关重要的。

低调、低调，再低调

低调经常是制胜的法宝，低调是一种外"抑"内"扬"的策略，低调的姿态常常能够战胜高调，取得出奇制胜的效果。力求出人头地，是一种积极的人生态度，无可厚非，但急于出头，行高于人，让自己鹤立鸡群，必定会遭遇别人的嫉妒和排斥。你可以让自己的才能高出于人，但绝不可让自己显出高人一等的姿态。不显不露是一种低调，也是一种生存达到更高境界的有力保障。

低调做人既是一种姿态，也是一种风度，一种修养，一种品格，一种智慧，一种谋略，一种胸襟。低调做人不仅可以保护自己、融入人群，与人们和谐相处，也可以让人暗蓄力量、悄然前行，在不显不露中成就事业。不仅可以让人在卑微时安贫乐道，豁达大度，也可以让人在显赫时持盈若亏，不骄不狂。

何晶是新加坡总理李显龙的夫人，随着李显龙的宣誓就职，何晶也开始走到了新加坡的政治前台。何晶是位精明能干却始终保持低调，尤其不愿被媒体曝光的商业女强人，因此她的身世和成就，在新加坡鲜为人知。

她还被美国《财富》杂志选为"亚洲25位最具影响力的企业家"。她在一次接受媒体的采访时曾说："我和他（李显龙）时常意见相左，但我们在这些问题上常进行有益的辩论。李显龙（当时）虽然是财政部长，但他不能作任何片面决策，他只是一个团队的一分子而已。"

新加坡虽然是一个小国，但在亚洲来说却是一个经济强国，作为新加坡的第一夫人，何晶却喜欢朴素的装扮，她经常留着一头短发。何晶曾在美国接受电子工程教育，因此她也是一位出色的政府学者。在1985年嫁给李显龙时，何晶正在新加坡国防部任职，当时李显龙刚以准将一职自军中退役。

当记者问她为什么这么低调时，她说："不把自己太当回事，坦诚而平淡地生活，别人是不会把你看成卑微、怯懦和无能的。"

如果你老是把自己当做珍珠，那么就时时有被攻击的危险。一个有内涵、有实力、高情商的人也不一定永远站在最高峰。要忘记曾经的成功、曾经的辉煌，正视现实，这样即使退居幕后，人们给予他们的仍然是掌声和鲜花。

低调是终生受益的美德，一个懂得低调的人是一个真正懂得积蓄力量的人，谦逊能够避免给别人造成太张扬的印象，这样的印象恰好能够使一个人在生活、工作中不断积累经验与能力，最后达到成功。

其实，无论对于一个人还是一个企业的发展来说，荣誉、名声都只是些虚无缥缈的东西，说到底不过是过眼云烟而已。名誉固然重要，但切实的利益、长远的发展才是更为重要的，因此，无论是个人，还是团体，只有淡化功利，踏踏实实地立足现实事业，才能更容易取得胜利，创造奇迹。

"低调的人不会骄傲，骄傲的人也做不到低调。"骄傲自满是我们前进中的绊脚石，它就像有色眼镜一样，使我们看不到别人的闪光点，自以为是、止步不前。骄傲自大的人会在自己与外界之间树起一道无形的"城墙"，让自己与外界产生隔膜，这使人变得狭隘、自私、目中无人，如井底之蛙，看不到更广阔的世界。《伊索寓言》中有这样一个故事：

有一只狐狸喜欢自夸自大，它以为森林中自己最大。傍晚，它单独出去散步，走路的时候看见一个映在地上的巨大影子，觉得很奇怪，因为它从来没有见过那么大的影子。后来，它知道是它自己的影子，就非常高兴。它平常就以为自己伟大、有优越感，只是一直找不到证据可以证明。

为了证实那影子确实是自己的，它就摇摇头，那个影子的头部也跟着摇动。它就很高兴地跳舞，那影子也跟着它舞动。它继续跳，正得意忘形时，来了一只老虎。狐狸看到老虎也不怕了，还拿自己的影子与老虎比较，结果发现自己的影子比老虎大，就不理它，继续跳舞。老虎趁着狐狸跳得得意忘形的时候扑了过去，把它咬死了。

狐狸的高调让它最终惨死，枪打出头鸟，如果狐狸低调一点，谦卑一些，或许也不会有这样的下场。人也一样，高情商的人都懂得低调。

在低调中修炼自己：低调做人无论在官场还是商场中都是一种进可攻、退可守，看似平淡，实则高深的处世谋略。

低调是做人成熟的标志，是为人处世的一种基本素质，也是一个人成就大业的基础。向日葵在籽粒尚不饱满的时候，高昂着头，随着太阳的升起和降落，摇来晃去，唯恐别人看不到它。一旦颗粒饱满它便会低下沉甸甸的头，因为它成熟了、充实了。

哈佛学者告诉人们一个道理：人要像静静的流水一样，不论在什么情况下都要沉深地为人处世，才不至于让自己锋芒毕露、树敌太多。所以，我们应当在日常的生活中，注意自己的言行，说话、做事要考虑到那些在某方面不如自己的人，不要过分地显露自己的能力，否则很可能引起别人的嫉妒和不满，到头来很可能招致危险。

人往高处走，水往低处流。由卑微而至尊贵，这是一个人走向成功与卓越的正向逻辑。因此，开始时的卑微并不是低贱和耻辱，而是抵达尊贵的必要过程。

但也有一部分人在开始走向尊贵时，喜形于色，夸耀自己。身处高位，颐指气使，飞扬跋扈，稍有才能便妄自尊大，目中无人。那种唯恐天下人不知的彰显心理不知害了多少人。但高情商的人都保持低调行事作风，他们无论在什么情况下都不显山露水，不愿意让别人看到自己高出于人的那一面。

压力面前，我们要跑得更快

人生的各个阶段都有压力：读书有压力，上班有压力，做平常老百姓有压力，做领导干部也有压力。总之，压力无处不在。那么，压力是好事还是坏事？科学家认为：人是需要激情、紧张和压力的。如果没有既甜蜜又痛苦的压力，人就无法存在。

美国一所高校曾经进行了一个很有意思的试验。试验人员用很多铁圈将一个小南瓜整个箍住，以观察当南瓜逐渐地长大时，能承受的压力有多大。

最初他们估计南瓜最多能够承受大约500磅的压力，在实验的第一个月，果然南瓜承受了500磅的压力；然而让试验人员没想到的是，到第二个月时，这个南瓜承受了1500磅的压力，随着南瓜的生长，当它承受到2000磅的压力时，铁圈已经变形了，研究人员必须对铁圈加固，以免南瓜将铁圈撑开。

最后当研究结束时，整个南瓜承受了超过5000磅的压力后瓜皮才产生破裂。他们打开南瓜时发现它已经无法再食用，因为它的中间充满了坚韧牢固的层层纤维，试图想要突破包围它的铁圈。它的根系的总长甚至超过了8万英尺，所有的根往不同的方向全方位地伸展，这个南瓜独自控制了整个花园的土壤与资源。

最后这个南瓜在压力面前生长得比在正常的情况下还要强壮。最终以承受5000磅的压力来展示自己的实力。

只是小小的南瓜却能承受如此之大的压力，可见，压力越大，动力越大。在压力面前我们的心灵承受力也会大大超过我们自身的估量。

美国鲍尔教授说："人们在感受工作中的压力时，与其试图通过放松的技巧来应付压力，不如激励自己去面对压力。"压力带给人的感觉不仅仅是痛苦和沉重，它也能激发人的斗志和内在的激情，使你兴奋，使你的潜能被开发。

爱斯特在集市上选中了一匹青鬃马。他说，只要经过训练，这匹马一定可以成为千里马，而他也会因为这匹千里马而出名，可是，一个月又一个月过去了，无论爱斯特采取什么办法，青鬃马的成绩始终不理想，每日的奔跑距离，总是在950里左右徘徊。

万般无奈的情况下，爱斯特对青鬃马说："伙计，你得用功啊！再这样下去，你会被淘汰的！我还想指望你出人头地呢！"青鬃马愁眉苦脸地说："没法子啊，我已经尽最大的努力了。这已经是我的极限了，我变不了千里马了。"这时，爱斯特脑子一动，想出一个办法。

新的一天训练开始了。青鬃马刚起跑，突然背后响起惊雷般的一声吼叫。青鬃马扭头一看，一头雄狮旋风般向他扑来。青鬃马大吃一惊，撒开四蹄，没命地狂奔起来。

晚上，青鬃马气喘吁吁地回到爱斯特身边说："好险！今天差点喂了狮子！"爱斯特笑道："可是，你今天跑了1070里！""什么？"青鬃马心中豁然一亮。从此，它一上训练场，就设想有一头狮子在后面追赶自己。后来，它果然成了一匹千里马，而爱斯特也成为一个名人。

我们说没有压力就没有动力，在压力面前，人的潜能就会被激发出来。就像这匹马一样，在雄狮的压力下，青鬃马也成为千里马。体育比赛的压力是大家有目共睹的，而正是因为压力大，运动员才能跑得更快，世界纪录才会频频被打破。

没有人可以避免遭受压力和挫折，重要的是要有豁达、乐观、坚毅、忍耐的性格，要搞清楚自己的位置和方向，才能走过失败，重新振作。有人说自己希望做一只蜗牛，蜗牛永远不会理会别人的催促，无视外来的压力，只是依着自己的步伐和所选择的方向，勇往直前，这必能成功。压力和挫折时刻都会存在，有人说，人没有了压力生活就会没有了方向，就像没有了风，帆船不会前进一样。但你一定不能在压力中不思进取，否则你将被压力淹没。在压力中奋起，你才会有成功的可能。

常言道："井无压力不出油，人无压力轻飘飘。"生活中，人们经常有这样的感觉，挑着重担的人比空手步行的人要走得快，其中的奥妙，便是压力的作用。人生一世，轻松愉快只是一种可能，而承受不同程度的压力则是一种必然。

哈佛教授常常教导学生：人面对压力不可消极忍耐，更不能逃之夭夭。而要以饱满的精神、主动的态度去面对，尽量把压力转化为动力，要更富热情地去完成工作。

当你面对巨大压力时，应保持镇静、理智，要相信自己有能够解决任何问题的能力。也许你的生存压力不小，烦恼也不少，但切忌陷在自我忧虑中，要冷静思考，全面评估现状，合理疏导排解，记住你的力量远远比压力大得多！因为有了压力才会有消除压力后的独特享受。

当然，压力也不能太大，大得难以承受，人又会被压垮。生活就是这样，充满着矛盾，我们只能选择改变自己去适应生活。当你没有了激情，生活懒懒散散，那就给自己加压，定下一个目标，按限期完成；当你感到压力使你心身疲惫时，你就要进行舒解，放下一些攀比和力不从心的追求。当一个人没有任何压力的时候，他就会失去前进的动力，成为轻飘飘的云，没有方向。要想改变现状，你必须适当给自己增加一些压力。

随时给自己减压，人生才能轻松

一位大企业的销售部经理能力极强，也能适应高强度的工作。但是他老担心自己的行业会出现泡沫经济，一旦崩溃，优越的地位、收入将化为乌有；又担心自己已步入中年，那么多后生、小辈、新秀都生机勃勃，怎么保住个人的宝座啊？他整天忧心忡忡，似乎世界末日即将来临。

一名成绩平平的中学生，由于高考压力、早恋等，觉得自己快要垮了。他在日记中写道："人为什么要活着，活着能不能为自己……活着是为了别人……"有时候，他甚至想一死了之。

这些例子的主人都是低情商者，他们给自己的压力使自己痛苦。其实很多压力和坏情绪都是自己给的。要随时给自己减压，人生才能真正轻松。

一个小女孩趴在窗台上，看窗外的人正埋葬她心爱的小狗，不禁泪流满面，悲痛不已。她的外祖父见状，连忙引她到另一个窗口，让她欣赏他的玫瑰花园。果然小女孩的心情顿时明朗。老人托起外孙女的下巴说："孩子，你开错了窗户。"

女孩情绪低落是因为她开错了窗户。压力大、情绪低落，是因为你看到的都是压力和负面的东西，而换一种思路，变一种视角，就会发现，原来压力都是自己营造的。

压力其实是一个过度使用的字眼。我们通常为必须承受最大压力的角色而竞争，并且因人们知道我们正处在压力之下而高兴。事实上，我们倾向于夸大我们所承受的压力又或者给自己在无形当中增加压力。

哈佛学者说："当压力来临时，懂得减压的人才是高情商的人。"正确地看待压力，管理好自己的情绪。有很多人面对压力不是迎难而上，而是闹起了情绪，向别人抱怨、整天闷闷不乐。其实没有必要，你完全有能力控制自己的情绪，把这些不必要的想法放在一边，集中精力做重要的事情，这样问题就会一点点解决，压力也自然消除了。

在生活中，几乎所有的困难、挫折和不幸都会给人带来心理上的压力和情绪上的痛苦，都会使人面临前进与后退、奋起与消沉的困惑，而关键则在于你是否能控制这种情绪，驾驭你心理上的压力。其实，只要做好自我调节，适当减压，摆正自己的位置，不过高要求自己，也不低估自己的能力，放宽心、多运动，就可以轻松生活。以下介绍几种减压的方法：

★音乐治疗

音乐具有安定和抚慰情绪的功效。想尽情地发泄一番，那就听一听摇滚乐吧！想平复一下情绪，那就听听古典音乐吧！买上一两张新碟，把自己关在房间里戴上耳机，你就可以尽情地沉浸在音乐的王国里了。

★影视治疗

看电影也是一个很不错的减压方法。有空去电影院看电影悲剧片和喜剧片都是很好的选择。如果觉得一肚子的委屈没有地方可以发泄，选一部悲剧来看看吧，或者在心情烦躁时去看一些喜剧片，"笑一笑，十年少"，压力在笑声中会消失不见！

★户外活动

如果你实在感到压力无处不在，令你喘不过气来，那么选择周末去郊外活动活动吧，一方面可以约上三两知己一起行动，一边互谈人生，大吐工作中的苦水，另一方面尽情地享受户外清新的空气和美丽的田园景色。让该死的压力滚到一边去吧。

★养宠物

回家后，让一只可爱的宠物帮助你忘却压力，再没有比这更好的方法了。科学家认为，养一只狗或是猫确实有好处。抚摸会帮助你降低血压和减缓压力——对于人和动物都一样。房里有一只狗会使人放松。当然，对某些人来说，养小猫小狗本身就是一种压力。如果你不喜欢宠物，也可以试着养一对金鱼。研究表明，仅仅是看着鱼在水草中游动，也能使人放松和减轻压力。

★大笑

大笑会使人心脏、血压和肌肉的紧张感得到舒缓，从而分散压力。科学家已经发现，大笑具有与有氧健身法相同的功效。当人们笑的时候，其心跳、血压和肌肉的紧张度都会明显上升，接着会降至原先的水平之下。不要犹豫，笑会使人更加放松。

压力其实不是一种客观事实，而是一种主观感受。相同的事在不同的人眼中，可能会产生完全不同的感受。同样的事在同一个人身上，也可以随着环境、时间转变，而产生不同程度的压力。例如你第一次参加考试时，你会紧张得气也喘不过来，但当你第十次、第二十次时，你就仿佛如履平地，不费吹灰之力就可以安然度过了。

我们必须接受压力，但是这并不是它原有的特质。如果我们学着了解自己的需要和能力，找到一些控制压力的方法，没有任何事可以让压力上身。

富兰克林·费尔德说过："成功与失败的分水岭可以用五个字来表达——我没有时间。"当你面对繁重的工作任务，感到心情特别紧张和压抑的时候，不妨抽一点时间出去散心、休息，直至感到心情比较轻松后，再回到工作中来，这时你会发现自己的工作效率特别高。紧张过度，不仅会导致严重的精神疾病，还会使美好的人生走向阴暗。只有舒缓紧张情绪，放松自己的心灵之弦，才能在人生的道路上踏歌前进。

从失败中获得收益

哈佛学者说："要检验一个人的品格，最好是看他失败以后如何行动。"失败以后，能否激发他产生更多的策略与新的智慧？能否激发他潜在的力量？是增强了他的决断力，还是使他心灰意冷呢？

爱默生说："伟大高贵人物最明显的标志，就是他坚强的意志，不管环境变化到何种境地，他的初衷与希望，仍然不会有丝毫的更改，而终至克服障碍，以达到所企望的目的。"

对意志永不屈服的人，根本就没有所谓失败。无论成功是多么遥远，失败的次数是多少，最后的胜利仍然在他的希望里。这是高情商者具备的精神。

世界上有无数人，已经丧失了他们所拥有的一切东西，然而还不能把他们叫做失败者，因为他们仍然有着不可屈服的意志，有着坚忍不拔的精神。

温特·菲力说："失败，是走上更高地位的开始。"许多人之所以能获得最后的胜利，只是来自于他们的屡败屡战。没有遇见过失败的人，有时反而不知道什么是真正的胜利。一般来说，失败会给勇敢者以果断和决心。

第一次世界大战结束了，金融家贺希哈以为和平已经到来，就拿出了自己的全部积蓄，以较低的价格买下了雷卡瓦那钢铁公司，最后赔了钱。"他们把我剥光了，只留下 4000 元给我。"贺希哈最喜欢说这种话，"我犯了很多错，一个人如果说他从未犯过错，那他就是在说谎。但是，我如果不犯错，也就没有办法学乖。"这一次，他学到了教训。"除非你了解内情，否则，绝对不要买大减价的东西。"

他没有因为一时的挫折而放弃，相反，他对此总结了相关的经验，并相信他自己一定会成功。后来，他开始涉足股市，在经历了股市的成败得失后，他已赚了一大笔。

1936 年是贺希哈最冒险的一年，也是最赚钱的一年。一家叫普莱史顿的金矿开采公司在一场大火中覆灭了。它的全部设备被焚毁，资金严重短缺，股票也跌到了每股 3 分钱。有一位名叫陶格拉斯·雷德的地质学家知道贺希哈是个精明人，就游说他把这个极具潜力的公司买下来，继续开采金矿。贺希哈听了以后，拿出 35000 美元支持开采。不到几个月，黄金挖到了，黄金离原来的矿坑只有 213 英尺。

贺希哈的成功告诉我们，不要害怕失败，财富的获得总是在失败中一点点积累的，很少有人一夜暴富，而且一夜暴富的财富也总是不长久的。这便是富人们不怕失败的原因，失败也是一种财富。

有人问一个孩子，他是怎么学会溜冰的？那孩子回答道："哦，跌倒了爬起来，爬起来再跌倒，就学会了。"之所以个人成功，之所以军队胜利，实际上就是这样的一种精神。跌倒不算失败，跌倒了站不起来，才是失败。

可能过去的失败，对一些人来说是一部非常痛苦、非常失望的伤心史。所以，有的人在回忆从前时，会觉得自己处处失败、碌碌无为，他们竟然在非常有希望成功的事情上失败了，或是他们至亲至爱的亲属朋友，竟然离他而去，或是他们失掉了职位，或是营业失败。在这些人看来，自己的前景似乎是十分的渺茫。然而即便有上述的种种不幸，只要你永不甘屈服，那么胜利就在前方，就在向你招手。

有位学者说过："正确的结果，是从大量错误中得出来的。"在这个世界上，每一个人都经历过无数次的失败。当然，也包括那些高情商的成功者在内，他们的成功也并非是一帆风顺的。

1932 年，这个美国男孩读初中二年级。因为是黑人，他如果读中学就必须到芝加哥去。那时，母亲让男孩复读一年以凑足去芝加哥读书的钱。她则为 50 多名工人洗衣、熨衣和做饭，为儿子攒钱上学。

第二年夏天，家里终于凑足了那笔血汗钱，母亲带着男孩坐上火车，来到陌生的芝加哥。由于是黑人，所以学校有很多人看不起男孩，他把这些困难与失败当成动力。男孩以优异的成绩中学毕业，后来又顺利地读完大学。

1942 年，他开始创办一份杂志，但最后一道障碍，是缺少 500 美元的邮费，不能给订户发函。一家信贷公司愿借贷，但有个条件，得有一笔财产作抵押。母亲曾分期付款好长时间买了一批新家具，这是她一生最心爱的东西。但她最后毅然决定将家具作了抵押，这样杂志才得以创办。

有一段时间很反常，男孩经营的一切仿佛都坠入谷底。面对巨大的困难和障碍，男孩感觉自己无力回天。他神情忧郁地告诉母亲："妈妈，看来这次我真要失败了。""你努力试过了吗？""试过。""不管什么时候，只要你一直努力尝试，就不会失败。既然你已经非常努力地试过，你还会成功的。"

在母亲的鼓励下，男孩渡过了难关，攀上了事业新的巅峰。这个男孩就是驰名世界的美国《黑人文摘》杂志创始人、约翰森出版公司总裁、拥有 3 家无线电台的约翰·H·约翰森。

约翰森的经历告诉我们：命运全在搏击，奋斗就是希望。而失败只有一种，那就是放弃努力。失败是宝贵的经验，它会教给你许多，人们从失败的教训中学到的东西，比从成功的经验中学到的还要多。无论什么样的失败，只要你跌倒后又爬起来，跌倒的教训就会成为有益的经验，帮助你取得未来的成功。正如黑格尔曾说过："永远躺在泥坑里的人，才不会再掉进坑里。"

不要惧怕挫折，挫折是一个人人格的试金石，在一个人输得只剩下生命时，潜在心灵的力量还有几何？没有勇气，没有拼搏精神，自认挫败的人的答案是零，只有无所畏惧，一往无前，坚持不懈的人，才会在失败中崛起，奏出人生的华章。

哈佛学者说：真正高情商的人，面对种种成败，从不介意。无论遭遇多么大的失望，绝不失去镇静，只有他们才能获得最后的胜利。许多人之所以获得最后的胜利，只是受惠于他们的屡败屡战。一个没有遇见过大失败的人，根本不知道什么是大胜利。事实上，只有失败才能给勇敢者以果断和决心。

将逆境变顺境

人生的际遇有两种，一种是顺境，一种是逆境，在顺境中顺流而上，抓牢机会，或许每个人都能够做到。但面对逆境，许多人却纷纷败退，在逆流中舟沉人亡。而高情商的人往往能穿越逆境有所成就。

哈佛学者说：逆境，逆境，就是危险中的顺境。事实上，世上任何危机都孕育着机会，且危机愈重商机愈大。洛克希德·马丁公司前任 CEO 奥古斯丁认为：每一次危机本身既包含导致失败的根源，也孕育着成功的机会。在逆境之中，一个人要善于把自己最弱的部分转化为最强的优势，这样才能为自己开拓人生的新局面。

蜚声世界的美国人沃尔特·迪斯尼，年轻的时候是一位画家，但他很孤独，因为他是一个贫困潦倒无人赏识的画家。几经周折，他终于找到了一份工作，替教堂作画。

当时，他借用了一间废弃的车库作为临时办公室，微薄的报酬入不敷出，他一直在逆境中，没有生机。

更令他心烦的是，每次熄灯后，一只老鼠就吱吱叫个不停。他想拉开灯赶走那只讨厌的家伙，但疲倦的身心让他干什么都没劲，所以他只好听之任之了。反正是失眠，他就去听老鼠的叫声，他甚至能听到它在自己床边的跳跃声。他习惯了在这个无人知道的午夜有一只老鼠与自己默默相伴。

后来不只在夜里，白天小老鼠偶尔也会大摇大摆地从他的脚下走过，得意忘形地在不远处做着各种动作，像是表演着精彩的杂技。小老鼠使他的工作室有了生机。它成了他的朋友，他则成了它的观众，彼此相依为命。

那是一个与平常一样的漫漫长夜，他突然听到一声"吱吱"，那是老鼠的叫声。就在这一刻，灵光一现，他拉开了灯，支起画架，画出了一只老鼠的轮廓。

美国最著名的动物卡通形象——米老鼠就这样诞生了。

迪斯尼经历了许多挫折之后，终于把逆境变为顺境，当然帮助他走出逆境的不是那只老鼠，而是他自己。

逆境是一柄双刃剑，它能将弱者一剑削平，从此倒下，但是同时它也能够让强者更强，练就出色而几近完美的人格。在不屈的人面前，苦难会化为一种礼物，一种人格上的成熟与伟岸，一种意志上的顽强和坚韧，一种对人生和生活的深刻认识。

所以，有的时候自身的缺点不一定是件坏事，如果引导得好，就能把缺点转化为优点。人生也是如此，我们在逆境的时候，千万不要逃避，而是勇敢地面对，这样逆境就会变成顺境了。

一帆风顺的成功者在历史上是很少的，更多的成功者反倒是在逆境中探索前进的。高尔基曾在老板的皮鞭下，在敌人的明枪暗箭中，在饥饿和残废的威胁下坚持读书、写作，终于成为世界文豪。富兰克林在贫困中奋发自学，刻苦钻研，进取不息，成为近代电学的奠基人。可见，高情商的成功人士或是煎熬于生活苦海，或是挣扎于传统偏见，或是奋发于先天落后，或是发奋于失败之中，他们最终得以成功的秘诀在于朝着预定的目标，砥砺于各种难以想象的逆境之中，奋战逆境，知难而上，终于成为淬火之钢、经霜之梅。

史泰龙在未成名以前十分落魄，连房子都租不起，晚上只好睡在金龟车里。当时，他立志要当一名演员，并自信满满地到纽约电影公司应聘，但都因外貌平平及咬字不清而遭拒绝。在被拒绝了1500次之后，有天晚上，他意外地看了一场电视直播的拳赛，由拳王阿里对一位名不见经传的拳击手查克·威普勒。这个威普勒在阿里的铁拳下居然支撑了15个回合。拳赛一结束，史泰龙立刻找到了创作新剧本的灵感。然后他用了3天时间便写就了一个剧本《洛奇》：一个叫洛奇的业余选手，由于偶然的机会与世界拳王对抗而一战成名。

在他的不懈努力下，终于有人愿意出钱买他的剧本了。这时，他身上只剩40元现金了。可是当他听到电影公司不同意由他来主演的时候他急了。他第一次拒绝了别人。

一些精明的制片人自然看好这个剧本，但史泰龙坚持自己当主角，这一要求令制片商们犹疑不定。很多机会也因此与他擦肩而过了。而皇天不负有心人，几经辗转，直到1855次的时候，史泰龙终于找到了一个支持者，他如愿以偿。

片子以很低的成本在一个月内就拍完了。谁也没想到，《洛奇》成了好莱坞电影史上一匹最大的黑马：在1976年，这部影片票房突破2.25亿美元，并夺走了奥斯卡最佳影片与最佳导演奖，史泰龙获得最佳男主角与最佳编剧提名。在颁奖仪式上，著名导演兼制片人弗兰克·科波拉由衷地赞叹道："我真希望这部电影是我拍的。"史泰龙也因此一炮打响，成为超级巨星。

不敢穿越黑夜的人，永远见不到黎明。面对失败，你会不会就此气馁？是积蓄力量等待下次的迸发，还是就此放弃？其实每个人的面前都有一根栏杆，它就如同横在我们生活中的困难，只有不停地去尝试、冲刺，你才有可能战胜它。你能面对1855次拒绝仍不放弃吗？史泰龙能做到，他能做别人做不到的事，所以他能成功。

生活中总避免不了许多困难与不幸，但有些时候，它们并不都是坏事。平静、安逸、舒适的生活，往往使人安于现状，耽于享受；而挫折和磨难，却能使人受到磨炼和考验，变得坚强起来。"自古雄才多磨难，从来纨绔少伟男"，痛苦和磨难，不仅会把我们磨炼得更坚强，而且能扩大我们对生活的认识范围和认识深度，使自己更加成熟。这种成熟更能让我们把逆境变为顺境，机遇也好，努力也罢，逆境永远怕那些有心的人。

挫折可以为你增值

哈佛告诉学生：每个人都必须学会在挫折中成长。挫折并不是你想象的那样可恶，恰恰正是它让你不断成长。

生命是一次次的蜕变过程。唯有经历各种各样的折磨与挫折，才能拓展生命的宽度。通过一次又一次与各种挫折握手，历经反反复复的较量，人生的阅历就在这个过程中日积月累、不断丰富。在人生的岔道口面前，若你选择了一条平坦的大道，你可能会拥有一个舒适而享乐的青春，但你可能失去一个很好的历练机会；若你选择了坎坷的小路，你的青春也许会充满痛苦，但人生的真谛也许就此被你打开。

威廉·卡瑞尔年轻的时候，在纽约州布法罗城的布法罗铸造公司工作。他必须到密苏里州水晶城的匹兹堡玻璃公司——一座花费好几百万美元建造的工厂去安装一架瓦斯清洁机，以清除瓦斯燃烧的杂质，使瓦斯燃烧时不会伤到引擎。经过一番调试，机器可以使用了，可是效果并不像他们所保证的那样。

威廉·卡瑞尔也意识到了忧虑并不能解决问题，于是，想出了一个解决问题的办法，即接受可能发生的最坏情况。这一方法共有三个步骤：

第一步，毫不害怕而且诚恳地分析整个情况，然后找出万一失败后可能发生的最坏情况是什么。

第二步，找出可能发生的最坏情况之后，让自己在必要的时候能够接受它。我对自己说，这次失败在我的人生记录上会是一个很大的污点，我可能会因此而丢掉工作。即使真是如此，我还是可以另外找到一份差事。

第三步，从这以后，我就平静地把我的时间和精力拿来试着改善我在心理上已经接受的那种最坏情况。

威廉·卡瑞尔通过努力发现，如果他们再花几千美元加装一些设备，问题就能得到解决。他们照着这个办法做了，最后公司不但没有损失，反而还赚了钱。

如果当时威廉·卡瑞尔一直担心下去，恐怕再也不可能解决问题。因为忧虑的最大坏处就是摧毁一个人集中精神的能力。一旦忧虑产生，我们的思想就会到处乱转，从而丧失作出正确决定的能力。然而，当我们强迫自己面对最坏的情况，并且在精神上先接受它之后，我们就能够衡量所有可能的情形，以使我们处在一个可以集中精力解决问题的地位。

挫折是弱者的绊脚石，却是强者成功的起点。要想成功，就必须做生命的强者。连遭厄运的人应当牢记：不论在生活中碰到怎样的厄运，都不意味着你命里注定永无出头之日。只要你顺势而为，运气总会光临。不间断地连遭厄运毕竟比较少见。生活中的机遇并非一成不变地向我们走来，它们像脉冲一样有起有伏，有得有失。每当人们坐在一起相互安慰时总是说黑暗过后必有黎明，这才是隐匿在生活中的真谛。一个生命的强者，会把各种挫折和厄运当做另一个起点。

应该说每一个成功的人本身就是一部伟大的励志书，因为没有任何一个人天生就是上帝的宠儿。没有一帆风顺的人生，只有不断战胜苦难的人，才能寻找到成功之门的钥匙。海明威说："人只能被消灭，但不能被打败！"

有个渔夫有着一流的捕鱼技术，被人们尊称为"渔王"。依靠捕鱼所得的钱，"渔王"积累了一大笔财富。然而，年老的"渔王"却一点儿也不快活，因为他三个儿子的捕鱼技术都极其一般。

于是他经常向人倾诉心中的苦恼："我真想不明白，我捕鱼的技术这么好，我的儿子们为什么这么差？"一位路人听了他的诉说后，问："你一直手把手地教他们吗？""是的，为了让他们学会一流的捕鱼技术，我教得很仔细、很有耐心。""他们一直跟随着你吗？""是的，为了让他们少走弯路，我一直让他们跟着我学。"路人说："这样说来，你的错误就很明显了。你只是传授给了他们技术，却没有传授给他们教训，对于才能来说，没有教训与没有经验一样，都不能使人成大器。"

人们往往把外界的折磨与挫折看做人生中纯粹消极的、应该完全否定的东西。当然，外界的折磨与挫折不同于主动冒险，冒险有一种挑战的快感，而我们忍受折磨总是迫不得已的。然而，对于高情商的人来说那些挫折和横逆的折磨对人生来说不但不是消极的，还是一种促进他们成长的积极因素。如果一路都是坦途，那只能像渔夫的儿子那样，沦为平庸之人。

如果你现在还在遭受这样那样的折磨，你就该庆幸，因为命运给了你战胜自我、升华自我的机会。让我们换一种眼光来看待这些挫折吧，感谢那些在工作和生活上折磨你的人，你就会获得幸福。唯有以这种态度面对人生，才能获得真正的成功。

挫折是一笔宝贵的财富，它可以让人们的美丽增值。成功学大师卡耐基告诫人们，挫折是在所难免的，重要的不是绝对避免挫折，而是要在面对挫折时采取积极进取的态度。

英国有一句谚语是这样的："一个人如果有自己系鞋带的能力，那么他就有上天摘星星的机会。"所以无论我们遇到什么样的困难，都应当把它当一笔精神财富，为自己的人生增值。坚持到底，面对困难永不气馁，这样才能为自己赢得机会。

挪威戏剧家易卜生曾说："不因幸运而故步自封，不因厄运而一蹶不振。真正的强者，善于从顺境中找到阴影，从逆境中找到光亮，时时校准自己前进的目标。"

真正高情商的强者不是永远不会遭遇挫折，而是身处挫折时坚强不屈。他们热爱自己的事业，不怕长途跋涉，不怕肩负重担，好似飞蛾扑火，绝不会轻言放弃。

适时放弃是高情商的表现

哈佛告诉学生：我们的忧郁、无聊、困惑、无奈以及一切的不快乐，都和我们的要求有关，我们之所以不快乐，是因为我们渴望拥有的东西太多了；或者，太执著了，不知不觉中，我们已经执迷于某个事物上了。"把手握紧，什么都没有，但把手张开就可以拥有一切。"

有时候，如果我们可以放弃一些固执、限制甚至是利益，我们反而可以得到更多。这里有很多关于取和舍的深层问题。

在人生的旅途中，需要我们放弃的东西很多。如果不是我们应该拥有的，我们就要学会放弃。几十年的人生旅途，会有山山水水，风风雨雨，有所得也必然有所失，只有我们学会了放弃，我们才会拥有一份成熟，才会活得更加充实、坦然和轻松。

放弃一件事情，也许会开启另一道成功的门。生活是一个单项选择题，每时每刻你都要有所选择，有所放弃，要追求一个目标，你必须在同一时间放弃一个或数个其他的目标。该放弃时就放弃吧，不要在犹豫不决中虚度光阴，可能到最后还是要无奈地放弃。

哈佛教授给学生们讲过这样一个故事：在一间很破的屋子里，有一个穷人，他穷得连床也没有，只好躺在一张长凳上。穷人自言自语地说："我真想发财呀，如果我发了财，绝不做吝啬鬼……"

这时候，上帝在穷人的身旁出现了，说道："好吧，看你那么穷，我就让你发财吧，我会给你一个有魔力的钱袋。"

上帝又说："这钱袋里永远有一块金币，是拿不完的。但是，你要注意，在你觉得够了时，要把钱袋扔掉才可以开始花钱。"说完，上帝就不见了。在穷人的身边，真的有了一个钱袋，里面装着一块金币。穷人把那块金币拿出来，里面又有了一块。于是，穷人不断地往外拿金币。穷人一直拿了整整一个晚上，金币已有一大堆了。他想：啊，这些钱已经够我用一辈子了。

到了第二天，他很饿，很想去买面包吃。但是，在他花钱以前，必须扔掉那个钱袋。于是，他拎着钱袋向河边走去。他又开始从钱袋里往外拿钱。每次当他想把钱袋扔掉时，总觉得钱还不够多。日子一天天过去了，穷人完全可以去买吃的、买房子、买最豪华的车子。可是，他对自己说："还是等钱再多一些吧。"他不吃不喝地拿。同时，他也变得又瘦又弱。终于，他倒了下去，死在了他的长凳上。

在现实生活中，也有很多这样的人，他们舍不得放弃任何东西。因为不能放弃，他们面对着很多无奈和痛苦，从而深陷在无法自拔的困境之中。

适时放弃，是一种智慧，是一种豁达，它不盲目、不狭隘。放弃，对心境是一种宽松，对心灵是一种滋润，它驱散了乌云，它清扫了心房。有了它，人生才有坦然的心境；有了它，生活才会阳光灿烂。

很多人在生活中，往往都会为是否舍弃一种追求而犹豫不决。优柔寡断是不可取的。一个人的精力是有限的，不可能分散到每件事情上。期望所有事情都有好的发展，结果可能一无所成。学会适时放弃，才是成大事者明智的选择。

人的一生离不开选择，生活中随时都面临着选择。在一定意义上来讲，人生就是选择，生活就是选择。选择得对与错、是与否、优与劣，将直接影响人生，决定着人生的成败。

由美国励志演讲者杰克·坎菲尔和马克·汉森合作推出的《心灵鸡汤》系列读本，这些年来被翻译成数十种语言，感动激励了无数的人。可是谁能想到在开始写作之前，马克·汉森经营的却是建筑业呢？原来马克在建筑业经营彻底失败，自己也破产之后，果断地选择了放弃，选择了彻底退出建筑业，并忘记有关这一行的一切知识和经历，甚至包括他的老师——著名建筑师布克敏斯特·富勒。他决定去一个截然不同的领域创业。他很快就发现自己对公众演说有独到的领悟和热情，而这是个最容易赚钱的职业。一段时间之后，他成为一个具有感召力的一流演讲师。后来，他的著作《心灵鸡汤》和《心灵鸡汤2》双双登上《纽约时报》的畅销书排行榜，并停留数月之久。

马克放弃了建筑业，但是你不能简单地说他是个半途而废的人，要知道，只有懂得适时放弃，才能有机会作出更好的选择，才能获得成功。选择和放弃都是人生的智慧，太执著，占有欲太强只能使自己的人生无法承受。理智选择，果断放弃才能让自己轻装上阵，走向成功。

人的一生很短暂，有限的精力不可能使我们方方面面都顾及到，而世界上又有那么多炫目的精彩，这时候，适时放弃就成了一种大智慧。放弃其实是为了得到，只要能得到你想得到的，放弃一些对你而言并不必需的"精彩"，又有什么不可以呢？

好心态，好人生

积极和消极这两种截然相反的心态会带给人们巨大的反差。如果以消极的态度来对待一件事，这种态度就决定了你不能出色地完成任务；只有以积极的态度来对待，你才能出色地、超乎寻常地完成这件事。当然，持有消极心态的人并非不能转变成一个具有积极心态的人。

一个人年轻与否，除了他的生理年龄和外表，更重要的是他的心理年龄，即是否拥有年轻的心态。如果你只是有一个年轻的外表，而失去一颗年轻的心，那你的"年轻"也不会保持多久。保持年轻的心态并不意味着要放弃做一个成年人，回归孩童的幼稚，而是要求我们对待现实的心态更积极一些、热情一些。

麦克阿瑟是美国历史上卓有成就的一名五星上将，同时也是获得功勋最多的军人之一。他投身军旅52载，身经两次大战，时时刻刻都以"责任、荣誉、国家"为念。他的名言"老兵不死，只有逐渐凋零"在人们心中留下深远的回响。

麦克阿瑟一生都十分自信、满怀希望、积极而不疑虑。他晚年时，发表了一篇关于年轻的文章："年龄使皮肤和灵魂起皱纹，并使你放弃兴趣、爱好，你有信仰就年轻，你若疑虑就年老；你有自信就年轻，你若恐惧就年老；你有希望就年轻，你若绝望就年老。在心底深处藏有一间记录室，如果永远收到美丽、希望、愉快和勇气的讯号，你就永远年轻；当你的心房被悲观和怯懦主义所掩蔽，你就只有渐渐变老，渐渐凋零了。"

哈佛告诉学生：积极的心态能使你集中所有的精神力量去成就一番事业。当你以积极的心态全力以赴时，无论结果如何，你都是赢家。任何事物都有两面性，至于我们所知所欲的境地，其实都是基于自己将意愿刻印在潜意识中的结果。如果对此一味悲哀，或无所适从，不但无法改变目前状况，也很难实现人生理想。所以说，即使身处绝境，仍应保持肯定的思考态度，积极的思考能使你集中所有的精力去成就事业。

有一位妈妈，她有一位读高中而且网球打得很好的女儿。有一年，学校举行网球联赛，女儿信心十足地报了名，满怀着夺冠的希望。

比赛前，当女儿查看赛程表时，发现第一场和自己比赛的竟是曾经打败她的高手，她开始垂头丧气起来。"这次可能连预赛出线的机会也没有了。"

妈妈对她说："你想不想把那人打败报仇呢？"

"当然想呀，不过她上次把我打得很惨，我们的实力相差太远了。"

"我有一个方法，如果你照着我的话做，你便能赢这场比赛。"

"真的吗？请妈妈快点告诉我好吗！"

"你现在闭上眼睛，回想以前你打网球时最精彩的一幕，好好地感受胜利的滋味。"

女儿照着妈妈的话做，结果刚才脸上的绝望不见了，换来的是一片容光焕发。对面临的比赛态度的改变，让她充满了信心和活力。

不久，比赛开始了。女儿信心百倍地踏上球场，施展浑身解数，把对方打得落花流水，顺利地赢得第一场比赛。

想想积极的事，有助于心态的改变。如果凡事不能从好的方面去想，往往可能还没有去做某件事，就已经失去了信心，其结果十有八九便朝着不利的方向发展。做什么事，都要有积极的心态，都要从好的方面去想。当你想象自己会成功时，你就会增强信心，并在实践中想方设法地去做。从好的方面想，才有好的结果。

美国前总统克林顿在白宫办公桌的玻璃板底下压着一张便条，上书："年轻，只是一种心态。"克林顿正是以此来不断鞭策自己，始终以饱满的精神状态投入工作。

哈佛学者告诉人们，积极的人生态度是一个人获得成功与快乐的一项重要原则，我们可将此原则运用到自己所做的任何事情上，这样我们会幸福到永远。

一位铁路工人意外地被锁在一个冷冻车厢里，他清楚地意识到他是在冷冻车厢里，如果出不去，就会冻死。不到20个小时，冷冻车厢被打开时人已死了。可是，仔细检查了车厢，冷气开关并没有打开。那位工人确实死了，因为他确信，在冷冻的情况下是不能活命的。所以，在极端的情况下，极度悲观会导致死亡。一位乐观主义者却总是假设自己是成功的，就是说，他在行动之前，已经有了85%的成功把握。而悲观主义者在行动之前，却已经确认自己是无可挽救了。

当积极者的鞋子穿破了的时候，他只是认为他回到了光脚走路的时代。消极者说："我只有看见了才会相信。"积极者说："只要我相信我就会看见。"积极者采取行动，消极者静止不动。积极者看见半杯水会说它满了一半，消极者看见同样的半杯水会说它有一半是空的。原因很简单，积极者往杯子里倒水，而消极者却从杯子里取水。

对于一个积极生活、热爱生命的人来说，年龄只是一个数字。你若认为自己衰老，就会变得老气横秋；你若认为自己年轻，就会变得生机勃勃。岁月只能在人的皮肤上留下皱纹，失去对生活的热情才能使人的心灵起皱。人的一生必然从青年走向老年，只要珍惜和把握，无论在哪一个年龄段，都可以创造人生美境。

高情商的人认为：人需要的是一个好的心态，这样才有一个好的人生。一个人，无论聪明愚笨，都会有得失成败，谁都不可能只享受成功的喜悦，而不遭受失败的痛苦，只有在得失成败之间保持好的心态，才会摆脱得意时的狂妄自大和失意时的萎靡不振。拥有一个好的心态，把自己置于百姓们平淡如水的衣、食、住、行中，在司空见惯的日子里一点点体会着人间的真情，在默默付出的同时，获得精神的满足和幸福。

事实上，如果我们有一个积极的心态，并引导它为你的目标服务，你就能获得以下福利：

★为你带来成功意识

★生理和心理的健康

★独立的经济

★出于爱心而且能表达自我的工作

★内心的平静

★驱除恐惧的信心

★长久的友谊

★长寿而且各方面都能取得平衡的生活

★免于自我限定

★了解自己和他人的智慧

而如果我们所抱持的是消极的人生态度，你将会尝到苦果：

★生命中的贫穷和凄惨

★生理和心理疾病

★使你变得平庸的自我限定

★恐惧和所有具有破坏性的结果

★痛恨帮助自己的方法

★敌人多，朋友少

★人类所知的各种烦恼

★成为所有负面影响的牺牲品

★屈服在他人意志之下

★对人类没有贡献的颓废生活

通过比较，到底应该树立什么样的人生态度，应该是显而易见的了！

勤奋，是成功的资本

哈佛学者告诉我们：空白的生命是僵死的、丑陋的，生命之所以美丽，是因为勤奋耕耘。只有勤奋能使生命保持活力，加速生命的运动和发展，从而实现心中的梦想。

人们常说，业精于勤，荒于嬉。自身的劣势并不可怕，可怕的是缺少勤奋的精神。勤奋是一笔价值远远超过金子的财富，金子虽然珍贵，但金子是不会失而复得的。纵然你有黄金万两，但若一味挥霍，就会坐吃山空，总有穷困的一天，唯有勤劳才是永不枯竭的财源。美国前总统克林顿并不算是天才人物，但他能登上美国总统的宝座，与他个人的勤奋和磨炼不无关系。

克林顿的童年很不幸。他出生前4个月，父亲就死于一次车祸。他母亲因无力养家，只好把出生不久的他托付给自己的父母抚养。童年的克林顿受到外公和舅舅的深刻影响。他自己说，他从外公那里学会了忍耐和平等待人，从舅舅那里学到了说到做到的男子汉气概。

坎坷的童年生活，使克林顿形成了尽力表现自己，争取别人喜欢的性格。他在中学时代非常活跃，一直积极参与班级和学生会活动，并且有较强的组织和社会活动能力。他是学校合唱队的主要成员，而且被乐队指挥定为首席吹奏手。

1963年夏，他在"中学模拟政府"的竞选中被选为参议员，应邀参观了首都华盛顿，这使他有机会看到了"真正的政治"。参观白宫时，他受到了肯尼迪总统的接见，不但同总统握了手，而且还和总统合影留念。

有了目标和坚强的意志，克林顿此后30年的全部努力，都紧紧围绕着"成为总统"这个目标。上大学时，他先读外交，后读法律——这些都是政治家必须具备的知识修养。离开学校后，他一步一个脚印：律师、议员、州长，最后达到了政治家的巅峰：总统。

人生来都希望自己在一个平和顺利的环境中成长，但上帝并不喜爱安逸的人们，他要挑选出最杰出的人物，于是他让这些人历经磨难，千锤百炼终于成金。一个人若想有所成就，那么苦难就成为一道你必须超越的关卡。就像神话所说的那样，那条鲤鱼必须跳过龙门，才能超越自我的境界，人生又何尝不是如此！

勤奋是走向成功的必备条件，勤奋进取不仅是一种精神，还是人们落在实处的行动。有人说，古罗马人有两座圣殿，一座是勤奋的圣殿，一座是荣誉的圣殿。他们在安排座位时有一个顺序，即必须经过前者才能到达后者的位置，也就是说勤奋是通往荣誉的必经之路。

在现实生活中，有许多人掌握的知识远远多于一些成功的人，但这些人没能像成功者那样勤勤恳恳、扎扎实实地工作，没能把自己的才能和潜力发挥出来，所以也就没能取得成功。正所谓业精于勤荒于嬉，成大事者必须勤于努力，因为勤奋能彻底改变一个人，提高一个人的知识和能力。

年轻的约翰·沃纳梅克算不上命运的宠儿，由于出身贫寒，他接受教育和获取知识的机会都是很有限的。然而，他是一个肯刻苦钻研、勤奋工作的人。起初，他在费城找到一份书店售货员的工作，每天都要徒步 4 英里到书店去上班。尽管报酬很低，每周仅有 20 美元，但他总能兢兢业业地对待自己的工作，每天把柜台擦得干干净净，把书籍摆放得整整齐齐，并且时刻带着微笑面对每一位顾客。同时，他也利用业余时间，从书中不断汲取知识的琼浆来充实自己，他这种勤奋刻苦的精神感动了许多人。后来，他又进入一家制衣店工作，每周多加了 20 美元的工资。他更加刻苦努力地工作，到了 40多岁的时候，他成了一个颇有成就的商人。

哈佛学子中流传着这样一句话："现在流淌的哈喇子，将成为明天的眼泪。"在生活中，许多人都会有很好的想法，但只有那些在艰苦探索的过程中付出辛勤劳动的人，才有可能取得令人瞩目的成就。

在这个世界上，到处都有一些看来很有希望成功的人，他们的身上有着非凡的品质，眼中也闪烁着智慧之光。但是，他们最终并没有成功，原因就在于缺乏勤奋的精神。而那些资质一般，又没有什么特别能力的人，因为能够通过勤奋弥补自身的不足，并且坚持不懈，所以成就了自己的辉煌。

辛勤是生存的需要，也是生命的意义所在。劳动的人充实、自信，时常能感到"幸福的疲倦"。懒惰的人失落、萎靡，即使衣食无忧也不能感到幸福。勤奋是到达卓越的阶梯。如果你是一名懒惰者，那么，就永远不会和卓越有任何关系。

学会从不快乐中解脱出来

有些时候，并不是烦恼在追着你跑，而是你追着它不放。世上本无事，庸人自扰之。大凡终日烦恼的人，实际上并不是遭遇了多大的不幸，而是自己的内心对生活的认识存在着片面性。真正聪明的人即使处在烦恼的环境中，也能够自己寻找快乐。

生活中一些愿望得不到实现时，人难免会产生负面的情绪体验。如果你不快乐，那么不妨仔细想一下，是不是那些悲观的念头像一张网一样缠绕了你的心灵？

在任何时候，你都可以改变对事物的认知和自己的心情，只要你愿意选择积极乐观的想法，你就可以成为快乐的主人。有位学者说过："快不快乐，完全是由自己的想法决定的。"其实，生活中不可避免地会发生一些让人伤心或者烦恼的事，但是作为生活主角的我们，应该学会适应自己的处境，不钻牛角尖，乐观地去生活。从心理学的角度来看，这是一种"心理自我调整"。一个善于调整自己心理的人，一定是一个健康的人，一个和谐的人。

也许你觉得做数学题是痛苦的，但是你不能否认，在解出难题的那一瞬间，你的内心一定充满了成就感，这就是快乐的一种表现。也许你觉得洗碗是让人厌烦的，但是如果你在厨房里放一点音乐，你也就会体会到身心舒畅的感觉……快乐是需要自己来体会和创造的，相信这一点的人，才会永远快乐。

伟大的心理学家阿德勒一生都在研究人类的潜能，他曾经宣称他发现了人类最不可思议的特性——"人具有一种反败为胜的力量"。所以我们要从不快乐中寻找快乐，改变自己的心境，从而从痛苦中解脱出来。

快乐从何而来？从温馨的家庭中来，从温暖的友谊中来，从富有挑战性的工作中来，其实快乐无处不在，生活中到处充满了快乐：买到自己喜欢的漂亮衣服；吃到自己想吃的美味食物；想睡的时候，睡一大觉；想玩的时候，尽情去玩；有自己喜欢的宠物，有无话不谈的知己……只要有其中之一，就可以算有令人快乐的理由了。

一位闻名退迩的老人被电视台作为特邀嘉宾邀请来参加活动。她确实是一个非常杰出的老人。她的讲话完全没有经过特别的准备，更没有经过任何排练。她精神极好，容光焕发，充满快乐。无论她想说什么，她都毫不掩饰，而且思维敏捷。她的机智幽默，让听众捧腹大笑。大家都非常喜爱她。这次节目，她给人留下了深刻印象，她也和其他人一样感到特别的兴奋。最后，节目主持人问这位老人为什么总是这样高兴："你一定有什么特别的让自己快乐的秘密。""不，没有，"老人回答说，"我没有什么特别的秘密。这只不过和你脸上的鼻子一样普通。每天早上起床的时候，我有两种选择：要么高兴，要么不高兴，你想我会选择什么呢？当然，我会选择高兴，这就是快乐的全部的秘密所在。"

这似乎也太过于简单，这个老人的思想也好像太过肤浅。但是，这让我们想到了林肯，林肯曾经说过境由心造，你的心里有多快乐，你也就会得到多少快乐。如果你想让自己不开心，那你时时刻刻都可以不开心，这也是世界上最容易做到的事情。如果你告诉自己什么事情都不顺利，没有什么事情让自己满意，你肯定开心不起来。但是，如果你对自己说"事情进展良好，生活也不错，所以，我选择开心"，你肯定就会快乐起来。

你的快乐与否正是你的生活态度造成的。心理学研究发现，当我们以为自己处于某种状态并相应地为之，这种状态就会愈发明显。有时候我们本来不是很难过，但一哭起来，却越哭越伤心，就是这个道理。当你认为自己很可怜，让痛苦爬满眉头，你的生活就会真的很痛苦；而如果你相信自己很快乐，并且快乐地去生活，那么你的生活也就真的很快乐。事实上，快乐的清泉就在你心中，它取之不尽，用之不竭。

是的，无论生活给我们笑脸，还是给我们苦酒，我们都要保持一种快乐的心情，做个快乐的人！

第三章　积极而理性地去行动

没有天降馅饼的事儿

有这样一句话："机不可失，时不再来。"每一个机遇都像稍纵即逝的流星，眨眼之间便会消失踪影。如果想抓住财富的尾巴，就要提前作好准备，哪怕只是万分之一的机会，也要拼尽全力去把握。天上会不会掉馅饼？这是蠢问题。当然不会，除非在梦里。但是如果有一天真的掉了馅饼，怎么才能接住它？答案只有一个：只有先张开嘴巴，才不会让馅饼落入他人之口。

有个落魄的中年人每隔三两天就到教堂祈祷，而且他的祷告词每次都相同。第一次他到教堂时，跪在圣坛前，虔诚地低语："上帝啊，请念在我多年来敬畏您的分儿上，让我中一次彩票吧！阿门。"

几天后，他又垂头丧气地回到教堂，同样跪着祈祷："上帝啊，为何不让我中彩票？我愿意更谦卑地来服侍您，求您让我中一次彩票吧！阿门。"

又过了几天，他再次出现在教堂，同样重复他的祈祷。如此周而复始，不间断地祈求着。到了最后一次，他跪着："我的上帝，为何您不垂听我的祈求？让我中彩票吧！只要一次，让我解决所有困难，我愿终身奉献，专心侍奉您……"

就在这时，圣坛上空发出了一阵宏伟庄严的声音："我一直垂听你的祷告。可是——最起码，你也该先去买一张彩票吧！"

故事虽然可笑，但里面蕴涵着深刻的道理。这个人只在口头上祈求上帝保佑自己中大奖，实际上却没买一张彩票，敢问，这种行为怎么可能会中奖，难怪连万能的上帝也感到无奈，不得已发出"至少买一张彩票"的感慨。

事实上，在现实生活中做那个"祷告者"的人似乎不少。这些人都存有虚幻的心理，希冀不必劳动或稍微劳动就可以得到丰硕的回报。他们表现为志大才疏，对自己的才能和潜力不能作出明智的判断，更懒于实践，对自己要求过高，生活目标极不现实。

天上不会掉馅饼，正如舒适的生活和高薪的工作都不是天上掉下来的，被动地等待是没有出路的，只有脚踏实地地积极行动才能换来成功的果实。

要想秋天有收成，必须在春天就播种。要想获得机会，总是要事先努力付出。所以，所有渴望成功的人们，当你们梦想有一天获得无数鲜花、掌声和财富的时候，请先静下心来，在面前的土壤里播种、施肥，只有这样，美丽的花朵才会在你生命中盛开。

英国有一个叫弗兰克的青年，从小立志创办杂志。一天，弗兰克看见一个人打开一包纸烟，从中抽出一张纸条，随即把它扔到地上。弗兰克弯下腰，拾起这张纸条，那上面印着一个著名女演员的照片。在这张照片下面印有一句话：这是一套照片中的一幅。烟草公司敦促买烟者收集一套照片，以此作为香烟的促销手段。弗兰克把这个纸片翻过来，注意到它的背面竟然完全空白。弗兰克感到这儿有一个机会，他推断：如果把附装在烟盒里的印有照片的纸片充分利用起来，在它空白的那一面印上照片人物的小传，这种照片的价值就可大大提高了。于是，他就找到印刷这种香烟附件的公司，向这个公司的经理推荐了自己的主意，最终被经理采纳。这就是弗兰克写作生涯的开始。后来，人们对小传的需求量与日俱增，后来他不得不请人帮忙。于是，他请来自己的弟弟帮忙，并付给他每篇5美元的报酬。不久，弗兰克还请了5名报社编辑帮忙写作小传，以供应印刷厂之需。弗兰克竟然成了编者！最后他如愿以偿地做了一家著名杂志社的主编。

很多人抱怨机遇太少或没有机遇。他们只是坐等机遇，强调客观原因，而不从自身找答案。这就是他们"错失"机遇的原因。一个真正抓住机遇的人，会在机遇来临之前作好全方位的准备，只有自己具备了迎接机遇的实力，才会有机会吃到"天上的馅饼"。

哈佛教授在课堂上讲过这一则寓言：有两兄弟相伴去遥远的地方寻找人生的幸福和快乐。他们一路上风餐露宿，非常辛苦。然而就在他们即将到达目的地的时候，他们遇到了困难，一条水急浪高的大河挡住了他们的去路，河的彼岸就是幸福和快乐的天堂，就是他们梦寐以求的生活。

关于如何渡过这条河，两个人产生了不同的意见，哥哥建议采伐附近的树木造成一条木船渡过河去，也许冒险，但是他认为这是唯一的办法了。而弟弟则认为无论哪种办法都不可能渡得了这条河，因为这条河太宽而且水流太急，与其自寻烦恼和死路，不如等这条河流干了，再轻轻松松地走过去。

于是，建议造船的哥哥每天砍伐树木，辛苦而积极地制造船只，同时学会了游泳；而弟弟则每天躺下休息睡觉，然后到河边观察河水流干了没有。直到有一天，已经造好船的哥哥准备扬帆的时候，弟弟还在讥笑他的愚蠢。

不过，哥哥并不生气，临走前只对弟弟说了一句话："你没有去做这件事，怎么知道它不会成功呢？"能想到等河水流干了再过河，这确实是一个"伟大"的创意，可惜这是个注定永远失败的创意。这条大河终究没有干枯掉，而造船的哥哥经过一番风浪最终到达彼岸，两人后来在这条河的两岸定居了下来，也都有了自己的子孙后代。河的一边叫幸福和快乐的沃土，生活着一群我们称之为积极思考的人；河的另一边叫失败和失落的荒地，生活着一群我们称之为消极空虚的人。

哈佛学者说：若仅是"动口不动手"，只有想法没有行动，那么生命中所有的色彩都会与你无缘。你的生命只会在重复中度过，而生命的真实对你来说却永远都是水中月、镜中花！脚踏实地有可能成功，也有可能失败，而不能脚踏实地却百分之百是失败。因为只有努力去做，辛勤地付出劳动和汗水，你才能不断提高自身驰骋疆场驾驭时空的能力；只有积极地去做，激情满怀地面对人生，你才能在生命的旅程中寻找到成功的契机。

"天下没有白吃的午餐。"无论是在什么时代，在什么地方，没有积极的行动，期待不劳而获的人，最终都将一无所得，与成功无缘。不要幻想一步登天，平步青云。脚踏实地是最聪明的选择，也是唯一的选择。

一个能真正抓住机遇的人会抓紧时间修炼"内功"，使自己的实力和机遇相配，这就是高情商和低情商人的区别。高情商的人敢想敢做，低情商的人只想不做。同一件事在高情商的人手里是成功，在低情商的人那里就是失败，不要说幸运的事只青睐高情商的人，那是因为高情商的人本身就具备了迎接幸福的能力；低情商的人只有奋起直追，在拥有成功想法的同时也要让自己真正强大起来。有一天，天上真的掉下馅饼，你就能牢牢地将它咬在嘴里，而不是被它砸晕。

守株待兔等于自我毁灭

莎士比亚说过："我们所要做的事，应该一想到就做；因为人的想法是会变化的，有多少舌头、多少手、多少意外，就会有多少犹豫、多少迟延……"在我们的一生中，永远有机遇在前方等着我们，但它们总是躲在一些角落里需要我们用积极的心态去发现，而不是在那儿守株待兔。哈佛学者告诉我们：不行动光有欲望，永远得不到你想要的东西。

每一个渴望成功的人，千万不可等待千载难逢的机遇，机遇如同天神手中的魔杖，左右着人们的命运与成败。能够抓住机遇，创造机遇的人，最终就一定会获得成功；而不努力去抓住机遇、漠视机遇的人，只能由悔恨、平淡主宰此生。很多时候，机遇决定了一个人的一生。

有一位名叫莱温的美国女孩，她的父亲是芝加哥有名的牙科医生，母亲在一家声誉很高的大学担任教授。她的家庭对她有很大的帮助和支持，她完全有机会实现自己的理想。她从念中学的时候起，就一直梦寐以求地想当电视节目主持人。

但是，她为达到这个理想做了些什么呢？其实什么也没有！她只是在等待奇迹出现，希望一下子就当上电视节目的主持人。莱温不切实际地期待着，结果什么奇迹也没有出现。

另一个名叫露丝的女孩却实现了莱温的理想，成了著名的电视节目主持人。露丝之所以会成功，就是因为她知道"天下没有免费的午餐"，一切成功都要靠自己努力去争取。她不像莱温那样有可靠的经济来源，所以没有白白地等待机会出现。她白天去做工，晚上在大学的舞台艺术系上夜校。后来终于看到一则招聘广告：北达科他州有一家很小的电视台招聘一名预报天气的女孩子。她抓住这个工作机会，动身到北达科他州。露丝在那里工作了两年，最后又在洛杉矶的电视台找到了一份工作。又过了5年，她终于成为她梦想已久的节目主持人。

故事中，莱温一直停留在幻想上，坐等机会，而露丝则是采取行动，最后，终于实现了理想。这就告诉我们：在我们的一生中，机遇永远都会有，但它可能抓不到、也摸不到，它们总是存在的，需要我们用积极的心态去行动，而不是在那儿守株待兔。否则，你将永远都抓不住任何机遇，你的人生也注定不会辉煌。

机会不是等来的，机会是人们创造的，机会只永远垂爱那些时刻准备的人。所以只要我们有一定能力，机会会来的。如果我们不时刻准备着，即使机会来了，我们也不知道什么是机会，不能只是傻傻地等。一定要靠头脑去准备，去创造机遇。坐等机会是低情商者的表现。所以，我们不要做一个等待的人，要做一个积极行动的人。

机遇的产生和利用，都与主、客观条件有关，而主观条件则更为重要。一个能当机立断的人，一个有主见、善决断的人，在面对重大事件时，总能有力地把握时机，从而赢得成功。如果你发现了已经来临的机会，那么千万不要犹豫，该出手时就出手，果断出击，抓住它，那么收获就会伴随而来。

心动不如行动

哈佛告诉我们：一旦有了梦想，就必须拥有实现梦想的坚强意志和决心。如果有梦想而没有努力，有愿望而不能拿出力量来实现愿望，这都是不足以成事的。只有下定决心，历经学习、奋斗、成长这些不断的行动，才有资格摘下成功的甜美果实。

其实，人不仅要在此刻行动，也只能选择在此刻行动。一个人不可能丧失过去和未来，一个人没有的东西，有什么人能从他那夺走呢？唯一能从人那里夺走的只有现在。任何人失去的不是什么别的生活，而只是他现在所过的生活；任何人所过的也不是什么别的生活，而只是他现在所过的生活。最长的和最短的生命就如此统一。

深秋来临了，树叶片片落下，冷冷的空气让人颤抖。年轻的乞丐乔伊斯一整天都没有讨到吃的东西，他走到一条街道拐角处，靠着石梯迷迷糊糊地睡着了。

睡梦中，乔伊斯得到了一大笔金钱，他用这笔金钱开办了几家大公司，购置了一所有花园的别墅，娶了一位身材修长、美丽善良的姑娘。这位姑娘为他生了三个健壮的儿子。三个儿子长大之后，一个成了杰出的科学家，一个当上了国会议员，最小的儿子则成了一位将军。不久，儿子们娶妻后给乔伊斯添了几位活泼可爱的孙子。乔伊斯后来成世界级富豪，日子过得舒坦极了，他常常带着妻子和孙子们登上市内最高的观光塔，心满意足地观赏着城市的美景。一天，当他抱着最小的一个孙子正在塔顶观看晚霞的时候，不知怎么的一下子从塔顶上摔了下来……

他一下子醒了过来，睁开眼睛一看，自己仍然躺在冰冷的石板上，刚刚发生的一切都只是在梦中。只有怀中抱着的一件破棉袄仿佛在提醒他，现在最需要的是找点填肚子的东西。

这是一个关于梦想的故事。故事中的乞丐做了一场几乎不可能实现的、虚幻的、甜蜜的美梦，他梦里的东西太美妙了，可惜梦想不能当饭吃，他醒后仍然面临着生存的危机。所以，我们想要实现梦想，就必须从现在开始行动，并且行动不能半途而废。

半途而废者可能已经经受了很大的逆境才获得他们现在的地位，他们现在所拥有的东西也是通过努力奋斗才获得的。但不幸的是，恰恰由于那种逆境，最终使他们开始权衡危险和收获。他们觉得付出太多，收获又太少。这样，半途而废者放弃了再攀登，停止了行动。

而现在，半途而废者又来到了另一种逆境的门口，但他们已有充足的理由放弃"往上爬"。对他们来说，存在着一种不切实际的信念，即认为经过一些年的时间或一定的努力后，生活就会相应地摆脱逆境。有了这样的信念，放弃"往上爬"便是再正常不过了。攀登的代价是很大的，谁都不能否认这点，但同样收获也是很大的。而那些半途而废者将付出比攀登更大的代价，他们将不会知道他们能干什么以及能完成什么，他们对自己未来的可能性不会有任何的认识。

只有梦想而不去行动的人，梦想对于他来说，永远都只是一个梦想而已。只想获得成功而不去用行动争取成功的人也终将与成功无缘。不要被困难吓倒，行动可以使你变得坚强，使你一步步提高。过去的失败不算什么，重要的是从失败中学习。找出你内心真正的渴望，找出你的目标，而后，义无反顾地完成它。不要逃避、不要放弃，要始终如一，坚守目标。要把一切艰难挫折当做使自己更强大、更坚定的机会。

心动不如行动，希望什么，就主动去争取。只要你动了起来，就一定有所收获，如果你坐着不动的话，就会一无所获。

一只新组装好的小钟放在了两只旧钟当中。两只旧钟嘀嗒、嘀嗒一分一秒地走着。其中一只旧钟对小钟说：来吧，你也该工作了。可是我有点担心，你走完3200万次以后，恐怕便吃不消了。天哪！3200万次。小钟吃惊不已。要我做这么大的事？办不到，办不到。另一只旧钟说：别听他胡说八道。不用害怕，你只要每秒嘀嗒摆一下就行了。天下哪有这样简单的事情。小钟将信将疑。如果这样，我就试试吧。小钟很轻松地每秒钟嘀嗒摆一下，不知不觉中，一年过去了，小钟已经摆了3200万次。

成功似乎遥不可及，也许我们已经被远大的目标所累，倦怠和不自信使我们一味地感叹或埋怨未来的渺茫，从而放弃努力，在哀叹中虚度光阴。其实，我们不必畏惧遥不可及的未来，只要想着此时此刻该做什么就可以了。只要一步一个脚印地把眼前的事情做好，就像那只钟一样，每秒嘀嗒摆一下，成功的喜悦就会在不知不觉中浸润我们的生命。

坐着不动是永远也改变不了不顺的现状，同样，坐着不动也是永远做不成事业的。只有傻瓜才寄希望于天上掉馅饼。俗话说："一分耕耘，一分收获。"没有耕耘，就是没有行动，那就自然不会有收获。不论是运用你的大脑，还是运用你的体力，你一定要"动"起来才行。

机遇面前切莫迟疑

哈佛学子梭罗说："生命很快就过去了，一个时机从不会出现两次，必须当机立断，不然就永远别要。"能否抓住机遇是一个人平庸或者卓越的分水岭。有时候，决定一个人成败的不是才华，也不是性格，而是他是否有善于抓住机遇的能力。

机遇有时已经出现了，就在你的眼前，它向你递上橄榄枝。遗憾的是，你不知道这就是你找寻已久的机遇，你向它摆摆手，拒绝了它。机遇只能无奈地去找寻另外一个能够认出它的人。

19 世纪中叶，美国人在加利福尼亚州发现了金矿，这个消息就像长了翅膀，很快就吸引了很多的美国人。在通往加利福尼亚州的每一条路上，每天都挤满了去淘金的人。

在这些做着美梦的人流中，有一个叫菲利普·亚默尔的年轻人，他当年才 17 岁，是一个毫不起眼的穷人。就是这个年轻人，后来却干出了使人感到很惊奇的事情。到了加利福尼亚州之后，他的"黄金梦"很快就破灭了：各地涌来的人太多了。

然而，亚默尔很快就意识到，在这里，水和黄金一样贵重。他曾经不止一次地听到人说："谁给我一碗凉水，我就给他一块金币！"他很快就下了决心，不再淘金了，弄水来卖给这些淘金的人，赚淘金者的钱。卖水其实很简单，挖一条水沟，把河里的水引到水池里，然后用细沙过滤，就可以得到清凉可口的水了。

很多淘金者都感到很可笑：这傻小子，千里迢迢跑到这里来，不去挖金子，而干这种玩意儿，没出息！然而经过一段时间，很多淘金者的热情减退了，本钱用完了，血本无归，两手空空地离开了加利福尼亚。亚默尔的顾主越来越少，他也应该走人了。而这时，他已经净赚了 6000 美元，在那个年代，拥有了这些金钱他已经算是一个小富翁了。

捕获机会，见机而动，在机会面前不能迟疑。这个道理并不难理解，但许多人却遗憾地失去了成功的机会。失机的原因恐怕体现在两个环节上，一个是识机，一个是择机。时机来到，有的人能及时发现，有的人却视而不见，有的人虽然有所发现，但认识不清、把握不准。对机会的认识决定了对机会的选择。

其实，这个世界并不会偏爱任何一个人，上天对任何人都是公平的，就像爱因斯坦所说的那样："上帝高深莫测，但他并无恶意。"所以，任何一件好事、坏事发生的几率都是一样的，也就是说，如果好事情有可能发生，不管这种可能性多么小，它也是会发生的。

苹果青的时候是不能摘的，它熟的时候，自己会落，但你若在它青的时候摘取，便是损害了苹果和树。不过，在收获苹果的时候等一等，并不是守株待兔，当断不断，一旦把犹疑当做慎重，错过熟苹果掉落的时机，你就只有眼睁睁地看苹果腐烂了。

富翁家的一只狗跑丢了，于是富翁就在当地报纸上刊登了一则启事：有狗丢失，归还者，付酬金1万元。由于第一天没有什么进展，于是富翁把酬金改为2万元。

一个沿街流浪的乞丐在报摊看到了这则启事，他立即跑回他住的窑洞。因为前天他在公园的躺椅上打盹时捡到了一只狗，现在这只狗就在他住的那个窑洞里拴着。那只狗正是富翁家丢的。乞丐第二天一大早就抱着狗出了门，准备去领2万元酬金。当他经过一个小报摊的时候，无意中又看到了那则启事，不过赏金已变成3万元。乞丐又折回他的窑洞，把狗重新拴在那儿，静等酬金再涨。第四天，悬赏额果然又涨了。

在接下来的几天时间里，乞丐天天浏览当地报纸的广告栏。当酬金涨到使全城的市民都感到惊讶时，乞丐返回他的窑洞，准备把狗送给富翁，然后再去领赏金。可是那只狗已经死了，因为这只狗在富翁家吃的都是鲜牛奶和烧牛肉，对于乞丐从垃圾桶里捡来的东西根本消受不了。

乞丐的待价而沽并不是没有道理，须慎重的是要审度时宜，在该出手的时候再出手。但错过了出手的最佳时机，你依然摘不到苹果，所以，我们在开始做事时要高瞻远瞩，具备一定的大格局。正如培根所说："机会老人先给你送上它的头发，当你没有抓住再后悔时，却只能摸到它的秃头了。"

当机会出现时，你是否已经准备好了？机遇是一位神奇的、充满灵性的但性格怪僻的天使。它对每一个人都是公平的，但绝不会无缘无故地降临。只有经过反复尝试，多方出击，才能寻觅到它。

有一年，但维尔地区经济萧条，不少工厂和商场纷纷倒闭，被迫低价抛售自己堆积如山的存货，价钱低到1美元可以买到100双袜子。约翰·甘布士是一家织造厂的小技师，当他把自己的积蓄用于收购低价货物时，人们都嘲笑他是个蠢材！

甘布士对别人的嘲笑漠然置之，依旧收购各工厂抛售的货物，并租了一个很大的货场来储货。他的妻子劝他，不要再收购这些别人廉价抛售的东西，因为他们积攒下来的钱数有限，而且这笔钱是准备用于做子女教育费的，如果此项生意血本无归，那么后果将不堪设想。

对于妻子忧心忡忡的劝告，甘布士笑着安慰她道："3个月以后，我们就可以靠这些廉价货物发大财。"

过了10多天后，那些工厂找不到买主了，便只好把所有存货用车运走烧掉，以此稳定市场上的物价。妻子看到别人已经在焚烧货物，不由得焦急万分，抱怨起甘布士。对妻子的抱怨，甘布士一言不发。

两个月后，美国政府终于采取紧急行动，稳定了但维尔地区的物价，并且大力支持那里的厂商复业。

这时，但维尔地方因焚烧的货物过多，存货欠缺，物价一天天飞涨。甘布士马上把自己库存的大量货物抛售出去，一来赚了一大笔钱，二来使市场得以稳定，不致暴涨不断。

当初他决定抛售货物时，妻子曾劝告他暂时不要把货物出售，因为物价还在一天天飞涨。但甘布士平静地说："是抛售的时候了，再拖延一段时间，就会后悔莫及。"

果然，甘布士的存货刚刚售完，物价便跌了下来。他的妻子对他的远见钦佩不已。

后来，甘布士用这笔赚来的钱开设了5家百货商店，生意非常红火。

当其他人嘲笑甘布士时，他并未有丝毫动摇，因为他已经牢牢地把握住了属于自己的时机。反倒是那些曾经嘲弄过他的人，眼睁睁地错失了获得财富的机遇。

在成功的道路上，有的人不喜尝试，不愿走崎岖的小道，遇到艰辛或绕道而行，或望而却步，他们常与机遇无缘。而另一些人，总是很有耐性，尝试着解决难题。不怕吃千般苦，历万道岭，结果恰恰是他们能抓住难得的机遇。

生活就是这样，我们要学会等待，也要学会捕捉，在别人卖水果时，你抢先一步卖盛水果的筐，时机就这样被你捕捉到了。好的时机也许只出现一次，我们要灵活地运用它而不是滥用它，审慎地抓住它而不是被它绊倒。

机遇绝非只是上苍的恩赐，它是我们主动争取来的，主动创造出来的。机遇是珍贵而稀缺的，又是极易消逝的。你对它怠慢、冷落、漫不经心，它也不会向你伸出热情的手臂。只有主动出击的人，易俘获机遇；守株待兔的人，常与机遇无缘，这是普遍的法则。你若比一般人更显得主动、热情的话，机遇就会向你靠拢。

哈佛学者告诉我们：哪怕只有万分之一的机会，你也不要放弃它，机遇面前切莫迟疑。很多人都是借此而脱离困境的。

不放过每一次争取的机会

机遇不会从天而降，需要你去争取，需要你去寻求、去创造。即使机遇真的会从天而降，如果你背着双手，一动不动，机遇也会从你身边溜走。所以我们不要放过每一次争取的机会，以免悔恨终生。

有一次，哈佛东亚文学系的玛丽莲去图书馆借书时遇到了自己的教授，他们的聊天内容改变了她的人生。教授为她讲了著名影星费雯·丽的故事。在电影《飘》中扮演女主角郝思嘉的费雯·丽，在出演该片前只是一位名不见经传的小演员。她之所以能够因此而一举成名，就是因为她大胆地抓住了自我表现的良好机遇。

当《飘》已经开拍时，女主角的人选还没有最后确定。毕业于英国皇家戏剧学院的费雯·丽当即决定争取出演郝思嘉这一十分诱人的角色。可是，此时的费雯·丽还默默无闻，没有什么名气。"怎样才能让导演知道我就是郝思嘉的最佳人选呢？"这个问题困扰着她。

经过一番深思熟虑后，费雯·丽决定毛遂自荐，方法是自我表现。一天晚上，刚拍完《飘》的外景，制片人大卫又愁眉不展了。突然，他看见一男一女走上楼梯，男的他认识，那女的是谁呢？只见她一手扶着男主角的扮演者，一手按住帽子，居然自己把自己扮演成了郝思嘉的形象。大卫正在纳闷时，突然听见男主角大喊一声："喂！请看郝思嘉！"大卫一下子惊住了："天呀！真是踏破铁鞋无觅处，得来全不费工夫。这不就是活脱脱的郝思嘉吗?！"于是，费雯·丽被选中了。

机不可失，时不再来，这是每个人都知道的浅显而深刻的道理。抓住了机会，我们就可能乘风而起，登上成功的巅峰；如果错失了机会，我们就可能会让唾手可得的成功擦肩而过，因而懊悔不已。一位成功人士曾不无感慨地说："在某些意义上，时机就是一种巨大的财富。"要在人生的事业中有所作为，仅靠盲目蛮干是不行的，也不会有太大成效。

让自己保持在最佳状态，以便在机会出现时，你可以紧紧抓住，不让它溜走。机遇什么时候来临，谁也不知道。一个渴望成功的人，必须时刻作好准备，这样无论机会何时出现，你都能抓住它，借机而成功。

在西方流传着这样一个故事：

许多年前，一位聪明的国王召集了一群聪明的臣子，给了他们一个任务："我要你们编一本各时代的智慧录，好流传给子孙。"这些聪明人离开国王后，工作了很长一段时间，最后完成了一套十二卷的巨作。

国王看了以后说："它太厚了，把它浓缩一下吧。"这些聪明人又长期努力地工作，几经删减之后，完成了一卷书。然而，国王还是认为太长了，又命令他们再浓缩，这些聪明人把一卷书浓缩为一章，又浓缩为一页，然后减为一段，最后变为一句话。

聪明的老国王看到这句话后，显得很得意。"各位先生，"他说，"这真是各时代智慧的结晶，并且各地的人一旦知道这个真理，我们大部分的问题就能解决了。"这句话就是："天下没有免费的午餐。"

机会的发现、利用是要以我们的努力为代价。机会在心里，在能力里，在理想里。高情商的人，不会把光阴消耗在无谓的等待中，他们总是能够在过程中寻找到恰当的时机和方式，从而将一切推向成功的地方。

法国微生物学家、化学家巴斯德曾说："机遇只偏爱那些有准备头脑的人。"法国细菌家尼柯尔说："机遇垂青那些懂得怎样追她的人。"不管你等待多久，机会不会自动前来敲门，机会的得来是要靠人们付出艰辛劳动的。企图等待别人为你创造奇迹或期待明天出现奇迹，是不切实际而且必遭失败的幼稚想法。从这个意义上讲，任何成功都是我们努力争取的结果。世上没有救世主，只能靠自己。

所以哈佛学者敬告世人，不要光顾着等待机遇，也别忘了去开创机遇，人们不要放过每一次争取的机会，因为机遇的消亡来自于人们的懒惰和等待。

在生活中，很多人常常错过一个个机遇。因此想要有一番成就，创造一段精彩的生命历程，就必须要主动去为自己争取出路，抓住那些让自己施展拳脚的机会。在通往失败的路上，处处是错失了的机会。那些坐待幸运从前门进来的人，往往忽略了幸运也会从后窗进来。只有敢于冲锋、主动进攻的人，才能发觉并抓住胜利的先机，因为人生当中，并不存在掉到等待者头上的机遇之果。

高情商者所创造的机遇，要比他所能找到的多。正如樱树那样，虽在静静地等待着春天的到来，而它却无时无刻不在养精蓄锐。人在待机之时，不能放松养精蓄锐的积累，还要时时窥测方位，审时度势，以利于自身发展。机遇这东西稍纵即逝，好运也不是常常都有，人们单单去发现它远远不够，还要懂得利用它，同时为自己制造更多的机遇。

机会只偏爱有准备的头脑

比尔·盖茨说："在某种意义上，时机是一种巨大的财富，抓住机遇，就能成功。"可是很多时候，人们只看到了成功的一个要素——机遇，而忽略了能够将机遇变成现实中最大收益的"推手"——行动。

机遇就是契机、时机或机会，通常按照字面意思理解为忽然遇到的好运气和机会。一般来说，机遇有一定的时间限制或有效期，时间一过，就再也得不到了。所以如何抓住机遇，如何利用这个契机发展自己，壮大自己，是一门学问。

当人们在未知的领域进行有步骤的研究、探索时，意料之外的新发现可以作为创新的有利因素。人们在一定的理论或思想指导下，自觉地去观察、记录和实验以验证某些自然现象和科学现象时，由于这种探索带有一定的不确定性，就自然会出现与预想不一致的新现象、新启示。

而对于我们在日常生活中仅就捕捉机遇而言，除了要具备有准备的头脑、目光敏锐、善于观察以外，还要养成认真检查机遇所提供的每一条线索的习惯。机遇提供给你的信息有明显的也有隐蔽的，有"草蛇灰线，伏笔千里"的，也有刹那间就消失得无影无踪。如果我们能抓住一次机遇，说不定就彻底改变了你的一生。

准备，不仅是心理、意识的准备，而且还包括经验和知识的准备。因为处理机遇很难像处理一般事务那样有计划、有目的、有步骤，而主要是凭自身的经验、知识的积累进行决策，因此你必须有丰富的经验、渊博的知识与合理的知识结构，这样，当机遇出现时，才能触类旁通，引起注意，连续思考，作出判断。

一天，一位贵族的府邸正要举行一个盛大的宴会，主人邀请了一大批客人。就在宴会开始的前夕，负责餐桌布置的点心制作人员派人来说，他设计用来摆放在桌子上的那件大型甜点饰品不小心被弄坏了，管家急得团团转。

这时，一个干粗活的孩子走到管家的面前怯生生地说道："如果您能让我来试一试的话，我想我能造另外一件来顶替。"于是，管家就答应让他去试试。这个厨房的小帮工不慌不忙地要人端来了一些黄油。不一会儿工夫，不起眼的黄油在他的手中变成了一只蹲着的巨狮。管家喜出望外，连忙派人把这个黄油塑成的狮子摆到了桌子上。

晚宴开始了。客人们望见餐桌上卧着的黄油狮子时，都不禁交口称赞起来，这个宴会变成了对黄油狮子的鉴赏会。客人们仔细欣赏着，不断地问主人，究竟是哪一位伟大的雕塑家竟然肯将自己天才的技艺奉献出来。于是管家就把那个孩子带到了客人们的面前。

当这些尊贵的客人们得知，面前这个精美绝伦的黄油狮子竟然是这个小孩儿仓促间完成的作品时，都不禁大为惊讶，整个宴会立刻变成了对这个小孩儿的赞美会。许多年后，这个孩子成了世界上最伟大的雕刻家之一。

机遇总是偏爱那些有准备的人。这个小男孩子就善于运用机会来成就自己，当然如果他没有雕刻的实力，那么这个机会也会与他擦肩而过的。曾就读于哈佛大学的世界首富比尔·盖茨说："亲爱的朋友，我认为你们应该重视那万分之一的机会，因为它将给你带来意想不到的成功。有人说，这种做法是傻子行径，比买奖券的希望还渺茫。这种观点是有失偏颇的，因为开奖券是由别人掌握，丝毫不由你；但这种万分之一的机会，却完全是靠你自己的主观努力去完成。"

人们总是因为一些人的成功而赞美，但是他们没有看到成功者为了那些机遇而作的充分准备。成功者每天都在很用功地积累，每天都在进步，一步一个脚印地向自己的成功迈进，正是因为这些努力，才成就了成功者的人生。

有时候，我们也会发出这样的感慨：别人总是那么好命，会遇到很多很好的机遇。你看刘谦，年纪轻轻的，就能上春晚的舞台演魔术，可是大家有没有想过，刘谦如果没有过硬的魔术基本功，没有对魔术执著的追求，他怎么可能登上春晚的舞台，获得在十几亿人的关注下表演的机会？意大利文艺复兴时期有一句名言："伟大的机遇只有经过忘我的斗争和牺牲才能胜利实现。"生活中，那些慨叹没有机遇的人，应该赶紧行动起来了，因为只有行动了才有可能抓住机遇。

"机遇只偏爱有准备的头脑"，这是一句早为人们所稔熟的名言，其中所包含着的朴素真理一次次为实践所证实。要想牢牢抓住机遇，就为机遇的来临作好准备吧。成功的气息只是一瞬间，抓不住的话，它就悄悄从我们身边溜走了。

小托马斯就是从美国政府的新政策中觉察到未来办公的革命，从而使IBM抓住了最为成功的商机。创始初期的IBM只是一家生产打孔机的小企业。1952年2月，IBM内部从事研制电子数据处理系统的人员只有85人，那时IBM最高决策者、身处第一线的专家们都认为，公司最初生产的两种计算机若能销售5台就能满足市场上的需求。只有企业的总经理、参加过二战的小托马斯·沃森不顾其他经理的劝阻，坚持转向电子数据处理系统。小沃森反复劝导他们，使他们和自己站在同一战线上，并力主推进公司由穿孔卡片系统转向电子数据处理系统。转入计算机产业后，IBM觉察到美国政府将要实行的新政策会引起办公的自动化革命，于是小托马斯决定改进霍勒利斯统计会计机，为此不惜投入大量的研制费用，在经济不景气时期发疯似的扩大生产。结果，当美国政府实行新政策，事务工作量急增而需要机器处理时，只有IBM能够提供充足的具有高效能的机器，IBM由此取得了巨大的成功。

在别人认为机会已经不可能再降临的时候，或许机会已经来临，只是你没有发现。我们必须善于抓住机会，或许在就在一秒钟，你就会从一个乞丐变成一个富翁，当然这样的机遇是给有准备的人的。

法国一位已故总统有一句名言："人是掌握命运的，命运就是一种机会以及捕获机会的能力。"一个偶然的机会，就有可能使一个人的愿望变成现实。成功只偏爱那些有心人，只垂青那些深谙如何追求它的人，只赐给那些自信必成功的人。

世上有很多事业有成的人，他们的成功之路虽各不相同，但是他们都有一个相似点，即他们做事时用心，作好准备，善于捕捉难得的机会，这种共同点同样也是高情商的人具备的特点。

高情商的智者从来不打无准备之仗，不打弹尽粮绝的战争。所以，我们要想坚定地向前走，就必须先弯下腰来，系紧鞋带，为加速作好准备。哈佛教授说：机遇稍纵即逝，它只为有心人准备。

马上行动，才能改变现实

成熟就是在需要行动的时候，立即采取行动。要能下决断，并付诸实行，这才是成功的人应有的表现。当然，我们对问题本身要研究清楚，要由各个角度去看问题，然后，便是采取行动去解决。

许多人害怕负起作决断的责任——决定不了要采取什么样的行动。因为他们担心，事情若是不成功，他们便要承担失败的责任。因此，他们尽可能避免负责，如必须要下决定，他们便会陷入忧愁、疑惧、或不知所措。这种焦虑和紧张，往往使身体和精神趋于崩溃。

有一位幽默大师曾说："每天最大的困难是离开温暖的被窝走到冰冷的房

间。"他说得不错,当你躺在床上认为起床是件不愉快的事时,它就真的变成一件困难的事了。就是这么简单的起床动作,即把棉被掀开,同时把脚伸到地上的自动反应,都是足以击退你的恐惧。凡成功者都不会等到精神好时才去做事,而是督促自己去做事,马上行动,不把问题留到最后。

其实,不管是什么事情,最好的行动时机就是现在。今天的想法就在今天来实现,因为明天还有明天的事情、想法和愿望。但是,生活中就有那么一些人,在做事的过程中养成了拖延的习惯,今天的事情不做完,非得留到以后去做。其实,把今日的事情拖到明日去做,是不划算的。有些事情当初做会感到快乐、有趣,如果拖延几个星期再去做,便会感到痛苦、艰辛。而且,时下的经济形势也不容许我们做事拖沓,如果我们把一切事情都拖到明天来完成,那么很快我们就会在工作中被淘汰。所以说,只有行动才能让计划变成现实。

安妮是一个可爱的小姑娘,可她有一个坏习惯,那就是她每做一件事时,总是爱让计划停留在口头上,而不是马上行动。

和安妮住在同一个村子里的詹姆森先生有一家水果店,里面出售本地产的草莓之类的水果。一天,詹姆森先生对安妮说:"你想挣点钱吗?""当然想,"她回答。"隔壁卡尔森太太家的牧场里有很多长势很好的黑草莓,他们允许所有人去摘。你去摘了以后把它们都卖给我,1夸脱我给你13美分。"

安妮听到可以挣钱,非常高兴。于是她迅速跑回家,拿上一个篮子,准备马上就去摘草莓。这时,她不由自主地想到,要先算一下采5夸脱草莓可以挣多少钱比较好。于是她拿出一支笔和一块小木板,计算结果是65美分。安妮接着算下去,要是她采了50、100、200夸脱,詹姆森先生会给她多少钱。她将时间花费在这些计算上,已经到了中午吃饭的时间,她只得下午再去采草莓了。

安妮吃过午饭后,急急忙忙地拿起篮子向牧场赶去。而许多男孩子在午饭前就到了那儿,他们快把好的草莓都摘光了。可怜的小安妮最终只采到了1夸脱草莓。回家途中,安妮想起了老师常说的话:"办事得尽早着手,干完后再去想。因为一个实干者胜过一百个空想家。"

只有行动才能让计划变成现实。成功在于计划,更在于行动;目标再伟大,如果不去落实,永远只能是空想。

许多人习惯于玩嘴皮子功夫,遇事总是说说而已,毫无行动,这种人最终只会浑浑噩噩,一事无成。曾有人这样计算,人生如果以70年寿命来算,除去少不更事和老不方便的10年,也不过2万余天,再除去睡眠的1/4～1/3

时间，剩下的时间真可说是一寸光阴一寸金。所以还是把那些有意义的事抓紧列出来，赶快去做，而不只是停留在嘴皮子上。

人的行动动力基本上源于两点：对快乐的追求和对痛苦的逃避，而后者的力量往往更大。有的人不能化"心动"为"行动"也往往源于两个原因，要么是对快乐的渴望不够强烈，要么是对痛苦的滋味心有余悸。

生活也是这样，有人之所以还仅仅只是在"想"成功，却没有行动起来，是因为他还可以安于现状，现状还没把他逼上绝路。所以艰难困苦容易造就成功，也是这个道理。因此，我们应该认识到现状的某种危机，应该正视面临的困境，这有助于我们积极地、坚定地付诸行动。

现代是一个讲究效率的时代，在信息瞬息万变的现代社会中，存在着很多不确定因素，稍有迟疑，就可能使原来非常精妙的构思在一夜之间变得一文不值。因此，看到机遇就应该在第一时间行动起来把它紧紧地抓在手里，接到工作就应该争取在第一时间行动起来，争取在第一时间把问题圆满解决好。

为了养成行动的好习惯，你可以遵照以下两点去做。

★用自动反应去完成简单的、烦人的杂务。不要想它烦人的一面，什么都不想就直接投入，一眨眼就完成了。

★把你的想法写到纸上。当想法写在纸上时，你的注意力就会集中在上面，你的潜能也会因此而发掘出来。因为我们无法一心二用，何况你在纸上写东西时，也会同时将它写在心里。如果把相关的想法同时写出来，就可以记得更久，记得更准确，这是许多实验已经证实并得出的结论。一旦养成这个习惯，你的思想就会促使你行动，你的行动就会引发新的行动。

变通，是一种睿智

哈佛校训中其中有一条：变通是一种智慧，在善于变通的人的世界里，不存在困难这样的字眼。再顽固的荆棘，也会被他们用变通的方法拔地而起。他们相信，凡事必有方法去解决，而且能够解决得很完善。

在20世纪60年代中期，杜德拉在委内瑞拉的首都拥有一家很小的玻璃制造公司。可是，他并不满足于干这个行当，他一心想跻身于石油界。

有一天，他从朋友那里得到一则信息，说是阿根廷打算从国际市场上采购价值2000万美元的丁烷气。于是他立即前往阿根廷活动，想争取到这笔合同。

去后，他才知道早已有英国石油公司和壳牌石油公司两个老牌大企业在频繁活动了。这是两家十分难以对付的竞争对手，更何况自己对石油业并不熟悉，资本又并不雄厚，要成交这笔生意难度很大。但他并没有就此罢休，他决定采取变通的迂回战术。

一天，他从一个朋友处了解到阿根廷的牛肉过剩，急于找门路出口外销。他灵机一动，感到幸运之神到来了，这等于给他提供了同英国石油公司及壳牌公司同等竞争的机会，对此他充满了必胜的信心。

他旋即去找阿根廷政府。当时他虽然还没有掌握丁烷气，但他确信自己能够弄到，他对阿根廷政府说："如果你们向我买2000万美元的丁烷气，我便买你2000万美元的牛肉。"当时，阿根廷政府想赶紧把牛肉推销出去，便把购买丁烷气的投标给了杜德拉，他终于战胜了两个强大的竞争对手。

从此，他便打进了石油业，实现了跻身于石油界的愿望。经过苦心经营，他终于成为委内瑞拉石油界的巨头。

杜德拉是具有大智慧、大胆魄力的商业奇才。这样的人能够在困境中变通地寻找方法、创造机会，将难题转化为有利的条件，创造更多可以使自己脱颖而出的资源。美国一位著名的商业人士在总结自己的成功经验时说，我的成功就在于我善于变通，我能根据所面对的不同的困难，采取不同的方法，最终克服困难。对于善于变通的人来说，世界上不存在困难，只存在暂时还没想到的解决方法。

这个世界，这个社会，每天都在变化，我们每个人身处的环境也每天在改变。如果不懂得变通，那么你就很难适应这个"变"的世界。

现实生活中许多人常抱有这样一种想法，认为自己虽然遇上了许多困难，但这时只要坚持一下，成功往往就会到来。这个想法并没有错，问题在于，如果你所选择的道路本身就存在着一些难以克服的问题，这个时候就不应该再坚持下去，应该懂得变通。

伟大的科学家牛顿早年曾是永动机的追随者。在进行了大量失败的实验之后，他很失望，但他很明智地退出了对永动机的研究，在力学研究中投入更大的精力。最终，许多永动机的研究者默默而终，牛顿却因摆脱了无谓的研究，而在力学方面脱颖而出。

因此，在一些没有胜算和科学根据的前提下，应该见好就收，知难而退。走错了路要赶紧回头，检查其原因，调整原来的方向，从而突破桎梏，延伸视野，拓展新的思考空间。一个人要想获得事业上的成功，首先要有目标，这是人生的起点。没有目标，就没有动力，但这个目标必须是合理的，即是合乎实际情况和客观规律的、合乎社会道德的，是一个可以实现的目标。如果不是，那么即使你再有本事，付出千百倍努力，也不会获得成功。成大事者和平庸者的根本区别之一就在于他们是否在遇到困难时理智对待，主动寻找解决的方法。只有敢于挑战，引爆自己杰出的头脑，才能从困境中突围而出。

　　当你走在路上，眼看就要到达目的地了，这时车前突然出现一块警示牌，上书四个大字：此路不通！这时你会怎么办？有人选择仍走这条路过去，大有不撞南墙不回头之势。结果可想而知，已言明"此路不通"，那个人只能在碰了钉子后灰溜溜地掉转车头，原路返回。这种人在工作中常常因"一根筋"思想而多次碰壁，消耗了时间和精力，结果却做了许多无用功。有人选择驻足观望，不再向前走因为"此路不通"，却也不掉头。

　　还有另一类人，他们会毫不犹豫地掉转车头，去寻找另外一条路。也许会再次碰壁，但他们仍会不断地进行尝试，直到找到那条可以到达目的地的路。这种人是工作中真正的勇者与智者，他们懂得用变通的手法创造性地完成任务，并且往往能够取得不错的业绩。"此路不通"就换条路，这个方法不行就换个方法。

　　爱迪生有位叫阿普顿的助手，出身名门，是大学的高材生。在那个门第观念很重的年代，阿普顿对小时候以卖报为生、自学成才的爱迪生很有些不以为然。

　　一天，爱迪生安排他做一个计算梨形灯泡容积的工作，他一会儿拿标尺测量、一会儿计算。几个小时后，爱迪生进来了，问阿普顿是否已计算好，满头大汗的阿普顿忙说："快好了，就快好了。"爱迪生看到稿纸上复杂的公式明白了怎么回事。于是拿起灯泡，倒满水，递给阿普顿说："你去把灯泡里的水倒入量杯，就会得出我们所需要的答案。"

　　显然，阿普顿的思考方式陷入了一种固着状态，不懂得用变通的方法解决遇到的实际问题。工作中也常常会碰到这样的员工，他们固守着原有的观念，而没有丝毫的改变。自然，在遇到问题时也不懂得找解决方法。使得工作常常碰壁，问题也往往处理得捉襟见肘，不能使人满意。实际上，在观念决定一切的今天，只需将观念作一点小小的改变，就可以得出解决问题的方法，让你积极而理性地去行动，拥有不一样的结果。换一种观念，你得到的将是更广阔的天空。

　　变通是很多人想得到的法宝，尤其是在工作中。想知道你在工作中的变通能力如何吗？阅读下面测试题并在4分钟内将选择的答案号填入每题之后的括号中，答题时根据自己的直觉，尽量按自己真实的想法一次填完。

1. 你知道一位可能成为你客户的人是个蜻蜓标本收集者，你带着业务目的拜访他。你拿出一个标本说："听说你是蜻蜓标本专家，这是我孩子捕到的一只蜻蜓，我把它带来是想请教您它是什么蜻蜓。"你预计可能发生哪种情形？（　　　）

A. 他会觉得你有些冒昧、不合时宜。

B. 他会对你产生好感。

C. 无选择。

2. 假设你是一家百货公司的经理，一位顾客闯入你办公室怒气冲冲地发泄不满，你意识到完全是她的错，应如何走第一步？（　　　）

A. 努力迁就她的错误看法，对她表示同情。

B. 心平气和地向她指出其不满是误会造成的，不是商店的责任。

C. 告诉她去找顾客意见簿或专司此职的管理人员，如果要求是正当的，问题就会得到解决，而找你是没用的。

D. 无选择。

3. 你希望一位固执的同事能够听从你的建议，你应怎么办？（　　　）

A. 尽量使他相信这建议至少有一部分是出自他的头脑。

B. 只考虑这建议会给你带来荣誉。

C. 无选择。

4. 如果有位女士来你店里买鞋，由于她右足略大于左足，总也找不到她能穿的鞋，你觉得应当解释一下。你将如何解释？（　　　）

A. 女士，您的右脚比左脚大。

B. 女士，您的左脚比右脚小。

C. 无选择。

5. 假设你是老板，一名员工向你提出有关提高效率的方案，而他的建议是你过去已想过并打算实施的。那么，下面哪种处理方法较好？（　　　）

A. 告诉他你真实的想法，但也对他给予充分的肯定。

B. 闭口不提你以前的想法，只赞扬他的合作精神。

C. 无选择。

6. 如果你想对同事说些比较难以启齿的事情，下面哪种开场白比较好？（　　　）

A. 我恰巧到附近有事，因此顺便来和你谈点事儿。

B. 我专程前来找你谈件事。

C. 无选择。

7. 办公空间有限，你不得不将一位十分有能力的优秀员工安排在助理办公桌旁。这位员工是公司元老，工作一向出色，年薪也相当高；但他常迟到，不到休息时间便去喝茶小憩，桌上总是乱糟糟的，而这会给那些优秀的助理造成不良影响。至于那些刚从学校毕业、工资较低的助理更容易受影响，你将怎么做？（　　　）

A. 解雇员工。

B. 如果助理不守规章，就解雇她们。因为学校的助理比熟练的员工容易找得多。

C. 无选择。

8. 你与一个下属离开一家饭馆，发现饭馆少找了你们一角钱。你收入颇丰，时间又宝贵，这时你怎么办？（　　　）

A. 这不只是钱的问题，还关系到原则。应该转回去提意见，如可能，收回缺额。

B. 忘掉这事。

C. 无选择。

9. 你是个自己奋斗成长起来的老板，工作很繁忙，同时你的公司有一系列复杂的日常事务，你知道自己比手下任何人都更胜任这些事务，那么，你选择下列哪种做法？（　　　）

A. 对每件具体工作事必躬亲。

B. 把这些事分别派给几个下属去干。

C. 无选择。

10. 口才是优秀业务人员的标志，假定你和一位才学高深、掌握数国语言的博士交谈，你会选择哪类风格的句子来表达？（　　　）

A. 这是常见的事。

B. 这属于每日必有之常事。

C. 无选择。

评分标准：1. B 2. C 3. A 4. B 5. A 6. A 7. B 8. B 9. B 10. A。每答对一题得3分；漏答一题减3分，选了两个以上"无选择"者减5分；连一个"无选择"也未选的减5分（题6如答对，算你选了一个"无选择"）。最后计算出你的总得分。

测试结果

0～15分：工作中不知变通。你并不了解在处理工作关系时"因势利导"的原则，对人的观察研究也不够，尤其忘记了自己的工作是处理这些关系，而把自己过分地"投入"进去，这就很难得心应手地运用技巧来协调好各方面的关系。你与管理者无缘，只适于从事具体的专项工作。

17~24分：工作中变通能力一般。平常情形下，你能够以合理适度的方式使他人接受你的意见并按你的意图去干。但若时间紧迫或情况特殊，你往往会作出一些不当的决定。这说明你可能不太胜任大范围内公务关系的管理与协调。

27~30分：在工作中有很强的变通能力。你不是靠盲目的鼓励首肯，或不容分说的高压手段来解决问题，而是长于以情动人、以理服人，用高超的技巧来使目的得以实现。你有能力成为一个大团体的领导者、管理者。

远离懒惰部落

哈佛告诉学生：去做每一件事不一定成功，但不去做每一件事则一定没有机会成功！要想成功，你一定要把懒惰的习惯扔得远远的。

懒惰是一种习惯。俗语道："人，越待越懒，越吃越馋。"当懒惰已经演化成为习惯，它就会像细菌一样，在你的生活中蔓延，使你的人生到处弥漫着懒散的气息。面对懒惰性行为，有的人浑浑噩噩，意识不到这是一种"习性"。有的人认为懒惰可以挥之即去。你一定要远离懒惰部落，避免它的滋生和蔓延。

一个铁匠用同一块铁打了两把锄头，摆在地摊上卖。农人买走了其中的一把锄头，马上就下地使用起来；而另外一把锄头，被一个商人得到，因为无用被闲放在商人的店里。

半年以后，两把锄头偶然碰到一起。原本质地、光泽、锻造方式都相同的两把锄头现在大不相同。农人手里的锄头，好像银子似的锃光闪亮，甚至比刚打好时更光亮；而那把一直被商人放在店里的锄头，却变得黯淡无光，上面布满了铁锈。

"我们以前都是一样的，为什么半年之后，你变得如此光亮，而我成了这副样子了呢？"那把生满锈迹的锄头问它的老朋友。"原因很简单啊，这是因为农人一直使用我劳动。"那把光亮的锄头回答说，"你现在生了锈，变得不如以前，是因为你老侧身躺在那儿，什么活儿也不干！"

生锈的锄头听后沉默了，无言以对。

这个故事告诉我们，刀越磨越锋利，锄头越用越光亮，人越学越聪明。如果勤奋是一种习惯，那么懒惰也是一种习惯，只不过勤奋的习惯使人走向光明，懒惰的习惯使人走向越来越深的黑暗。由此可见，勤奋和懒惰所带来的后果是多么的悬殊。那么你是想成为辛勤劳作而散发光芒的锄头，还是碌碌无为变得锈迹斑斑的锄头呢？

霍兰说懒惰是活人的坟墓。要想改变现状就要养成勇于进取、敢于拼搏的习惯。养成了这种习惯，就会在人生的路上从容洒脱地应对途中的各种障碍，在顺其自然中改变生活。

懒惰是人的一种劣根性，为了成就事业，必须与它抗争，超越这种劣性的钳制。但是这种抗衡和超越一开始总要由一些外力来强制，进而才能逐渐内化为恒定的精神和行为习惯。一旦养成恒定性的勤劳习惯，往往会拥有一份稳定的愉快心情。因为它专注，意念与行为谐调归一，所以恶劣的情绪便没有潜入的机会，更没有盘踞的空间。一个进入勤劳状态的人，心灵中就不会有长久驻足的懒惰。所以，克服懒惰最直接、最有效的方法就是使自己忙碌起来。

美国某知名公司董事长雅克妮原本却是一位极为懒惰的妇人，后来由于她丈夫的意外去世，家庭的全部负担都落在她一个人身上，而且还要抚养两个子女。在这样贫困的环境下，她被迫去工作赚钱。她每天把子女送去上学后，便利用余下的时间替别人料理家务，晚上，孩子们做功课时，她还要做一些杂务。这样，她懒惰的习性就被克服了。

后来，她发现很多现代妇女都外出工作，无暇整理家务。于是她灵机一动，花了7美元买清洁用品，为有需要的家庭整理琐碎家务。这一工作需要付出很多的勤奋与辛劳。渐渐地，她把料理家务的工作变为一种技能，并建立了×××公司。后来甚至大名鼎鼎的麦当劳快餐店居然也找她的公司代劳。雅克妮就这样夜以继日地工作，终于使订单滚滚而来。

比尔·盖茨说："懒惰、好逸恶劳乃是万恶之源，懒惰会吞噬一个人的心灵，就像灰尘可以使铁生锈一样，懒惰可以轻而易举地毁掉一个人，乃至一个民族。"这给我们敲响了警惕之钟。

懒惰，从某种意义上讲就是一种堕落，它就像一种精神腐蚀剂一样，慢慢地侵蚀着我们。一旦背上了懒惰的包袱，生活将是为你掘下的坟墓。马歇尔·霍尔博士认为："没有什么比无所事事、懒惰、空虚无聊更加有害的了。"懒惰者是不能成大事的，因为懒惰的人总是贪图安逸，遇到一点儿风险就吓破了胆，另外，这些人还缺乏吃苦实干的精神，总存有侥幸心理。而高情商成大事之人，他们更相信"勤奋是金"。

俄国文学家列夫·托尔斯泰年轻时为了克服惰性，采取了两条措施，一是天天做体操，二是每晚睡前写日记。这两条措施，他一直坚持到八旬高龄，日记坚持写到他逝世前四天。正是因为他克服了惰性，养成了毕生勤奋的习惯，才有了《复活》、《安娜·卡列尼娜》等伟大著作问世，并使他成为文坛巨匠。

有人说，人是好逸恶劳的动物，从某种程度上说，这种看法是对的。人总是希望在工作中减少体力付出，在生活中尽量舒服、安逸，获得更大的满足和安逸也是人工作的动力。但如果贪图安逸，就会产生惰性。惰性在生活中表现为不求上进，意志消沉，安于现状，心态消极；在工作中表现为无所追求，不学无术，糊涂混日。惰性对人的身心健康会造成一定的危害。

懒惰的习惯一旦养成，它就会将我们朝成功的反方向拉。因此，我们要想获得成功，就必须战胜懒惰，积极行动起来。你可以尝试以下3种方法：

★使用日程安排表

这个日程表可以帮你把所有事项很有条理地记录在一个地方，并时时提醒你抓紧行动，许多成功人士均有这种日程安排表，如富兰克林的计划薄。

★在住宅之外的地方工作、学习

人的行为在住宅内外是有很大差异的。家一般是休息之所，故在家里容易松懈。而在家之外的地方，特别是在图书馆等有学习氛围的地方，则会紧张起来。

★睁眼即起，尽早开始学习或工作

懒惰的主要表现之一是赖床，即觉醒后不能及时起床。想克服懒惰，首先要克服赖床，做到睁眼即起。懒惰的其他表现是拖延、等待、回避。心病还得心药医，治疗懒惰的药方是：尽早开始学习或工作。任何事物都是习惯性的。一件工作，只要开了头，后边就不好再停顿下来了。因此，决定下来的事情，就要迅速去做。

惰性是人与成功失之交臂的原因。惰性，使人的才华被埋没，使人的潜能被扼杀，使人的希望变得虚无缥缈。如果一个人一生为惰性所控制，那他只有忍受"南柯一梦"的失落，很难有大的作为。只有克服惰性，才能取得成功。

有一个超越自己的心

每天超越自己，哪怕仅仅超越一点点，你就能每天都有进步，你就能越来越接近成功。无法每天超越自己的人，通常成不了大事。只要说服自己做得到，不论多么艰巨的任务，你必能完成。反过来说，如果认定自己做不到，就连最简单的事，对你也是一座无力攀登的险峰。

每个人心中都沉睡着一个巨人，当你唤醒了他，他就能助你完成自己的人生理想，成为了不起的人物。很遗憾，大部分人还没有唤醒心中的巨人就已经离开了人世，这是一个巨大的悲哀。

那什么样的人生才算是唤醒了自己心中的巨人呢？一定要实现历史巨人那样的丰功伟业才算是不枉此生吗？也不尽然。其实，将自己内心的巨人唤醒，可能是一次巨大的意外事故的刺激作用，也可能是长期一点一滴地改变。今天比昨天好，现在比过去好，这就是超越。

林恩是位精力充沛、在家忙碌的妻子和母亲。18年来，她每天都要安慰和支持她的家人，她有个需要特殊照料的患脑积水的儿子。等孩子长大后，林恩越发不安，她渴望做一名计算机检修工。

于是她走出家门。在富有挑战性、男人所统治的领域工作，引发了林恩无限忧虑。她的女性朋友分担了她的忧虑。在她们的鼓励下，林恩开始慢慢地克服忧虑，接着就开始积累成功所需的经验。当然她也经历了挫折，但她没有灰心，一次又一次地越过挫折并坚持下来。最后，林恩开始认同并相信她做女商人的能力。

现在，林恩拥有成功的事业。她的成功是靠一点一滴积累而成的。她的最大成功就是超越了忧虑，超越了自我，并集中每次取得的小小成功，才取得了最后的胜利。

对自己有信心，并竭尽所能地工作——这是成功改变不利现状的根本。

可见，一个人只有不断完善自我，超越自我，才能全面发展自己。一段链条，最脆弱的一环决定它的强度；一个木桶，最短的一块决定它的容量；一个人，能力最差的一面决定他的发展。全面发展的人不仅能够在任何情况下很快适应，还能够在一种情况下给出很多的解决方法。

很多人可能会问：全面发展不是在苛求完美吗？当然不是。全面发展，就是让一个人的心智得到尽可能多的成长，情感得到尽可能多的关怀和培养。而且我们所说的全面，主要是针对日常生活中需要面对的方方面面，如学习、工作、情感等。我们要用一颗成熟的心来面对一切困难、找到自己的位置，而不是追求不切实际的完美，让自己在苛求完美中痛苦生活。

在某一方面再有才华的人，如果没有别人的帮助，也很难有所作为。这样的人往往觉得社会没有给他们发展空间，这种总为自己找借口的心理，也是不成熟的。为什么别人可以好好工作，而我们总是处处碰壁呢？也许，就是我们在领导自己时，忽略了情感的完善。从各个方面来完善自己，尤其是从心理上完善自己，才是真正对自己的生命负责任。承担起这个责任，才能让人生更开阔、更精彩。

只要每一天都有超越自己的地方，或者是让自己的优点更加稳固，这样的成长都是值得期待的、充满希望的。如果今天和昨天一个样，甚至不如昨天，这样的生活就会令人厌倦、感到无望之极。

超越是为了更好地完善自己。成长，因为自己的存在于别人有益而变得重要。对于身处前进路上的人来说，永远没有终点，明天永远会比今天更加值得期待。

哈佛告诉学生：成功的动力源于拥有一个不断超越的进取目标。人生就是一个不断超越的过程。

追求超越自我的人，每一分每一秒都活得很踏实，他们尽其所能享受、关怀、做事并付出。除了工作和赚钱以外，他们的人生还有其他意义。若非如此，即使身居高位，生活富裕，也会感到空虚、乏味，不知生活的乐趣究竟在哪里。

人生战场上的真正赢家通常目标远大而明确，他们追寻生命的真谛和超越自我。他们能够把生活的各个层面融合为一体。为了享受生活的乐趣，他们不仅剖析自我，而且从大处着眼，展望生命的全貌。

进取心始于一份渴望。当你渴望实现梦想时，进取心便油然而生了。当你坚信能改善自己的生活状况时，进取心便能滋长茁壮。渴望是原动力，当你想要一样东西、想要做成一件事时，你心中便有一份力量，推动你去获得、去进取、去追求。

进取心是内心的驱动力量，是经由想象而产生的意念。我们可以利用进取心推动我们向目标迈进。有进取心的人会勇往直前，屡仆屡起，为实现梦想而努力。这便是百年哈佛对我们的人生忠告。

在成长的过程中，很多人因为遭受来自社会、家庭的议论、否定、批评和打击，奋发向上的热情便慢慢冷却，逐渐丧失了信心和勇气，开始对失败惶恐不安，变得懦弱、狭隘、自卑、孤僻、害怕承担责任、不思进取、不敢拼搏。事实上，他们不是输给了外界压力，而是输给了自己。很多时候，阻挡我们前进的不是别人，而是我们自己。因为怕跌倒，所以走得胆战心惊、亦步亦趋；因为怕受伤害，所以把自己裹得严严实实。殊不知，我们在封闭自己的同时，也封闭了自己前进的道路。

世界上没有一成不变的人，但须分清这些变化是我们无意识的还是自己主导的，而不仅看它们是好是坏。当然，潜移默化地向好的方向改变应该庆幸，但我们更应该欢迎自我主导地向好的方向的改变，这就是我们通常所说的自我改进，因为不仅结果是积极的，而且过程也是积极向上的。人生中只有具备这样的改进，我们才能成长、再成长，成功、再成功。

我们在前进的过程中，除了要真实地表现自己外，还必须自觉地强化自己，唯有如此，才能使我们的能力不断得到提升。

你是"跳蚤"还是"爬蚤"

我们常常不敢去追求自己想要的，并非难以得到，而是我们的心中已经限定了一个"高度"，认为超过这个高度自己就难以达到了。

人在遭受一次次的打击后，就会对自己的能力产生怀疑，会对自己一贯坚持的目标丧失信心，这是成功的大敌，因为成功就在你的坚持中。

根据科学测试，跳蚤跳的高度一般可达它身体的 400 倍以上，号称动物界的跳高冠军。于是，有人用跳蚤做了这样一个实验。实验者把跳蚤放进杯子里，然后在杯子上加一个透明的玻璃盖。

"嘣"的一声，跳蚤跳起来后重重地撞在玻璃盖上，但它并没有停下来，因为跳蚤的生活方式就是"跳"。一次次跳起，一次次被撞，跳蚤好像开始变得聪明起来了，显然它有很强的适应能力，它开始根据盖子的高度来调整自己所跳的高度。后来，这只跳蚤再也没有撞击到这个盖子，而是在盖子下面自由地跳动。

一天后，实验者把盖子轻轻拿掉，跳蚤不知道盖子已经被拿掉了，它还在原来的这个高度继续地跳。3 天以后，这只跳蚤还在那里跳。

一周以后，这只可怜的跳蚤还在玻璃杯里不停地跳着——其实它已经无法跳出这个玻璃杯了。

跳蚤变成"爬蚤"，并非它丧失了跳跃的能力，而是由于一次次受挫学乖了、习惯了、麻木了。最可悲之处就在于，实际上的玻璃盖已经不存在，它却连"再试一次"的念头都没有。玻璃盖已经罩在了潜意识里，罩在了心灵上。行动的欲望和潜能已被自己扼杀！科学家把这种现象叫做"自我设限"。

"自我设限"是人生的最大障碍，如果想突破它，我们就必须不怕碰壁。这时我们就用得着"饥渴精神"了。如果那只跳蚤永远想着"外面有美味可以填饱肚子"，那它就永远都不会放弃跳跃，除非生命终结。

许多人的悲哀不在于他们不去努力，而在于总爱给自己设定许多的条条框框，这种条框无意之间限制了人们想象的空间、创造的潜能和奋进的范围，看似一天到晚在忙碌，实际上自己已经套上了可怕的"紧箍咒"，最终碌碌无为。可见，敢于打破自我设定的障碍，多一点超越，少一点盲从，世界就会不一样。

自我设限还表现在给自己找不努力的借口。哈佛告诉学生：一个人在面临挑战时，总会为自己未能实现某种目标找出无数个理由。正确的做法是，抛弃所有的借口，找出解决问题的方法。千万不要让"借口"淹没了你的潜力和才能。

体育界的成功者罗杰·布莱克，他的杰出并不在于他非凡的令人瞩目的竞技成绩——他曾经获得奥林匹克运动会 400 米银牌和世界锦标赛 400 米接力赛金牌。而更触动人心的是，所有的成绩都是在他患有心脏病的情况下取得的。

除了家人、亲密的朋友和医生等仅有的几个人知道其病情外，他没有向外界公布任何消息。带着心脏病从事这种大运动量的竞技项目，不仅很难有出色的发挥，而且有可能危及生命安全。第一次获得银牌后，他对自己依然不满意。如果他告诉人们自己真实的身体状况，即使在运动生涯中半途而废，也会获得人们的理解的。但是罗杰却说："我不想小题大做。即使我失败了，也不想将疾病当成自己的借口。"作为世界级的运动员，这种精神一直存在于他的整个职业生涯中。

那些认为自己缺乏机会或者失败的人，常常是在为自己的失败寻找借口。他们总是告诉别人，自己因为某原因而不能做某事，久而久之我们甚至会不自觉地认为这是"理智的声音"。假如你也有这种习惯，那么请你做一个实验，每当你使用"理由"一词时，请用"借口"来替代它，也许你会发现自己再也无法心安理得了。

只要有足够坚定的信念与决心，即使才能平平的人也会有成功的一天；否则，即使是一个才识超群、能力非凡的人，也将遭受失败的命运。失败并不是致命的，除非你认输。失败也并不可怕，可怕的是在失败中垂头丧气。每一个有所成就的人，无一不是经历了一个个的失败而走向成功的。因此，要想成功，就不应该惧怕失败，因为失败是通往成功的铺路石。人生在世，唯一所能拥有的其实只有自己的生命。只不过人是应该为活而生，而不是为生而生。

一个渴望有所成就的人，必须走出自己的"心狱"。正如一位哲人所说："世界上没有跨越不了的事，只有无法逾越的心。"心中有"牢笼"，便限制了人潜质的发挥。所以，要想开放自己的人生，取得骄人的成绩，关键在于冲出"心理牢笼"。高情商的卓越人士会保护自己的好人生罗盘，维持正确的航线，不被沿路上意想不到的障碍困住，坚定地向前行进，最终轻松而顺利地抵达终点。

做一个激情四射的人

哈佛智慧教导学生：你可以平凡，也可以不平凡。年轻的我们总认为自己不平凡，却不得不面对相似的每一天。生活有它的秩序，每天起床、洗漱、吃饭、学习、睡觉等，也许有些呆板，但能让我们心安地去做自己的事情。可是有时候，生活的规律也会成为束缚。

激情，就是让我们渴望摆脱现实的平淡，开创一个新人生。激情与年龄无关，只要你渴望突破，就会在心中集聚前进的勇气。

英格兰一个小镇上竖立着一座雕像，用来纪念英式橄榄球的起源。雕像是一个年轻男孩，急切地弯腰捡起地上的足球。雕像底座刻着一句铭文："他不顾规则，捡起球来拼命向前跑。"

雕像和铭文叙述的是一个真实发生的故事。两所高中正进行一场激烈的足球竞赛，离终场只剩几分钟，一名没有经验的男孩首次被换上球场。他求胜心切，忘记不可用手触摸足球的规定，他弯腰捡起球，卯足劲往对方球门猛冲。裁判和其他球员都惊讶地愣在原地，观众却被这男孩的精神感动，起立鼓掌欢呼。

这件偶发事件就是橄榄球运动的起源。显然这项新式运动并不是经过长久讨论研究而创生的，而是因为一个激情男孩的错误而诞生的。

一个人如果对于生活没有热情、没有激情，他的生活是枯燥无趣的；一个人如果对于工作没有热情、没有激情，他的工作是没有效率的；一个人如果没有热情、没有激情，他的人际关系是很糟糕的，没有人愿意跟一个没有任何激情的人在一起。激情会带来力量，激情会感染别人。

一个人成功的因素很多，而居于这些因素之首的就是激情。激情能带领你迈向成功。如果你有激情，那么，你几乎就所向无敌了。没有激情，不论你有什么能力，都发挥不出来。要是你没有能力，却有激情，你还可以得到别人的帮助，假如你想创业没有资金或设备，若你有激情，还是有人会回应你的梦想。

激情就是成功的源泉。你的意志力和追求成功的热情越强，成功的几率也就越大。无论做什么事情，你首先就要有激情地去做。

一位成功人士曾说："对于有失去一切的可能性的事业，投注一生的激情，那就是有勇无谋。虽然没有经验、心生不安，但向具有新希望的工作挑战，那才是有勇气的行为。"对于每个人来说，由平庸走向卓越需要能够把握机会，而机会是平等地铺在人们面前的一条通道。在我们身边，许多成功者并不一定比你"会"做，重要的是他比你"敢"做、比你愿意做。惧怕失败，没有冒险的激情，平平稳稳地过一辈子，虽然可靠，虽然平静，虽然可以保住一个"比上不足比下有余"的人生，却是一个悲哀而无聊的人生，是一个懦夫的人生。其最为痛惜之处是在葬送自己的潜能。你本来可以摘取成功之果，分享成功的最高喜悦，可你却主动放弃了。

哈佛学者告诉人们：激情的敌人就是甘于平庸，随遇而安。

假如你在森林中看到一名伐木工人，为了锯一棵树已辛苦工作了 5 个小时，精疲力竭并且进展有限，你当然会建议他："为什么不暂停几分钟，把锯子磨得更锋利？"对方却回答："我没空，锯树都来不及，哪有时间磨锯子？"

事实上，很多人都像是这一把锈迹斑斑的锯子，当我们困于现状，而又不想去改变的时候，只能一路走得磕磕绊绊。

然而激情就可以打倒平庸，激情不仅能催生奇迹，还能使一个人内心变得强大。

如果你现在不时地受到怯懦、拖延、自卑或恐惧的袭击，甚至被这些不正常心理所击倒，那么只能说明你还没有发现和感受到激情的放射力量。一个人激情的能力来自于一种内在的精神特质。激情就像微笑一样，是会给你带来积极行动的动力的。

第五篇　了解他人

——多渠道沟通减少误解

人们经常是不讲道理的、没有逻辑的和以自我为中心的，不管怎样，你要原谅他们；即使你是友善的，人们可能还是会说你自私和动机不良，不管怎样，你还是要友善；当你功成名就，你会有一些虚假的朋友，和一些真实的敌人，不管怎样，你还是要取得成功。

——特蕾莎修女

第一章　了解别人的第一步：移情

识有人术，首要移情

所谓移情，顾名思义，就是转移你的感情，要学会对问题进行换位思考，不能只以自己的经验来解决问题。因为一旦缺少换位思考，得出的结论就特别容易带有偏见，过于武断地想当然肯定会使问题越来越糟。

从前有一个老国王，他的头脑很古怪。一天，老国王想把自己的王位传给两个儿子中的一个。他决定举行比赛，要求是这样的：谁的马跑得慢，谁就将继承王位。两个儿子都担心对方弄虚作假，使自己的马比实际跑得慢，就去请教宫廷的弄臣（中世纪宫廷内或贵族家中供人娱乐的人）。这位弄臣只用了两个字，就说出了确保比赛公正的方法。这两个字就是：换位。

换位，就是将自己摆放在对方的位置，用对方的视角看待世界。懂得换位，知道他人所思、所想、所感，是一个人拥有高情商的表现。

哈佛学者告诉我们：高情商者在社交活动中不盲目、不糊涂，因为他们能够设身处地为他人考虑，并根据对方的心灵活动来采取相应的对策，因而能获得良好的人际关系，取得较大的成功。

约翰有一个年仅16岁却劣迹斑斑的女儿约瑟芬：抽烟、酗酒、乱交男朋友……这一切令约翰夫妇伤透了脑筋。

一天约翰夫妻在房内亲眼看到女儿回来了，但是她似乎挑衅般地与送她回来的男孩亲吻！约翰气得暴跳如雷，打算给约瑟芬一点颜色看看。

当这位在父母眼中已一无是处的女孩走进房门时，她看到了父亲因为愤怒而发抖的模样，他几乎是用咆哮着的声音对她吼了起来："你怎么能如此放肆？要知道我和你妈妈那么辛苦把你养大……"但约瑟芬显然并不想买账，她头也不回地往自己的房间走去，随着"嘭"的关门声，约翰夫妇被挡在了门外。

伤心的约翰夫人小心翼翼地对丈夫说："约翰，我们也许并不爱约瑟芬。""什么？不爱她为何还要如此管教她？否则，早放任她游荡了。""是这样的，"

约翰夫人说，"但我们从来未进行换位思考。我们也许都太自私了，我们一味地教训她，从不考虑她的感受，或许她正为这个恼火呢。"经过约翰夫人这么一说，约翰仿佛看到了希望。他赶快到女儿的房间，第一件事是为刚才的态度道歉。

奇迹出现了，约瑟芬第一次痛哭流涕地说："我原来以为你们对我很失望，而且也不打算再教我什么了……"

是移情换位让约翰父女重新获得默契与温暖。人们常说，良好的沟通是心与心的沟通，其实移情换位又何尝不是心与心的沟通呢？生活中那些"善解人意"的人往往受到大家的喜爱和尊敬，原因就是他们能够做到移情换位，用别人的眼光来想问题、看世界，以别人的心境来体会生活，这样便拉近了人与人之间的距离。

然而在移情的过程中还需要看准对方身份再移情，这样方能产生巨大的能量。

在美国经济大萧条时期，有一位17岁的姑娘好不容易才找到一份在高级珠宝店当售货员的工作。在圣诞节的前一天，店里来了一位30岁左右的贫民顾客。

姑娘要去接电话，一不小心，把一个碟子碰翻，六枚精美绝伦的金戒指落到地上，她慌忙捡起其中的五枚，但第六枚怎么也找不着了。这时，她看到那个30岁左右的男子正向门口走去，顿时，她醒悟到了戒指在哪儿。

当男子的手将要触及门柄时，姑娘柔声叫道："对不起，先生！"那男子转过身来，两人相视无言，足足有一分钟。"什么事？"姑娘一时竟不知说些什么。"先生，这是我第一次工作，现在找个工作很难，是不是？"男子长久地审视着她，终于，一丝柔和的微笑浮现在他脸上。他转过身，慢慢走向门口。姑娘目送他的身影消失在门外，转身走向柜台，把手中握着的六枚金戒指放回了原处。

这位姑娘成功地要回了青年男子偷拾的第六枚金戒指的关键，就是在尊重谅解对方的前提下移情。对方虽是流浪汉，但此时握有打破她饭碗的金戒指，极有可能使她也沦为"流浪汉"。因此，"这是我第一次工作，现在找个工作很难"，这句真诚朴实的表白，饱含着惧怕失去工作的痛苦之情，也饱含着恳请对方，怜悯的求助之意，终于感动了对方。

哈佛教授教导学生：大凡成功的人，都是这样运用不同的方法去观察、研究他所要影响的一些人，然后反过来按照他们的心理需求去满足他们。

每个人天生都会有一定程度的体察他人情感的敏感性。一个人如果没有这种敏感性，就会产生情感失聪。这种失聪会使他在社交场合不能与其他人和谐相处，或是误解别人的情绪，或是说话不考虑时间场合，或是对别人的感受无动于衷。所有这些，都将破坏人际关系。

换位思考不仅对保持人与人之间的和睦关系非常重要，而且对任何与人打交道的工作来说，都是至关重要的。无论是搞销售，还是从事心理咨询，或给人治病，以及在各行各业中从事领导工作，能体察别人的内心，常进行换位思考，都是取得优秀成绩的关键因素。

站在对方的角度看问题

我们没有必要把自己的想法强加给别人，却必须学会从他人的角度思考问题。以心换心的方式与人交往，甚至是自己的亲人也要站在对方的角度去感受，这才是一个高情商的人。

一位母亲在圣诞节带着 5 岁的儿子去买礼物。大街上回响着圣诞赞歌，橱窗里装饰着彩灯，盛装可爱的小精灵载歌载舞，商店里五光十色的玩具琳琅满目。

"一个 5 岁的男孩将以多么兴奋的目光观赏这绚丽的世界啊！"母亲毫不怀疑地想。然而她绝对没有想到，儿子呜呜地哭出声来。"怎么了，宝贝？""我，我的鞋带开了……"母亲不得不在人行道上蹲下身来，为儿子系好鞋带。母亲无意中抬起头来，啊，怎么什么都没有？没有绚丽的彩灯，没有迷人的橱窗，没有圣诞礼物……原来那些东西都太高了，孩子什么也看不见！这是这位母亲第一次从 5 岁儿子目光的高度眺望世界。她感到非常震惊，立即起身把儿子抱了起来……

从此这位母亲牢记，再也不要把自己认为的"快乐"强加给儿子。"站在孩子的立场上看待问题"，这位母亲通过自己的亲身体会认识到了这一点。

孩子看见的东西，母亲不一定能看到，而母亲能看到的东西，孩子不一定能看到。然而如果母亲放低身子或让孩子抬高角度，那么彼此肯定就会有不一样的感受。在与人交往的过程中也要站在对方的角度看问题，如果把角色"互换"一下，就很可能轻松地打破僵局。

斯特准备招待几个朋友。当他拉开汽车车门时，由于用力过度，车门坏了。他流下了眼泪。这时，他的朋友正好赶来，便上前劝他。

第一个朋友道："唉，车门又值不了多少钱，再去买一扇不就行了！又何必哭得如此伤心呢？"

第二个朋友道："我建议你到法院去，控告制造这汽车的厂商，请求赔偿。反正官司打输了，也不用你付钱啊！"

第三个朋友道："你能够将这车门给弄坏，像你这么强的臂力，我连美慕都还来不及呢？你又有什么好哭的啊？"

第四个朋友道："不用担心，大家一起来研究看看，一定有什么东西，可以将车门装好，我们一定可以找到方法的！"

"你们所说的这些，都不是我要哭的原因。真正的重点是，我明天得要花费几个小时，才可以修好车，这样就不能带大家一起出去兜风了……"斯特答道。

每个人都有自己既定的习惯和立场，因而容易忘却他人的想法。那么，换位思考到底是什么呢？其实就是从对方的立场来看事情，以别人的心境来思考问题。换位思考不但需要转换思维模式，还需要一点好奇心来探求他人的内心世界。

推销大师吉拉德说："当你认为别人的感受和你自己的一样重要时，才会出现融洽的气氛。"我们需要多从他人的角度考虑问题，如果对方觉得自己受到重视和赞赏，就会报以合作的态度。但如果我们只强调自己的感受，别人就不会与你交往。

在美国的一次经济大萧条中，90％的中小企业都倒闭了，一个名叫克林斯的人开的工厂也面临倒闭。克林斯为人宽厚善良，慷慨体贴，交了许多朋友。在这举步维艰的时刻，克林斯想要找那些朋友帮帮忙，于是就写了很多信。可是，等信写好后才发现：自己连买邮票的钱都没有了！

这同时也提醒了克林斯：自己没钱买邮票，别人的日子也好不到哪里去。于是，克林斯把家里能卖的东西都卖了，用一部分钱买了一大堆邮票，开始向外寄信，还在每封信里附上2美元，作为回信的邮票钱。

他的朋友和客户收到信后，都大吃一惊，因为2美元远远超过了一张邮票的价钱。每个人都被感动了，他们回想了克林斯平日的种种好处和善举。

不久，克林斯就收到了订单，还有朋友来信说想要给他投资，一起做点什么。他的生意很快有了起色。在这次经济萧条中，他是为数不多站住脚而且有所成的企业家。

试想如果克林斯没有站在对方的角度想问题，也许他不会收到订单，更不会起死回生。可见为对方着想就是为自己着想，这才是高情商者应具备的品质。

哈佛学者告诉人们：在人际交往中，千万不要以自我为中心而完全不顾他人的颜面、立场，如果将自己的价值标准强加在别人的头上，轻则得到的是不和谐的人际关系，重则可能使自己头破血流、一无所获。

时常有些人抱怨自己不被他人理解，其实，换个角度可能别人也有同样的感受。当我们希望获得他人的理解，想到"他怎么就不能站在我的角度想一想呢"时，我们也尝试自己先主动站在对方的角度思考，也许会得到一种意想不到的答案。许多矛盾误会等也会迎刃而解。

卡耐基有一个保持了多年的习惯，即经常在他家附近的公园内散步。令他痛心的是，每一年公园里的树林里都会失火。这些火灾几乎全是那些到公园里野餐的孩子们引起的。卡耐基决定尽自己所能改变这种状况。他威胁不听话的孩子叫警察把他们抓起来。卡耐基后来说自己只是在发泄某种不快，根本没有考虑过孩子们的感受。那些孩子即使服从了，等卡耐基一走，他们很可能又把火生了起来。

后来，卡耐基意识到必须换一种方式来和那些孩子沟通。当他再次看到孩子们在树林里生火时，就微笑着问他们："孩子们，你们玩得高兴吗？"卡耐基尝试和孩子们打成一片。在与孩子交往中给他们灌输不要玩火的思想。比如：生火时要离枯叶远一点，不要在大风的天气中生火等等。孩子们立刻就照做起来。

显然，卡耐基后面的做法效果大不一样，那些孩子很愿意合作，而且毫不勉强。事实证明，只要我们多考虑别人的感受，多从别人的角度看问题，即便是很尖锐的矛盾也能缓和下来。因此，如果你想得到别人的配合，最好真诚地从他的角度来考虑。

在纽约银行工作的芭芭拉·安德森，为了儿子身体的缘故，想要迁居到亚利桑那州的凤凰城去。于是，她写信给凤凰城的 12 家银行求职。她的信是这么写的：

敬启者：

我在银行界的 10 多年经验，也许会使你们快速增长中的银行对我感兴趣。

本人曾在纽约的金融业者信托公司，担任过许多不同的业务处理工作，现在则是一家分行的经理。我对许多银行工作，诸如：与存款客户的关系、借贷问题或行政管理等，皆能胜任。

今年 5 月，我将迁居至凤凰城，故极愿意能为你们的银行贡献一己之长。我将在 4 月初的那个礼拜到凤凰城去，如能有机会作进一步深谈，看是能否对你们银行的目标有所助益，不胜感谢。

芭芭拉·安德森谨上

你认为安德森太太会得到回音吗？最后 11 家银行均表示愿意面谈。所以，她还可以从中选择待遇较好的一家呢！为什么会这样呢？安德森太太并没有陈述自己需要什么，只是说明她可以对银行有什么帮助。她把焦点集中在银行的需要，而非自己。

卡耐基有一个避免争执的神奇句子："我不认为你有什么不对，如果换了我肯定也会这样想。"这句话能使最顽固的人改变态度，而且你说这句话时并不是言不由衷，因为人类的欲望和需求是大致相同的，如果真的换了你，你就会有他那样的想法和感觉，尽管你也许不会像他那样去做。

相信别人就等于相信自己

有位哈佛教授曾经说过："不相信别人，表面上看是对别人的猜疑，其实是对自己的一种不信任，至少是对自己信心不足。"有些人在日常生活中总是认为别人在背后议论自己，看不起自己；还有一些人因为自己有过上当受骗的经历，在被骗的过程中遭受了很大的精神损失和情感挫折，慢慢地就不敢再相信别人了。一个充满了自信心的人，对别人也会更加信任，当然也就不容易产生猜疑心理。而那些对环境、对他人、对自己缺乏信心的人，就会在人际交往中不自觉地抱着自我防卫心理，其实这是一种作茧自缚的思想。只有相信他人，才不会迷失自己，才能走出猜疑的迷阵，跨越生命中的坎坷。

一艘货轮在浩瀚的大西洋上行驶。一个在船尾搞勤杂的黑人小孩不慎掉进了波涛滚滚的大西洋。孩子大喊救命，求生的本能使孩子在冷冰的水里拼命地游，他用全身的力气挥动着瘦小的双臂，努力使头伸出水面，睁大眼睛盯着轮船远去的方向。

船越来越远，船身越来越小，到后来，什么都看不见了，只剩下一望无际的汪洋。孩子的力气也快用完了。"不，船长知道我掉进海里后，一定会来救我的！"想到这里，孩子鼓足勇气，用生命的最后力量又朝前游去……

船长终于发现那黑人孩子失踪了，当他断定孩子是掉进海里后，下令返航回去找。终于在那孩子就要沉下去的最后一刻，船长赶到了，救起了孩子。

当孩子苏醒过来之后，跪在地上感谢船长的救命之恩时，船长扶起孩子问："孩子，你怎么能坚持这么长时间？"孩子回答："我知道您会来救我的，一定会的！""怎么知道我一定会来救你的？""因为我知道您是那样的人！"

听到这里，白发苍苍的船长紧紧地抱住了这个孩子，他觉得这是自己做过的最正确的一件事情。

一个人不仅要相信自己，更要相信他人。在日常的人际交往中，要给予他人起码的信任。在面对问题的时候，除了冷静思考，还要多给别人一些信任，多给这个世界一些信任。在信任与理解中，每个人都会获得快乐。有的时候，信任的力量是无穷的。

德里斯·科尔曾说过："人们对服务机构的满意程度可以从他们的信赖度充分显示出来。"你和你信赖的人共事吗？他们是否同样也信任你呢？这两个问题的答案可以充分显示出工作环境的品质。爱德华兹·戴明说："要是没有信赖感，人与人之间或是团队与团队、部门与部门之间就没有合作的基石。""没有信赖的基础，每个人都会只试图保护自己眼前的利益；但是这么做却会对长期的利益造成损害，并且会对整个体系造成伤害。"

朋友间的相处，伤害往往是无心的，帮助却是真心的，不要因朋友偶尔的过失而失去对他的信任。相信朋友，就等于相信自己。你若能宽容相待，你的朋友必然会以最大的忠诚回报你。

只因偶尔的过错完全否定自己的朋友，以至于不再信任他了，这不仅是对朋友的背叛，也是对自己的背叛。你本人最清楚：这个朋友正是你自己寻觅到的。过错与过错是不一样的，有的过错不可原谅，有的过错可以原谅。对朋友偶尔犯下的过错，只要他承担了自己应负的责任，作为朋友理当予以原谅。

阿拉伯有个传说，有两个朋友在沙漠中旅行，在旅途中他们吵架了，一人还给了另外一人一记耳光。被打的那位觉得受辱，一言不语，在沙子上写下：今天我的好朋友打了我一巴掌。他们继续往前走。直到到了目的地，他们就决定停下。被打巴掌的那位差点淹死，幸好被朋友救起来了。被救起后，他拿了一把小剑在石头上刻下：今天我的好朋友救了我一命。

一旁好奇的朋友问道："为什么我打了你以后，你要写在沙子上，而我救了你，你现在要刻在石头上呢？"被救的人笑笑回答说："当被一个朋友伤害时，要写在易忘的地方，风会负责抹去它；相反，如果被帮助，我们要把它刻在心的深处，在那里任何风都不能磨灭它。"

或许，朋友对你的伤害是无意间造成的，朋友间有了裂痕就需要用宽容来弥合。信任是伸向失望的一双手，或许一个小小的动作能改变一个人的一生。不要因偶尔的过错就失去对朋友的信任，宽容你的朋友吧，说不定在你的身边会出现奇迹。

哈佛告诉我们：无论是与他人相处，还是与朋友相处，都要相信对方，因为相信对方就是相信你自己。

有效沟通，才能真正"知彼"

表达自己是谋求双赢之道不可缺少的，了解别人固然重要，但我们也有义务让自己被人了解。这就需要良好的沟通能力。人与人的交往需要沟通，良好的沟通能力在工作中是不可缺少的，一个高效能人士绝不会是一个性格孤僻的人，相反应当是一个能设身处地为别人着想、充分理解对方、不针锋相对地对待他人的人，这其中就蕴涵着沟通的艺术与技巧。

一个高情商人士通常都具备出色的沟通能力，因此，他必须是一个话题高手，善于谈论他人感兴趣的话题。

凡拜访过罗斯福的人，都很惊叹他知识的渊博。"无论是牧童、野骑者、纽约政客，或外交家"，布莱特福写道，"罗斯福都知道同他谈什么。"他是怎么做的呢？

答案极为简单。无论什么时候，罗斯福每接待一位来访者，他会在前一个晚上迟一点睡觉，以便阅读客人特别感兴趣的话题。因为罗斯福同所有的领袖一样，知道赢得人心的秘诀，那就是与他谈论他最感兴趣的事情。

所以，如果我们想在沟通中更好地影响他人，就应当养成谈论他人感兴趣的话题这个好习惯，这样才能真正"知彼"。

一个出色的沟通者还必然是一个主动的沟通者，相对于被动沟通者而言，前者更容易与他人建立并维持良好的人际关系，更容易在人际交往中获得成功。

沟通时要注意保持高度的注意力，因为没有人喜欢自己的谈话对象总是左顾右盼、心不在焉的。沟通中最佳的表达应该是信息充分而又无冗余的。最常见的例子就是，你一不小心踩了别人的脚，那么一声"对不起"就足以表达你的歉意，如果你还继续说："我实在不是有意的，别人挤了我一下，我又不知怎的就站不稳了……"这样啰唆反倒令人反感。

钓鱼的时候，必须放对鱼饵。成功的人际关系在于你能捕捉对方观点的能力，还有看一件事须兼顾你和对方的不同角度。天底下只有一种方法可以影响他人，那就是提出他们的需要，并让他们知道怎样去获得。

我们可以作这样的比喻：如果你不让你的孩子吸烟，你无须训斥他，只要告诉孩子，吸烟者不能参加棒球队，或者不能在百码竞赛中夺标就可以了。不管你要应付小孩，或是一头小牛、一只猿猴，这都是值得你注意的一件事。

有一次，爱默生和他儿子想使一头小牛进入牛棚，他们就犯了一般人常犯的错误，只想到自己所需要的，却没有顾虑到那头小牛的立场——爱默生推，他儿子拉。而那头小牛也跟他们一样，只坚持自己的想法，于是就挺起它的腿，强硬地拒绝离开那块草地。

这时，旁边的爱尔兰女佣人看到了这种情形，她虽然不会写文章，可是她颇知道牛马的感受和习性，她马上想到这头小牛所要的是什么。

女佣人把她的拇指放进小牛的嘴里，让小牛吸吮着她的拇指，然后再温和地引它进入牛棚。

从我们来到这个世界上的第一天开始，我们的每一个举动，每一个出发点，都是为了自己，都是为了我们的需要而做。

哈雷·欧佛斯托教授在他一部颇具影响力的书中谈道："行动是从人类的基本欲望中产生的……对于想要说服别人的人，最好的建议是无论是在商业上、家庭里、学校中、政治上，在别人心念中激起某种迫切的需要，如果能把这点做成功，那么整个世界都属于他的，再也不会碰钉子走上穷途末路了。"

拥有卓越情商的人，通常都是人际高手。他们能够轻松解决一些别人认为很棘手的问题，有时甚至是化解危机。沟通良好能够促进双方的理解，从而达成互相的信任，而不会沟通的人则会把事情越弄越糟。

人造奶油发明之初，尽管人造奶油业者确信无论品质、味道、营养价值，均可以取代天然奶油，而且广做宣传，鼓吹人造奶油的优点，可是，美国民众还是认为人造奶油的味道较天然奶油差而不愿意购买。

商家想出一个计策：他们邀请数十位家庭主妇参加午餐会。餐后，询问她们是否能够辨别天然奶油和人造奶油？90％以上的主妇，均极有信心地表示能够分辨，人造奶油较为油腻，吃起来似乎有股臭味，令人不敢领教。这时，支持实验的人员，分给每位妇女两块奶油，一黄一白，请她们品尝辨别。结果，95％以上的妇女，认为白色奶油味道鲜美、香醇，一定是天然奶油。至于黄色的奶油，色泽不佳，准是人造奶油！

事实却正好相反，白色的是人造奶油。主妇们基于传统的习惯，印象中好的奶油应该是洁白而稍带光泽，所谓味觉的分辨，也纯粹是心理作用，其实没有什么根据。在事实和切身体验之后，她们不得不放弃人造奶油不如天然奶油的成见。

很显然，上面事件的策划者是不可多见的高情商者，他们懂得他们的目标不是要"打倒"这些家庭主妇，也不是要靠激烈的辩论来赢取产品之利。他们的最终目标是通过以上的行为使他们之间产生信任的基础——理解，这是沟通的重要目的。

沟通有技巧，情商帮你忙

在现实生活中，人们常常根据一个人的讲话水平和风度来判别其学识、修养和能力。美国人早在 20 世纪 40 年代就把"口才、金钱、原子弹"看做是在世界上生存和发展的三大法宝。60 年代以后，又把"口才、金钱、电脑"看做是最有力量的三大法宝，"口才"一直独冠三大法宝之首，足见其作用和价值。

哈佛学者说，现代社会需要那种机敏灵活、能言善辩的活动分子。羞怯拘谨、笨嘴笨舌、老实的人，在现代社会无法成为出类拔萃的人才。有些人很有知识，就是因为缺乏"嘴巴上的功夫"，因而得不到人们的认可与赏识。沟通其实就是说话的学问，一个能言善辩的人能够把话说得滴水不漏，而不善言辞的人往往显得拙嘴笨舌。那么怎样沟通才有效果呢？

★让对方多开口

有一个年轻人，去向大哲学家苏格拉底请教演讲术。为了表示自己有好口才，他滔滔不绝对地讲了许多话。最后，苏格拉底要他缴纳双倍的学费。

那年轻人惊诧地问道："为什么要我加倍呢？"

苏格拉底说："因为我得教你两样功课，一是怎样闭嘴，另外才是怎样演讲。"

成功的人大多是社交专家，然而出色的社交专家并不是我们所认为的口若悬河。真正懂交往之道的都是运用语言的大师，他们深谙人们的心理，了解人人都有表现欲，于是让对方多开口成了一条金科玉律。著名的成功学大师卡耐基先生曾说："最出色的沟通艺术，是会听而不是会讲。"

一次在《纽约民众导报》的经济专栏中刊登了一大幅广告，宣传一家公司正在招聘一位有特别能力与经验的人。柯博斯应征了，面试以前他花费了许多时间在华尔街尽力打听所有关于招聘公司的资料。在面试的时候，他说："能同一个有像你们这样具有非凡经历的机构共事，我颇感自豪。我听说你们在28年前创业时，除一室、一桌、一速记员外，一无所有，这是真的吗?"

许多成功的人，都喜欢回忆自己早年的奋斗历程，面试官也不例外。最后，他简单地问了柯博斯的经历，然后对他的一位副手说："我想这就是我们正在寻找的人。"

事实上柯博斯或许并没有在对方面前表现出多么优秀的能力与经验，他做的事情很简单，就是让对方说话。我们在关注口才的重要性同时，首先要学会的并不是要我们会辩论，而是少说多听。

★从相同的观点说起

在与他人沟通的技巧中，"求同存异"是一个屡试不爽的佳法。

所谓"求同"，就是要求我们从相同的观点以及共同的兴趣（关注点）开始，这样利于双方谈话氛围的和谐；而"存异"则是要我们尽量先不提分歧很大的观点、事物，这些只会破坏我们的谈话氛围。

社会心理学研究表明，人们都乐于同与自己有相近之处的人交往、谈话。因为相似因素，既能有效地减少双方的恐惧和不安，解除戒备，又能发出可以共同接受的信息，能有相同、相似的理解，产生相同、相近的情绪体验，进而在感情上产生共鸣。

★对他感兴趣

人人都希望自己能受到别人的欢迎，但要做到这一点，并不是很容易的事情。如果只想在别人面前表现自己，使别人对你感兴趣的话，你将永远不会有许多诚挚的朋友。真正的朋友，并不是以这种方式来交往的。

已故的维也纳著名心理学家亚德勒在一本叫做《人生对你的意识》的书中说道："不对别人感兴趣的人，他一生中遇到的困难最多，对别人伤害也最大。所有人类的失败都出于这种人。"

事实上，每一个生命都是独一无二的，每一个生命都是一道独特的风景，只要你有足够的耐心，你会发现每一个人身上都有可爱的地方。你对别人感兴趣，换个角度看，就表明别人的价值和魅力在你这里得到了承认，这是每个人都渴望拥有的一种感觉。如果你能满足别人的这种渴望，你想不受欢迎都很难。

如果你要交朋友，就要以高兴和热诚的情绪去迎合别人。当你接电话时，声音要显出你很高兴他打电话给你。纽约电话公司在训练他们的接线员时，要求接线员的口气要显露出愉快的心情："您好，我很高兴为您服务。"如果你希望别人喜欢你,就要抓住其中的诀窍:了解对方的兴趣,针对他所喜欢的话题与他聊天。

★让对方说"是"

要想和别人建立合作关系,在与人交谈的时候必须记住至关重要的一点:不要从分歧开始,而要从双方都同意的地方开始。这么做首先能够让对方意识到你们的目标是一致的,不同的只是方法而已。谈话的开始阶段极为重要,如果你从一开始就使对方说"是",你将获得事半功倍的效果;反之,你将面临重重障碍。

一位心理学家说过,最难突破的心理障碍就是那个"不"字,当一个人说了"不",他的尊严就会要求他无论对错都要坚持到底。这种心理模式很容易理解,一个人在说了"不"之后,他的心理状态就会倾向于否定,他全身各组织器官——神经系统、内分泌系统、肌肉等全都呈现出抗拒的状态,如果你注意观察,你甚至能看到他的身体在收缩。如果对方一开始就说了"是",那么在后面的谈话过程中,他的心理状态就会倾向于肯定,他的身体也呈现出接受和开放的状态。

让对方说"是"往往比让他说"不"有利,强硬地批评或指责对方往往就是说"不"的诱因,为什么不换一种战术来让他接受你的建议呢?

任何一位高效的沟通者,都会在不知不觉中使用一些技巧来达到他们说话的目的,而让对方说"是"无疑是其中的一个好办法。它节约了双方大量的时间,而那些毫无意义的思考,往往带来的结果并不令人满意。因此,学会运用这一技巧很重要,同时也非常实用。

总之,一个具有较高情商的人,他的影响力往往可以得到充分的发挥和施展,从而取得更大的成功。在今天这个凡事都离不开分工合作的时代里,情商直接决定了一个人的沟通能力,情商高的人能够游刃有余地与自己的下级、同事、上级等周围的人沟通。

第二章　懂得倾听，做一个忠实的听众

我们只有一张嘴，却有两个耳朵

希腊哲人说："上天赋予我们一根舌头，却赐给我们两只耳朵，所以我们从别人那儿听到的话，可能是我们说出话的两倍。"这句话，就是告诉我们要多听少说，因为倾听是迈向沟通成功的出发点。

你是否想过这样一个问题：为什么人们愿意把内心最隐秘的事情和上帝分享？因为上帝从来不插话。上帝创造人的时候，为什么只有一张嘴，却有两个耳朵——那是为了让我们少说多听。

能说会道的人固然受欢迎，但善于倾听的人才真正深得人心。话多难免有言过其实之嫌，或者被人形容为夸夸其谈。静心倾听就没有这些弊病，倒有兼听则明的好处。用心听，给人的印象是谦虚好学，是专心稳重、诚实可靠。所以，有时候用双耳听比说更能赢得他人的认可和赞誉。

戴尔·卡耐基曾讲过这样一个故事：

有一次，他在纽约出版商格利伯的宴会上遇见一位著名植物学家。卡耐基从未同植物学家谈过话，但觉得他极有诱惑力。当时卡耐基坐在椅子上，静静倾听他讲大麻、大植物学家某某和室内花园等话题，他告诉卡耐基关于马铃薯开始被人类接受时的令人惊奇的故事；听说卡耐基有一个小型室内花园，他还非常热心地告诉卡耐基如何解决几个种植方面的问题。

在宴会上，当时还有十几位其他客人在那里，卡耐基忽略了其他所有人，而与这位植物学家谈了数小时之久。到了午夜，卡耐基向众人道别，植物学家这时转向主人，说卡耐基是一个"最富激励性的""最有趣味的谈话家"。

实际上，卡耐基几乎没有说什么话。但是他耐心地倾听，对人们来说，那是一种最高的尊重和恭维。

也许你想成为一个会说话的人，因为那看起来很潇洒。不过善于说话的人，需要学会掌握说话的分寸，照顾到别人的感受，最好还能引经据典、谈古论今，讲话时要充满感情，像戏剧一样有起承转合……总之，要成为一个会说话的人实在不是一件容易的事情。不过成为会倾听的人就容易多了，你只需要投入到对话当中，认真倾听，偶尔评论，不要岔开话题，及时点头微笑，就能算得上一个好听众了。上帝一句话不讲，都能成为最好的听众，你还担心什么呢？

多年前，有一个荷兰移民的孩子，充任西联的僮役，他读了许多名人的传记，写信请求他们提供关于他们童年时代的补充材料。他是一个善于倾听的人，他鼓励名人谈论他们自己。他写信给那时正在竞选总统的加菲大将，问他是否确实做过拉船童子，请加菲复信给他；他写信给格莱德将军，询问某一战役的情况。格莱德为他画了一张地图并邀请这个孩子吃晚饭，并且和他谈了一整夜……

他就是马可，马可大概是世上最著名的名人访问者。他说许多人不能使人对他们产生好印象，因为他们不注意倾听。"他们极关心他们自己要说什么，他们不打开耳朵……大人物们曾告诉我，他们更喜欢善于倾听者。但能倾听的能力，好像比任何别种好性格都少见。"其实不只大人物，就连平常人也一样，都喜欢与倾听者交朋友。

马可之所以可以打动那么多的名人，主要是因为他善于倾听。倾听能让对方感受到信任和尊重，倾听是解决矛盾和冲突的最好办法。学会倾听是一种技巧，也是一种艺术。倾听将会使我们取人之长，补己之短，同时防止别人的缺点和错误在自己身上出现。学会倾听，会使你变成一个备受欢迎的人。

也许，你会认为人际场上能说会道的人最受欢迎，其实，善于倾听的人才是真正会讨人欢心的人。会说的，有锋芒毕露的时候，也常有言过其实之嫌，话说多了，可能变成了夸夸其谈，油嘴滑舌，说过分了还导致言多必有失，祸从口出。而仔细听能减少不成熟的评论，避免不必要的误解。善于倾听的人常常会有意想不到的收获。

在美国，曾有科学家对同一批受过训练的保险推销员进行过研究。因为这批推销员虽受同样培训，业绩差异却很大。科学家取其中业绩最好的10%和最差的10%作对照，研究他们每次推销时自己开口讲多长时间的话。研究结果很有意思：业绩最差的那一部分，每次推销时说的话累计为30分钟；业绩最好的10%，每次说话时间累计只有12分钟。

大家想，为什么只说12分钟的推销员业绩反而好呢？

很显然，他说得少，自然听得多。听得多，对顾客的各种情况自然了解很多，自然会采取相应措施去解决问题，结果业绩自然优秀。

成功学大师卡耐基也提醒人们，在交流的时候最好留80%的时间给对方，自己耐心倾听，而剩下的 20％的时间，用来提醒或者启发对方说下去。这就是著名"80/20 对话法则"。

如何去做一个良好的听众呢？

★要真诚，用眼睛注视对方，等于告诉他"我很有兴趣"，对方的自尊心将得到极大满足。

★应当力戒注意力不集中，对对方发言的内容不感兴趣，自己抢着发言，不给对方充分发表意见的机会和时间，或是多次打断对方的发言等。所以倾听对方发言时，要积极、主动、耐心。即使对方的发言冗长，甚至说出了让自己不爱听的话，也不要不礼貌地指责对方，打断对方的发言。

★对对方发言的反馈要及时，谨慎选择时机、方式，还应鼓励对方充分发表自己的意见、看法。

正如查尔斯·洛桑所说的："要令人觉得有趣，就要对别人感兴趣——问别人喜欢回答的问题，鼓励他谈谈自己和他的成就。"请记住：跟你谈话的人对他自己、他的需求和他的问题，比他对你和你的需求、问题，更感兴趣千百倍。因此，如果想让别人喜欢你，请记住：做一个好的听众。

"倾听"是心灵的守护者

正如《读者文摘》有一篇文章中所说的："许多人请心理医生，他们所要的，不过是一个倾听者。"那些有名的心理医生知道，倾听是他们最大的治疗，而且能直达人心灵。

美国在南北战争时曾经陷入一个困难的境地，当时身为美国总统的林肯，有来自多方面的压力。他把他的一位老朋友请到白宫，让他倾听自己的问题。

林肯和这位老朋友谈了好几个小时。他谈到了发表一篇解放黑奴宣言是否可行的问题。林肯一一检讨了这一宣言的可行和不可行的理由，然后把一些信和报纸上的文章念出来。有些人怪他不解放黑奴，有些人则因为怕他解放黑奴而谩骂他。在谈了数小时后，林肯跟这位老朋友握握手，甚至没问他的看法，就把他送走了。

这位朋友后来回忆说：当时林肯一个人说个不停，这似乎使他的心境清晰起来。他在说过这些话后，似乎觉得心情舒畅多了。当时遇到巨大麻烦的林肯，不是需要别人给他忠告，而只是需要一位友善的、具同情心的听者，以便减缓心理上的巨大压力，解脱思想上的极度苦闷。

心理学家已经证实：倾听可以帮助减除他人的压力，帮助他人清理思绪，而且还可以净化心灵。倾听对方的任何一种意见或议论就是尊重，以同情和理解的心情倾听别人的谈话，不仅是维系人际关系，保持友谊的最有效的方法，更是解决冲突、矛盾和处理抱怨的最好方法。根据人性的特点，人们往往对自己的事更感兴趣，对自己的问题更关注，更喜欢自我表现。

哈佛学者说，一旦有人专心倾听谈论自己时，就会感受自己被重视，就会体会自己的心灵，感受自己的感受。倾听他人的声音，就能真实地了解他人，增加沟通的效果。一个不懂得倾听的人，通常也是一个不尊重别人观点和立场、缺乏协作性的人。这种人无可避免地会造成他人的反感。

连平是罗宾见到的最受欢迎的人士之一。一天晚上，罗宾碰巧到一个朋友家参加一次小型社交活动。他发现连平和一个漂亮女孩坐在一个角落里。出于好奇，罗宾远远地看了一段时间。罗宾发现那个女孩一直在说，而连平好像一句话也没说。他只是有时笑一笑，点一点头，仅此而已。几小时后，他们起身，谢过男女主人，走了。

第二天，罗宾见到连平时禁不住问道："昨天晚上我在斯旺森家看见你和最迷人的女孩在一起。她好像完全被你吸引住了。你是怎么做到的？""很简单。"连平说，"斯旺森太太把苏珊介绍给我，我只对她说：'你的皮肤晒得真漂亮，在冬季也这么漂亮，是怎么做的？你去哪儿了？阿卡普尔科还是夏威夷？''夏威夷。'她说，'夏威夷永远都风景如画。''你能把一切都告诉我吗？'我说。'当然。'她回答。我们就找了个安静的角落，接下去的两个小时她一直在谈夏威夷。今天早晨苏珊打电话给我，说她很喜欢我陪她。她说很想再见到我，因为我是最有意思的谈伴。但说实话，我整个晚上没说几句话。"

很简单，连平只是让苏珊谈自己。他对每个人都这样——对他人说："请告诉我这一切。"这足以让一般人激动好几个小时。人们喜欢连平就因为他注意他们。

人往往会对那些对自己感兴趣的人产生兴趣，能不厌其烦地听别人倾诉，这在他们看来是对自己极大的尊重，而且直达对方的心灵，从而使双方感情更深一步。所以，人们更愿意和那些尊重自己、能进入自己心灵的人打交道。而那些受欢迎的人无疑是高情商的人。相反，那些只知道谈论自己的人会让人觉得，他们只在乎自己的感受而不在乎别人的感受，这种人一般都是低情商的表现。所以，人们与之交往过一次之后，就不会有继续交往的欲望。

拥有私人银行桑德斯·卡普公司的银行家汤姆·桑德斯说："关键在于先

了解对方，他的价值观以及他对投资的看法，再决定你是否能诚实地说出我们的投资方式是正确并对其有利。"要想成为积极有效的聆听者，首先，必须体会聆听的重要性；其次，必须有聆听的意愿；最后，你必须经常练习聆听这种全新的能力。

反之，如果你要知道如何使别人躲开你，在背后取笑你，甚至轻视你，这里也有一个方法：绝不要听人家讲上三句话，要不断地谈论你自己。如果你知道别人所说的是什么，不要等他说完。这样不仅不能进入对方的心灵，更让对方感到厌烦，甚至不想与你交往下去。

善于倾听的人是智者

有效的聆听才能够保证有效的沟通，这是高效能人士、高情商人士的普遍共识。

卡耐基曾说："如果你希望成为一个善于谈话的人，那就先做一个注意倾听的人，这才是智者。"这一点，从他本人的经历中也能够得到印证。

有一次，卡耐基应邀参加一场纸牌会。卡耐基不会打纸牌，另有一位美丽的女子也不会打。他们便正好坐下来聊聊天。她知道他在汤姆斯从事无线电事业之前，曾一度做过一位主持人的私人经理，当时卡耐基曾到欧洲各地去旅行，帮助这位主持人预备她要播发的讲解旅行的资料，所以她说："啊，卡耐基先生，我想请你告诉我所有你到过的名胜及所见过的奇景。"

当他们在沙发上坐下的时候，她提到她同她的丈夫最近刚从非洲旅行回来。"非洲！"卡耐基说，"多么有趣！我总想去看看非洲，但除在爱尔裘士停过24小时外，其他地方还没到过。告诉我，你曾游历过遍布野兽的乡间，是吗？多么幸运！我羡慕你！告诉我关于非洲的情形吧。"

那次谈话谈了一个小时。她不再问卡耐基到过什么地方，看见过什么东西了。她不要听卡耐基谈论他的旅行，她所需要的只是一个专注的静听者，以使她能畅快地讲述她所到过的地方。

最佳谈话者？其实要做的只不过是专注地聆听别人的谈论，并不时地称赞几句而已。

卡耐基是一个很善于倾听的人，这对他成功说服别人，建立良好的人际关系起了很大作用。他总是彬彬有礼地倾听，时而以亲切的微笑对说者予以鼓励，还不时地附和着表示赞同的话。这一切，都使说者感到了莫大的满足。

所以，用心聆听不仅能够产生比较好的沟通效果，而且还是感情投资的关键，因为只有对方认同，你的投资才有意义，否则就算你费尽心机，对方也不能认同你在情感账户中的储蓄。有效沟通始于真正的聆听。擅长聆听的人其实少之又少，但成功的领导人却都是那些真正懂得聆听价值的人。

善于倾听的人收获总是比他人多，除了获取他人的好感外，更重要的一点是可从他人的言语中获得重要的信息。一个人在讲述自己的故事时，总会难免加一点个人感情，这就为我们了解他人提供了一种便捷的方式。

拿破仑·彭纳派德是拿破仑的侄子，他与美女郁金妮·德伯女伯爵相爱并成婚。他的顾问们认为，她不过是一位不重要的西班牙伯爵的女儿。但拿破仑反驳说："那又怎么样？"

他们婚姻生活没过多久，那炽热的爱火就熄灭了，直至化为灰烬。拿破仑可以使郁金妮成为皇后，他可以倾尽美丽法国的所有，或献出他爱情的全部力量，甚至他皇位的势力，但他无法做到一点：使她停止喋喋不休。

出于嫉妒和多疑，郁金妮轻慢他的命令，甚至不许他有任何隐私。正当他从事国政的进修时，她闯入他的办公室，阻挠他最重要的讨论。她常常到她姐姐家抱怨她的丈夫。她拒绝他独处，永远怕他与别的妇人交往。抱怨、哭泣、喋喋不休，甚至恫吓，并强行进入他的书房，向他发怒、谩骂。拿破仑，这个法国的皇帝，纵然有许多富丽堂皇的宫殿，但却不能找到一个小橱，以让自己在那里定一下自己的心。

郁金妮与拿破仑的婚姻失败归于沟通的失败，可怜的是郁金妮并不知晓闭嘴的功效。沉默地聆听总是比不断地讲话更受人欢迎。

有一个心理学家说："如果你想成为一个善于谈话的人，那就先做一个注意静听的人。"

一次成功的商业会谈的秘诀是什么？注重实际的学者以利亚说："关于成功的商业交往，没有什么决窍——把注意力集中到讲话的人身上。没有别的东西会如此使人开心。"其中的道理很明显，你无须在哈佛读上 4 年书才发觉这一点。但我们也知道，有的商人租用豪华的店面，陈设动人橱窗，为广告花费千百元钱，最后却雇用一些不会静听他人讲话的店员，中止顾客谈话、反驳他们、激怒他们，甚至要将客人驱出店门。这种人就不是智者。

纽约电话公司数年前应付过一个曾咒骂接线生的最险恶的顾客。他咒骂、他发狂、他恐吓要拆毁电话，他拒绝支付他认为不合理的费用，他写信给报社，还向公众服务委员会屡屡提出申诉，并使电话公司引起数起诉讼。

最后，公司一位最有技巧的调解员被派去拜访这位暴戾的顾客。这位调解员耐心倾听，使这位好争论的老先生发泄他的大篇牢骚，他表示十分同情他的"遭遇"。

"他继续狂吠，我倾听了差不多 3 个小时，"这位调解员在叙述他的经验时说，"以后我再到他那里，再听他发牢骚，我拜访过他 4 次，在第四次拜访结束前，我成为他正在创办的一个组织的会员，他称之为'电话用户权益保障委员会'。我现在仍是这一组织的会员，但据我所知，除了老先生以外，我是唯一的会员了。

"在这几次拜访中，我倾听，并且同情他列举的任何一点。他从未与电话公司的人作过那样的谈话，他几乎变为友善了。我要了解他的意图，第一次访问时，没有提到，第二、第三次也没有提到，但在第四次，我结束了这个案件！他付清了所有欠账，在他与电话公司交涉的过程中，他第一次撤销了他对公众服务委员会的投诉。"

无疑，此先生自认为公理而战，保护公众的权利，使他们不受电话公司的无情剥削，但实际上他要的是自重感。他依靠挑剔、抱怨，以得到这种自重感，但当他从公司代表身上得到自重感时，他的不切实际的怒气立即消失了。那么高情商的智者就是那个善于倾听的调解员。

倾听不能盲目地听

卡耐基说："最重要的是聆听，在你开口告诉别人你有多棒之前，你一定要先聆听。然后你才能开始认识别人，与别人交谈，千万别有高人一等的心态。多跟别人交谈，用心倾听，不要太快下决定。"

简单地说，世界上任何人都喜欢有人听他说话，只有对于听他说话的人，他才会有反应。聆听也是尊重的一种最佳表示，表示我们看重他们。我们等于是在说："你的想法、行为与信念对我都很重要。"

倾听他人说话是对他人的尊重，同时更能抓住对方话中的有用信息。切莫随意打断他人的谈话，以免断章取义。

一天，美国知名主持人林克莱特访问一名小孩："你长大后想要当什么？"小孩天真地回答："嗯……我要当飞机的驾驶员！"林克莱特接着问："如果有一天，你的飞机飞到太平洋上空时所有引擎都熄火了，你会怎么办？"小孩想了想："我会先告诉坐在飞机上的人绑好安全带，然后我挂上我的降落伞跳出去。"

当现场的观众笑得东倒西歪时，林克莱特继续注视着这孩子，想看他是不是自作聪明的家伙。没想到，孩子的两行热泪竟夺眶而出，这使林克莱特发觉孩子的悲悯之情远非笔墨所能形容。于是林克莱特问他："为什么要这么做？"小孩的答案透露出他真挚的想法："我要去拿燃料，我还要回来！"

如果我们没有仔细倾听，就可能抹杀孩子的天真，扭曲他善良的用意。懂得倾听的人，不仅会在生活中受益，在工作中也会有意想不到的收获。高情商者还会在倾听中加上动作，让倾听展现出更好的效果。

有人做过这样一个实验，来证明听者的态度对说者有着极大的影响。让学生表现出一副心不在焉的样子，结果上课的教授照本宣科，不看学生、无强调、无手势；让学生积极投入——倾听，并且开始使用一些身体语言，比如适当的身体动作和眼睛的接触。结果教授的声调开始出现变化，并加入了必要的手势，课堂气氛也生动起来。

由此看出，当学生表现出一副心不在焉的样子，教授因得不到必要的反应而变得满不在乎起来。当学生改变态度，用心去倾听时，其实是从一个侧面告诉教授：你的课讲得好，我们愿意听。这就是无声的赞美，并且起到了积极的效果。

从上面的例子也可以看出，倾听时加入必要的身体语言，是非常有必要的。行动胜于语言。身体的每一部分都可以显示出激情、赞美的信息，可增强、减弱或躲避、拒绝信息的传递。

精于倾听的人，是不会做一部没有生气的录音机的，他会以一种积极投入的状态，向说话者传递"你的话我很喜欢听"的信息。录音机是没有眼睛的，俗语说，"眼睛是心灵的窗口"。适当的眼神交流可以增强听的效果。这种眼神是专注的，而不是游移不定的；是真诚的，而不是虚伪的。发自灵魂深处的眼神是动人心魄的。

录音机做不了小动作，而倾听者则必须做一些小动作。身体向对方稍微前倾，表示你对说者的尊敬；正向对方而坐，表明"我们是平等的"，这可使职位低者感到亲切，使职位高者感到轻松；自然坐立，手脚不要交叉，否则让对方认为你傲慢无礼；倾听时和说话人保持一定的距离，恰当的距离给人以安全感，使说话者觉得自然；动作跟进要合适，太多或太少的动作都会让说者分心，让他认为你厌烦了。正确的动作应该跟说话者保持同步，这样，说话者一定会把你当做"知心爱人"。

倾听，不仅要倾听别人的声音，还要倾听平时少为人听或不为人听的声音，因为那里面也许藏有珍宝。学会倾听，发掘生活中的小秘密，这就是许多人走向成功的秘诀。

一个农场主在巡视谷仓时不慎将一只名贵的金表遗失在谷仓里，他找了好久也没有找到，便回家要自己的几个儿子都出来找。

儿子们听说父亲的金表丢了，于是立刻来到谷仓，他们一直忙到太阳下山，仍然没有找到金表，最后他们一个个都放弃了，陆续离开。

这时，只有农场主的小儿子在众人离开之后仍不死心，又回来继续努力寻找。他已经整整一天没有吃饭了，希望在天黑之前能找到金表。因为父亲平时最宠爱的就是他，但总是把他看成小孩子，其实他已经 14 岁，是小大人了，他要证明自己。

天越来越黑，整个谷仓寂静无声，安静得有些让人害怕，可小儿子仍然坚持在谷仓内继续寻找。突然，他隐约听见谷仓内似乎有一个奇特的声音"滴嗒"响个不停。小儿子顿时屏住呼吸，此时的谷仓更加安静，那声响清晰可闻。没错，那就是父亲丢失的金表走动的声音！小儿子寻声找到了金表，最终得到父亲的赞扬和肯定。

生活的法则其实并不是那么烦琐，而之所以掌握它的人很少，是因为多数人认为这些法则太简单，没有动手去做。生活的小秘密犹如谷仓内的金表，早已存在于我们身边，散布于人生的每个角落，只要执著去寻找，并且仔细倾听平时不为人听的声音，就能洞察其中的玄机，成为生活的主人。

倾听是对别人的尊重和关注，它在日常的人际交往中具有非常重要的作用。懂得倾听的人，往往表现出大度与接纳，更容易受到倾诉者的欢迎。

那么，如何才能学会倾听呢？

★倾听时要有良好的精神状态

良好的精神状态是倾听的重要前提，如果倾听的一方萎靡不振，就不会取得良好的倾听效果，它只能使沟通质量大打折扣。良好的精神状态要求倾听者集中精力，随时提醒自己交谈到底要解决什么问题。

★及时用动作和表情给予呼应

作为一种信息反馈，沟通者可以使用各种对方能理解的动作与表情，表示自己的理解，传达自己的感情以及对于谈话的兴趣。

★适时适度地提出问题

沟通的目的是为了获得信息，是为了知道彼此在想什么，要做什么。因此，适时适度地提出问题是一种倾听的方法，它能够给述说者以鼓励，有助于双方的相互沟通。

★要有耐心，切忌随便打断别人的话

有些人话很多，或者语言表达有些零散甚至混乱，这时就要耐心地听完他的叙述。即使听到你不能接受的观点或者某些伤害感情的话，也要耐心听完，听完后才可以表达你的不同观点。

★必要的沉默

沉默是人际交往中的一种手段，它看似一种状态，实际蕴涵着丰富的信息。它就像乐谱上的休止符，运用得当，则含义无穷，可以达到"无声胜有声"的效果。但沉默一定要运用得体，不可不分场合，故作高深而滥用沉默。而且，沉默一定要与语言相辅相成，才能获得最佳效果。

总之，只有学会倾听，你才能拥有和谐的人际关系。倾听是一种动听的语言，倾听是我们对别人最好的一种恭维，很少有人拒绝接受专心倾听所包含的赞许。

倾听不同声音

在交往中，每个人都希望别人能听自己的话，这是人的一种心理需求。如果一个人在交际中总是以自己为中心，滔滔不绝地谈论自己，就会让人感到乏味和厌倦。

有一个哈佛教授说："与人交谈，犹如弹弦一般，当别人感到乏味时，便要把弦按住，使它停止振动、发声。"当你忍不住要夸夸其谈的时候，请多想想这样会带来的恶果吧！

玫琳凯在《玫琳凯谈人的管理》一书中，对倾听产生的影响作了如此说明："我认为不能听取别人的意见，是自己最大的疏忽。"玫琳凯经营的企业能够迅速发展壮大，其成功秘诀之一是她相当重视每个人的价值，而且很清楚员工除了需要金钱、地位外，还需要一个真正能倾听他们意见的知心人。因此，她严格要求自己，并且让所有的下属铭记这条金科玉律：倾听，是最优先的事，绝对不可轻视倾听的作用。

在近海的新泽西，乌顿先生在一家百货商店买了一套衣服。可后来这套衣服却很是令人失望：上衣褪色，把他的衬衫领子都弄黑了。

后来，他将这套衣服带回该店，找到卖给他衣服的店员，告诉他事情的情形。他想诉说此事的经过，但被店员打断了。"我们已经卖出了数千套这种衣服，"这位售货员反驳说，"你还是第一个来挑剔的人。"

正在激烈辩论的时候，另外一个售货员加入了。"所有黑色衣服起初都会褪一点颜色，"他说，"那是没有办法的，这种价钱的衣服就是如此，那是颜料的关系。"

"这时我简直气得起火，"乌顿先生讲述他的经历说，"第一个售货员怀疑我的诚实，第二个暗示我买了一件便宜货。我恼怒起来，正要骂他们，突然间经理踱了过来，他懂得他的职责。正是他使我的态度完全改变了。他将一个恼怒的人，变成了一位满意的顾客。他是如何做的？他采取了3个步骤：

"第一，他静听我从头至尾讲事情的经过，不说一个字。

"第二，当我说完的时候，售货员们又开始要插话发表他们的意见，他站在我的观点与他们辩论。他不但指出我的领子是明显地被衣服所污染，并且坚持说，不能使人满意的东西，就不应由店里出售。

"第三，他承认他不知道毛病的原因，并率直地对我说：'你要我如何处理这套衣服呢？你说什么，我都可照办。'

"他建议我将这套衣服再试一个星期。'如果到那时仍不满意，'他应许说，'请您拿来换一套满意的。使你这样不方便，我们非常抱歉。'

"我满意地走出了这家商店。一星期后这衣服没有什么大毛病。我对于那家商店的信任也就完全恢复了。"

始终挑剔的人，甚至最激烈的批评者，常会在一个懂得忍耐、同情的静听者面前软化降服，这位倾听者即使在气愤的寻衅者像一条大毒蛇张开嘴巴吐出毒物的时候也要静听。那个经理倾听客户的不满声音，在倾听中表示对客户的尊重，所以化解了一场纠纷。

丽塔是纽约劳动保障部门人缘最好的人。但过去的情形不是这样的，她刚来的那几个月里，连一个朋友都没有。因为她话说得太多，她总是不厌其烦地讲自己的旅行经历、工作成绩、性格特长等。

"我干得不错，并且为此自豪。"丽塔在卡耐基的课上说，"可是我的同事对我很冷淡。我希望他们都喜欢我、成为我的朋友。在听了卡耐基先生的一些建议后，我很少再谈自己，我以最大的耐心听同事说话。他们也需要把自己的成就告诉我。现在，我和他们在一起聊天的时候，我就让他们把他们生活中遇到的有趣的事告诉我，我学会了分享他们的快乐。至于我自己，只有在他们问我的时候我才说一说。"

也许你很愿意谈自己，但别人也是这样，因此你老是谈自己别人就会不耐烦。其实仔细想一想，自己也没什么好谈的，因为你说得再多也不可能使自己变得更理想，反而给人留下夸夸其谈的印象。如果你要赢得别人的喜爱，不妨鼓励对方多谈谈他自己，倾听对方的声音，这样的交往方式才属于高情商者的方式。

辛格曼·弗洛伊德要算是近代最伟大的倾听大师了。一位曾遇到过弗洛伊德的人，描述着他倾听别人时的态度："那简直太令我震惊了，我永远都不会忘记他。他的那种特质，我从没有在别人身上看到过，我也从没有见过这么专注的人，他有这么敏锐的灵魂洞察和凝视事情的能力。他的眼光是那么谦逊和温和，他的声音低沉，姿势很少。但是他对我的那份专注，他表现出的喜欢我说话的态度——即使我说得不好，还是一样，这些真的是非比寻常。你可以想想别人像这样听你说话所代表的意义是什么。"静听他人的声音，并通过这种静听打开生活的玄机，既是对人世的通明，也是对人生的洞彻。在说话之前学会倾听别人的意见，能让你更加受欢迎。

有一位美国管理学专家说过，高效经理人的秘诀之一，就是先倾听别人的意见。这一方面体现了对别人的尊重。作为下属，如果他的老板能够专心倾听他说话，他会感到幸福；作为合作伙伴，如果对方给他首先说话的机会，他会马上对其产生好感。另一方面，只有听了别人的意见，才能够知道对方心里想的是什么，也就能相应地作出反应，有利于决策的优化。而如果不愿意倾听别人的话，则会让人非常不快，弄不好还会闹出冲突来。

艾萨克·马科森大概是世界上采访著名人物最多的人之一。他说，许多人没有能给别人留下好印象，是由于他们不了解别人的意见，只是自顾自地发表意见。"他们如此津津有味地讲着，却完全不听别人对他讲些什么。许多知名人士对我讲，他们重视首先听别人意见的人，而不重视只管自己说的人。然而，看来人们听的能力弱于说的能力。"

第三章　破解对方的身体语言

身体语言之表情语言

在人类的心理活动中，表情最能反映情绪的变化。表情是反映一个人态度、情绪和动机等心理因素的基本线索和外在表现形式，通过对一个人面部表情的观察和分析，可以了解其内心的欲望、意图和状态，借此即可形成对他的认知。而能掌握这一技术的人往往就是高情商的人。

看过川剧的变脸戏法，就知道原来脸上的装饰可以通过一些小技巧来改变，从而让一张脸变得生动丰富起来。而生活中，人们的表情，实际上也可以在几秒钟之内变换，原本明显的情绪，经过细心的遮掩，变得更细微。不过，再复杂的表情，也逃不过善于观察的眼睛，只要我们多留意，一样能捕捉到表情后真实的含义。

人类具有丰富的面部表情，它是反映人们身心状态的一种客观指标，例如"喜气洋洋""气势汹汹""愁眉苦脸""眉开眼笑"等都是表示人们喜怒哀乐的表情。可以说，人的面部是人体语言的"稠密区"。曾有学者估计，人脸可以做出25万多种不同的表情，这一估计似乎太过惊人，但一般心理学家都认为，人的面部表情变化会在2万种以上。

狄德罗曾说："一个人，他心灵的每一个活动都表现在他的脸上，刻画得非常清晰和明显。"这句话提示了人类表情的重要性。因为现实中，语言的表达远不及人们的表情丰富和深刻。

作家托尔斯泰曾经描写过85种不同的眼神和97种不同的笑容。可以说，人类的面部是最富表现力的部位，它能表达复杂的多种信息，如愉快、冷漠、惊奇、诱惑、恐惧、愤怒、悲伤、厌恶、轻蔑、迷惑不解、刚毅、果断等。而面部表情也能传播比其他媒介更准确的情感信息。

哈佛学者说：表情能够清晰、直接地表达人们的内心想法。所以，仔细观察一个人的表情，我们就可以探听出他的心理活动。

有一位哈佛心理学教授说：在几乎所有的生物中，人类的表情是最丰富，也是最复杂的，一个人的表情可以流露出其在当时的情绪变化状况。在高明的观察者看来，每个人的脸上都挂着一张反映自己生理和精神状况的"海报"。

那么我们如何从一个人的表情来判断其当时的情绪变化呢？如下这些"脸语"是比较容易读懂的：

★蹙眉皱额表示关怀、专注、不满、愤怒或受到挫折等情绪；

★双眉上扬、双目张大，可能是表现惊奇、惊讶的神情；

★皱鼻，一般表示不高兴、遇到麻烦、不满等；

★嘴角拉向后方，面颊往上抬，眉毛平舒，眼睛变小等则是愉快的表现；

★嘴角下垂，面颊往下拉，变得细长，眉毛深锁，皱成"倒八"字等是不愉快的情绪表现。

面对如此丰富的表情，要去辨别该从何着手？

★表情变化的时间

观察表情变化时间的长短是一种辨别情绪的方法。每个表情都有起始时间、表情停顿的时间和消逝时间。通常，表情的起始时间和消逝时间难以找到固定的标准，要判断一个人的情绪真假，需要人们不断地进行细微的观察，这样才能准确地掌握表情变化的时间。

★变化的面部颜色

通常，人的面部颜色会随着内心的转变而变化，这样，表情就有不同的意义了。因为面部的肤色变化是由自主神经系统造成的，是难以控制和掩饰的。在生活中，面部颜色变化常见是变红或者变白。

一般情况下，人们在害羞、羞愧或尴尬等情形时，脸色会变红；在感到极度愤怒时，面颊则瞬时转为通红。面色发白可能是人们承受了巨大的痛苦和压力，或者感到非常惊骇、恐惧等。

身体语言之手语

手在不同的放置情况下有着不同的含义，成为各式各样的姿势。它们的存在就像人类其他行为一样平常，可其真实的内涵却并不寻常。

科学家们发现，人的手上有 27 块小骨头。这些骨头通过一个网络状的韧带结构相互连接，依靠肌肉的拉伸来完成关节的各种活动。基于生理上的协调活动，人类的双手与大脑之间的神经关联十分紧密，所以每个手指上的细微动作，都将精确地反映出每个人的内心活动。对于很多潜意识，当你还没有觉察到时，已经传导到手部，让你的手指动了起来。

所以，身体语言学家指出，人们身上的每一个手指都具有自己的语言。

哈佛专家说：手不但有情绪，而且情绪还很多，手除了能让人们灵活地抓举东西之外，也同样细腻地刻画了人们的情绪。

★隐藏的双手

如果在说话的时候，某人不自主地将双手藏起来，那就说明他心有隐藏，在隐瞒一些谈论中关键的信息。一些对自己很重要的事情，将随着双手的隐藏姿势而被隐瞒起来。

★烦躁的双手

双手不停地摆弄东西，或者手指不停地动，指甲断裂等这些情形都说明了行动者的烦躁，心理有较大的压力。尽管很多时候，言语中也会表现出这样的骚动，但人们无意识的动作，会将其表现得更明显。有些时候，这些举动也意味着涌动的愤怒。

★诚实的双手

当某人在表达自己的意见时很坦诚，那么，他的双手通常是手心向外摊开的。这说明了此人对谈话的坦诚和对他人的真挚，是接受别人意见的手势。不过，常使用这种动作的人也非常容易受外界的影响。

据分析，手部动作的暗示对增加自信十分有效果。人们在说话时利用不同的手势，以给人这样的感觉：说话者是一个充满精力的人，是一个十分自信的人。

实际上，手部动作在给人以深刻的印象时，还会通过肯定的语气来对说话者产生一种暗示的作用，最终真的为说话者增强了信心。那么你的手，该放在哪里呢？

一个人应当具备这样的常识，就是清楚怎样的手部动作会引起他人的误解，而怎样的手部动作能带给他人良好的印象。

★造成不良印象的手部动作

——手全部插入口袋当中

此类人具有隐藏心思，或者暗中盘算策划的倾向。这种动作在听人讲话的时候是一种非常不礼貌的举动，会让对方产生不被信任，不被接受的感觉。

——手放在臀部站立

此类人多为性子较急的人，他们希望事情能迅速解决，不要拖延，给人以浮躁，不踏实的感觉。

——双手的关节掰得嘎嘎作响

此类人展现给别人的印象是，脾气暴躁、易怒，做事容易紧张，坐立不安，心理承受能力不强。同时，他们的自我表现欲很强烈。这类人通常心直口快、古道热肠，较好打交道。

——手指不停地动弹

这动作表明行为者正处于紧张的状态，不知所措，因此利用不停动弹的手部动作来缓解内心的紧张。

★带来较好印象的手部动作

——谈话时，将右手放在身前，做空中轻握动作

这种动作是指利用拇指尖和其他手指的指尖碰在一起，形成一个完整的动作。它多为演说家所采用，用来反映说话者的思维逻辑清晰、重点突出。

——谈话时，在空中做展开双手的动作

做这类动作手指并拢，手掌在空中微微上翘，全部摊开。当其掌心向上，朝着胸部的时候，反映出说话者有一种想接纳某种思想，囊括各种观点，或者暗示性地将他人拉近自己的意图。掌心向下，则有头脑冷静，克制自己情绪的意思。

每个人的手都有很多不同之处，每只手都蕴涵着不同的意义，下面就让我们看一下吧！

★修长、柔软的手

双手天然的修长、柔软，是最有魅力的。它代表主人高贵的气质。拥有这样一双手的人，多会对家庭和事业都有较大的投入。他们对待工作热情有余，毅力不足，因热衷于追求成功，却往往承受不了失败的打击。

★肥胖之手

胖乎乎的手常给人以可爱、诚实、信赖的感觉。手的主人也会给他人留下踏实、可靠的印象。不过，实际上这类人性情相对比较保守，他们多数表现出对传统的热爱，喜欢听古典音乐和早期的爵士乐。对热门劲歌则兴趣缺乏。为了保持内心和生活的宁静，他们通常拒绝接受流行的东西，嗜好也不多。

★玉器般的手

"美人如玉"的比喻是让众人都心动的，当你握着一双拥有玉器般质地的手时，定然会被它所折服。拥有这样一双手的人，通常具有极好的审美天分。她们拥有的衣物和首饰精而不多，且对搭配有着天生的直觉。追求完美的个性，让她们不会随便追求别人或接受别人追求。只有在双方内在外在都非常契合的情况下，才会考虑发展彼此的关系。

身体语言之眼神

人们常说"眼睛是心灵的窗户"，在面部表情中眼睛是重要的认知线索，人的各种感情都会从眼神的微妙变化中反映出来。我们通常所说的眼睛变化实际上是指瞳孔的变化，即瞳孔的扩大和缩小。研究表明，人的瞳孔是根据他的感情、态度和情绪变化而自动发生变化的。达尔文、赫斯等人曾做过专门研究，结果表明，人的瞳孔变化是中枢神经系统活动的标志，即瞳孔变化如实地反映了大脑正在进行的思维活动。

在人类语言文化中，对眼睛进行描述的词语非常多，例如，"炯炯有神的大眼睛""婴儿般纯真的眼睛""贼溜溜的眼睛""色迷迷的眼睛""魅力十足的眼睛""冷冰冰的眼睛""邪恶而狡黠的眼睛""惊恐的眼睛"等。这些丰富的词语，足以证明，在日常生活中，眼睛是人们最为关注的器官。

哈佛学子爱默生曾对眼睛作过这样的描述："人的眼睛表达的情绪和舌头所说的话一样多，不需要词典，却能够从眼睛的语言中了解整个世界，这是它的好处。"眼睛被誉为人"心灵的窗户"，这表明它具有反映人的深层心理的功能，其动作、神情、状态是情感最明确的表现。

既然，眼睛能映射出人内心的感受，那你是否能在见到对方的眼睛时，敏锐地捕捉到他在传播的情感？

★表达吃惊的情绪

★表达怀疑的情绪

★表达愤怒的情绪

★表达恐惧的情绪

那么与人交往时，眼神应该注意什么呢？

★与人交谈时，视线接触对方脸部的时间，在正常情况下应占全部谈话时间的30%～60%，如超过这一平均值，可认为对谈话者本人比对谈话内容更感兴趣。比如一对情侣在讲话时总是互相凝视对方的脸部。若低于此平均值，则表示对谈话内容和谈话者本人都不怎么感兴趣。

★倾听对方说话时，几乎不看对方，那是企图掩饰什么的表现。据说，海关的检查人员在检查已填好的报关表格时，他通常会再问一句："还有什么东西要呈报没有？"这时多数检查人员的眼睛不是看着报关表格或其他什么东西，而是盯着来人的眼睛，如果你不敢坦然正视检查人员的眼睛，那就表明你在某些方面可能有不够老实的地方。

★眼睛闪烁不一定是反常的举动，通常被视为用来掩饰的手段或性格上的不诚实。一个做事虚伪或者当场撒谎的人，其眼睛常常闪烁不定。

★在1秒钟之内连续眨眼几次，这是神情活跃，对某事件感兴趣的表现，有时也可理解为由于个性怯懦或羞涩，不敢正眼直视而做出不停眨眼的动作。在正常情况下，一般人每分钟眨眼5～8次，每次眨眼不超过1秒钟。时间超过1秒钟的眨眼表示厌烦、不感兴趣，或显示自己比对方优越，有藐视对方和不屑一顾的意思。

社交场合，在人们眼神的相互反应中，"注视"是较为常见的一种。从发出动作者的角度来说，注视是一种积极的行为，具有试图判断对方的意思，通常目光的焦点涵盖了对方的所有部分。但是从承受者来说，某些人的注视会让他感到舒服愉快，有些则会让他感到惶恐不安。因为，不同的注视，强烈地表达了不同的情感。

★受到吸引，对对方有好感。英国学者迈克尔·阿盖尔先生发现，在两个人交谈时，如果彼此很喜欢，那么就会一直看着对方。利用注视的目光会让对方体会到彼此的好感，若作出同样回应，则他也可能喜欢对方。在大部分文化背景下，如果想和其他人建立起和善友好的关系，人们都会使用同样的方法，会在谈话时向对方投以注视的目光，而这种做法一般都能让交谈对象对你产生好感。

★过长时间的注视，是被人们认为是挑衅或者失礼的行为。尤其是在日本和一些南美国家，如果长时间盯着对方的眼睛，将会招致不必要的麻烦。因此，在考虑礼貌和各地区的社会文化背景的前提下，应当根据主人谈话时的目光来进行同样的回馈，注视的时间既不要太长，也不要太短。

谈判中的身体语言

商场如战场，一次次的博弈过招，都决定了双方的输赢。其中，双方的谈判就是常用的一种博弈方式。在谈判的过程里，双方都盘算着如何能让对方陷入自己的布局中。此时，相信对手的语言倒不如观察他的举动更可靠。所以，绝对不能将注意力只集中在做记录，而要学会搜集对手身体送出的信号，要让自己处在一种掌握最大信息的立场，并在谈判中好好利用！

哈佛心理学教授曾说：看穿身体语言，掌握谈判优势。在谈判之中，双方为了各自公司的商业利益，展开口舌之战。每个人都步步为营，防止有闪失。在这个时候，如果能够从他人身上的细微之处窥视人心，则可能有事半功倍的效果。

★关注对方的眼部

在谈判中，双方将最先开始从目光接触。而眼睛因为具有反映人们内心深层心理的能力，所以能传达出很多真实的情绪。有经验的谈判者一般都会从见到对手的那一刻到握手达成交易时，都一直保持同对方的目光接触。如果对方不停地眨眼睛，则可能是因为神情活跃，对某事感兴趣，或者因为紧张腼腆而不自觉地做出的调整行为。但若是眼神飘忽不定，则要当心，他可能是想在谈判中为你设置陷阱。

★关注对方的表情

谈判的时候，对方的表情将会是其内在心理变化的外在反映。一般，如果一个人神色紧张，面部肌肉紧绷，露出不自然的笑容时，说明他可能是情绪不安，想要借这样的笑容来调节一下情绪或者因撒谎而使用的掩饰动作。

★对方的举止是否自然

谈判中，如果对方动作生硬，那么你要提高警惕。这很可能表示对方在谈判中为你设置了陷阱。同时，还要注意他的动作是否切合主题。如果在谈论一件小事的时就做出夸张的手势，动作多少有些矫揉造作，则可能欺骗意味增加，需要仔细辨别他们表达情绪的真伪，避免受到影响。

★咬住的嘴唇

谈判中，如果对方经常咬住自己的嘴唇，那是一种自我怀疑和缺乏自信的表现。因为在生活中，人们遇到挫折时容易咬住嘴唇，惩罚自己或感到内疚。若在谈判中用到，则说明对方已经开始认输，内心开始妥协退让了。

★说话速度快

如果对方的说话速度非常快，则说明他们对谈判已经胸有成竹，势在必得，甚至不会在意你所提出的建议。态度是不满或者莽撞的。若只是在某些地方突然变快，则这里可能隐藏着他们的弱点，不希望他人发现或者揭穿。

★交谈中，多次点头

在谈判中，一边听一边点头，说明对方在仔细聆听。但是如果他的目光并没有投注在你身上，而是其他地方，则表示另有想法。倘若表现出毫无意义的点头或在不恰当的时候点头，则说明他并没有听懂你的谈话，或者他根本就不想听。他是个不想让对方提出异议的人物。

★谈判中五指伸开

在谈判时，将手逐渐伸开，说明他现在的心情放松，或许正想要陈述观点，并可能会继续做出这个动作。伸开的手指就是在释放压力，也是鼓励自己，就像小学生举手回答问题一样，赋予自己自信。

★交叉双臂和双腿

如果对方交叉腿和双臂，呈现一种封闭的姿态。这时，即使继续谈论他也可能都不为所动。所以，你不妨用新的方式来继续谈判，重新解释问题。或者为双方制造一个暂时休会的契机。会议的暂停可以让彼此更充分地考虑谈判策略，并重新作出部署。

★沉默地吸烟

谈判的过程中，如果对方不再说话，而只是沉默地吸烟，并不停地磕烟灰，说明内心有矛盾或者冲突。他很焦虑不安，为了化解内心的情绪，在寻找发泄的途径。这样的表现对继续开展谈判非常不利，可以转换话题，让对方的思维暂时跳出来。

就座位看心理

坐姿是心灵的暗示。从坐的方式、坐的姿态、坐的距离中，都可以窥出一个人真实的意思，了解一个人心理上的动向。面对不同的对象，在不同的场合中，人们会有不同的坐姿表现。如果你能获得与对方交谈的机会，那么你也就同时获得了进一步了解他的机会。

有关"坐的距离"的另一种观察法，可由对方与自己的心理距离中看出端倪。假使自己与对方并无特别亲密的感情，可是对方却侵入了自己的身体空间，警觉到对方可能有意对自己施予威胁或引诱，或试图破坏传统人际关系的围墙，而登堂入室。例如，被流氓纠缠上时，对方必定会以死皮赖脸的姿态亦步亦趋，步步逼近。

哈佛学者说：绝大多数的时候，我们都是处于"静坐"的状态，而非走动或站立。那么坐姿有何"天机"可以泄露的呢？凡是坐姿稳如泰山的人，在精神上大都处于优势地位，或者是有意处于优势地位，而居于劣势地位的人，大都采取立即站立的坐姿。这种随时都在保持浅坐姿态的人，是在潜意识中欲表现对他人的恭敬和洗耳恭听的缘故。

也有些人喜欢找靠近房间门的座位坐下来。这种人的权力意识强烈，但同时另一方面也有谨慎之处。此时的特征含有警戒、小心和监视的意味。

座位的方向一般有两个方面，一个是坐在对方的正对面，另一个是坐在侧面。面对面坐着有一种距离感，双方都处于可以观察对方的最佳位置上，很容易产生视线冲突。而坐在侧旁的时候，就没有那么大的限制，在这种情况下，很容易产生某种连带感。

英国索尔福德大学的心理学家汤姆·法塞特博士说，从你在双层公交车上喜欢坐的位置，可以看出你的性格。据他分析，思想前卫的人一般喜欢坐在公交车的上层前排，有独立见解的人喜欢选择上层中间的座位，而那些具有反叛心理的人则喜欢坐在上层后面。

下面来测一下你是怎么选座位的？

如果坐火车出差或旅游，不需要对号入座，你会选择什么位置？

A. 靠窗的位置

B. 靠过道的位置

C. 靠门的位置

D. 中间的位置

测试结果：

选 A：喜欢有一定的时间和空间独处，在这期间不希望有任何人打扰，这种人内心有较强的表现欲，同时也想获得别人的肯定，喜欢被光环照耀。还有一种可能是这种欲望并不一定表现出来；有时做事冲动，不计较后果，热情来了会先行动后思考，是一个性格比较单一的人。

选 B：这种人自我保护意识很强，不轻易相信别人，而且做事谨慎，有规划，从不打无把握的仗，这种人也许不是攻击性强的人，却是一个防守性强的人；他们不愿受到外界过多的约束，喜欢自由自在的感觉。

选 C：对自己的事业比较热衷，执著于自己的事业，把事业放在很重要的地位，但是绝不会只有事业而没有生活；这种人讲究生活品质，无论是从服装还是住行，都要有一定的品位，给他人以良好的感觉，最重要的是他们懂得生活，不会为金钱卖命。

选 D：喜欢顺其自然，希望过悠闲的生活；虽然也有对事物的好奇心，但一旦感觉对自己不利，就不会参与，十分理智。

从穿戴辨性格

马克·吐温说：服装建造一个人，一个不修边幅的人是没有影响力的人；狄更斯也曾说无论你做什么都要注意你的仪表。形象的重要性不言而喻，形象的概念与外延很大，不过服饰绝对是当中最重要的构成之一。

西方有句俗话："你就是你所穿的。"因为，服装除了能帮助人们驱寒蔽体，也是展现自己风姿和特色的媒介。它们能够向他人无声地传递你的社会地位、个性、职业、教养等信息。所以，任何人都不应小看衣装的作用，它甚至能帮助人们更好地融入社会当中。

一般说来，习惯穿简单朴素衣服的人，性格比较沉着、稳重，为人较真诚和热情。这种人在工作、学习和生活当中，处理任何一件事情都比较踏实、肯干，勤奋好学，评判事情客观、理智。这种人的缺点是缺乏主体意识，软弱且易服从于别人。

在美国一次形象设计的调查中，76％的人根据外表判断人，60％的人认为外表和服装反映了一个人的社会地位。毫无疑问，服装在视觉上传递出你所属的社会阶层的信息，它也能够帮助人们建立自己的社会地位。在大部分社交场所，你要想使自己看起来就属于这个阶层的人，就必须穿得像这个阶层的人。正因如此，很多豪华高贵的国际品牌的服装，虽然价格高得惊人，却不乏出手不眨眼的消费者。

一个人的仪表包括容貌、风度、服饰、发型等直观的特征。其中有些特征受先天遗传影响，有些特征是后天形成的习惯，在较大程度上与人的经济状况、文化熏陶、个性特征等相关。一个人的仪表可以给观察者提供大量的信息，例如从面容可以推断其年龄、从戒指佩戴的位置可以推断其婚姻状态、从服饰的档次可以推断其经济状况等。人们在对他人的仪表进行观察时总是倾向于美好的东西。仪表堂堂、风度翩翩、衣着整洁，会给人留下好的印象，而相貌丑陋、蓬头垢面、衣衫不整，会给人留下不好的印象。

哈佛行为学家曾说：服饰是人类文明多彩发展的产物，并逐渐形成了一种特有的文化。它不仅能以外在形式表现主人的风采，也能披露主人的内心世界。从一个人衣着打扮的习惯中，可以看出一个人的性格特征。

★习惯穿单一色调服装的人

多是比较正直、刚强的人，理性思维要优于感性思维。

★习惯穿淡色便服的人

多比较活泼、健谈，且喜欢结交朋友。

★习惯穿深色衣服的人

性格比较稳重，显得城府很深，不太爱多说话，凡事深谋远虑，常会有一些意外之举，让人捉摸不定。

★习惯穿式样繁杂、五颜六色衣服的人

多是虚荣心比较强，爱表现自己而又乐于炫耀的人，他们任性甚至还有些飞扬跋扈。

★习惯穿华丽衣服的人

一般都具有很强的虚荣心和自我表现欲。

★习惯穿流行时装的人

最大的特点就是没有自己的主见，不知道自己有什么样的审美观，他们大多情绪不稳定，且无法安分守己。

★习惯根据自己的喜好选择服装而不跟着流行走的人

多是独立性比较强，有果断的决策力的人。

★习惯穿同一款式的人

性格大多比较直率和爽朗，他们有很强的自信，爱憎、是非、对错往往都分得很明确。他们的优点是做事不犹豫、不拖拉，而是显得非常干脆和利落。言必信，行必果。但他们也有缺点，那就是清高自傲，自我意识比较强，常常自以为是。

★习惯打扮素雅、实用为原则的人

他们多是比较朴实、大方、心地善良、思想单纯而又具有一定的宽容和忍耐力的人。他们为人十分亲切、随和，做事脚踏实地，从来不会花言巧语地去欺骗和耍弄他人。他们的思想单纯，但绝不是对事物缺乏自己独特的见解。他们具有很好的洞察力，总是能把握住事情的实质，并以此作出最妥善的决定和制订出最佳的方案。

以上就是根据服饰判断他人性格特征的一些原则，当然，这些原则并不是放之四海而皆准的。要想在初次见面时，就根据一个人的穿着打扮判断其性格，还需要我们在实践中多积累经验，做个有心人。

著名影星索菲亚·罗兰说："你的服饰往往表明你是哪一类人物。它们代表你的个性。一个与你会面的人往往自觉不自觉地根据你的衣着来判断你的为人。"行为学家迈克尔·阿盖尔做过实验，他本人以不同的打扮出现在同一地点。当他身穿西服以绅士模样出现时，无论是向他问路或问时间的人大多彬彬有礼，而且看来基本上是绅士阶层的人；当他打扮成无业游民时，接近他的多半是流浪汉，或是来对火抽烟，或是借钱、借烟。

总之，人的服饰、发型等仪表特征为观察一个人的年龄、职业、角色与身份提供了信息，并部分地反映出一个人的动机、性格等特征，在初次接触时，都给人以鲜明的印象。

然而服饰可以体现一个人的特征与性格，贴心饰物，更能增彩个人性格。佩戴饰物是人类审美意识觉醒以来形成的一种装饰行为，同时也是标示群体甚至自我个性的行为。尤其是到了现代，纷繁复杂的饰品更成为传达个性、情绪信息的载体。选择不同式样的饰品，让了解主人的性格有章可循。

★喜欢手镯的人

一个人选择什么样的饰物装饰自己，也就是在选择增添怎样的个性化特征。喜欢佩戴手镯的人，一般都是有活力、朝气、精力充沛的人。若是佩戴华丽的时尚手镯，则是潮流先锋的领头人，对时尚的东西非常敏感。

★喜欢搭配胸针的人

这样的人讲究穿着，重视服装的整洁和搭配，在衣服上通常会别上一枚精致的胸针。是高雅而不失灵活的人，懂得用精巧的装饰点缀整个人的气质。所以他们非常重视自己在他人心中的形象，希望能时刻引起他人的关注。

★喜欢为服饰搭配珠宝的人

一般用珠宝来点缀服装，这类人并不是想突出自己的个性。他们重视整体造型多过凸显首饰，希望能完成一种完美和谐的搭配。他们通常是完美主义者，凡事追求完美，但自我表现的欲望不强，更希望能积极地融入周围的氛围，与他人打成一片。

★喜欢民族风情饰品的人

他们选择的饰品多具有民族特色，对每个民族的服饰都充满浓厚的兴趣。这样的人一般个性鲜明，好奇心强，善于思考，对民族和传统习俗非常感兴趣。他们思维敏捷，不盲从于主流，喜欢独自思考，常常对事物发表独特的见解和看法。

★平常喜欢佩戴珠宝的人

这类人很注意自己的形象和生活的质量，会时常用不同的珠宝首饰来改善心情，获得一种高雅的感觉。但如果喜欢佩戴体积大、坠多、灿烂醒目的珠宝，说明此人喜欢在人前招摇和卖弄，他们喜欢吸引别人的目光，也常常能成为众人的焦点。